膨胀土裂隙特性与边坡防治技术

吴珺华　袁俊平　著

中国建筑工业出版社

图书在版编目（CIP）数据

膨胀土裂隙特性与边坡防治技术/吴珺华，袁俊平著.
北京：中国建筑工业出版社，2017.1
ISBN 978-7-112-20281-2

Ⅰ.①膨… Ⅱ.①吴… ②袁… Ⅲ.①膨胀土-边坡
防护-研究 Ⅳ.①TU475

中国版本图书馆CIP数据核字（2017）第001181号

裂隙对膨胀土的强度、变形、渗流等性质有着重要的影响，也正是由于裂隙的存在，产生了一系列特殊的工程问题，如膨胀土滑坡的浅层性、牵引性等。因此研究裂隙对膨胀土性质的影响，对认识和揭示膨胀土强度变化规律和边坡失稳机理具有重要的理论价值。本书通过研究裂隙对膨胀土性质及其对工程的影响，可为研究和解决膨胀土工程的设计、施工及运营过程中出现的问题提供重要依据。

全书共分6章，包括绪论、膨胀土裂隙观测方法与量化研究、膨胀土裂隙演化理论与试验研究、裂隙性膨胀土持水性能与强度特性、裂隙性膨胀土边坡稳定计算方法、膨胀土边坡加固技术与工程应用。

本书可供土木、水利、交通相关领域从事科研、设计、施工人员参考，也可作为高等院校相关专业师生的参考用书。

责任编辑：杨 允
责任设计：李志立
责任校对：焦 乐 党 蕾

膨胀土裂隙特性与边坡防治技术
吴珺华 袁俊平 著
*
中国建筑工业出版社出版、发行（北京海淀三里河路9号）
各地新华书店、建筑书店经销
霸州市顺浩图文科技发展有限公司制版
北京云浩印刷有限责任公司印刷
*
开本：787×960毫米 1/16 印张：10¾ 字数：209千字
2017年4月第一版 2017年4月第一次印刷
定价：**35.00**元
ISBN 978-7-112-20281-2
（29764）

前　言

随着中国政府大力提倡的“一带一路”战略性目标的实施，诸多关联地区将不可避免地遇到膨胀土工程问题，膨胀土渠坡、路堑边坡的稳定与否严重影响着工程的顺利建设和安全运行。膨胀土是一种特殊性黏土，具有多裂隙性、强烈胀缩性和超固结性等特征。裂隙对膨胀土的强度、变形、渗流等性质有着重要的影响，也正是由于裂隙的存在，产生了一系列特殊的工程问题，如膨胀土滑坡的浅层性、牵引性等。因此研究裂隙对膨胀土性质的影响，对深入认识膨胀土的特性，特别是揭示膨胀土强度变化规律和边坡失稳机理具有重要的理论价值。

本书是作者在总结近年来对膨胀土裂隙特性及边坡工程问题研究的基础上撰写而成，代表了作者所在团队在这方面的主要成果。全书共分 6 章，包括绪论、膨胀土裂隙观测方法与量化研究、膨胀土裂隙演化理论与试验研究、裂隙性膨胀土持水性能与强度特性、裂隙性膨胀土边坡稳定计算方法、膨胀土边坡加固技术与工程应用，分别从裂隙观测和定量描述、裂隙产生机理、裂隙对土体持水性能和强度的影响规律、裂隙对膨胀土边坡稳定性的影响以及防治裂隙产生的工程技术措施等方面开展了系统的研究。本书通过研究裂隙对膨胀土性质及其对工程的影响，可为研究和解决膨胀土工程的设计、施工及运营过程中出现的问题提供重要依据。

本书由南昌航空大学土木建筑学院吴珺华和河海大学土木与交通学院袁俊平共同撰写完成。本课题在研究过程中，河海大学土木与交通学院丁国权、王涛等开展了大量的试验工作，本书中的部分研究成果是他们工作的总结和提炼。另外，云南农业大学水利学院杨松在理论分析和微观试验中提供了协助和指导；南昌航空大学土木建筑学院周晓宇、邓一超在书稿编排过程中也付出了辛勤劳动，在此一并感谢！

本书研究工作得到了国家自然科学基金项目（51408291；51378008；41662021）、江西省科技厅科技项目（20151BBG70060）、江西省交通运输厅重点科技项目（2013C0006）和南昌航空大学无损检测技术教育部重点实验室（ZD201529002）等的资助，在此表示感谢。感谢河海大学岩土工程研究所卢廷浩教授、洪宝宁教授、朱俊高教授等对作者研究工作的指导和帮助。感谢南昌航空大学对本书出版的大力支持！

由于作者水平有限，书中难免存在不足之处，恳请读者批评指正！

吴珺华

目　　录

第1章　绪　　论

1.1　概述

1.1.1　膨胀土定义

膨胀土是一种对环境湿热变化十分敏感的高塑性黏土，其与一般黏性土相比含有较多的强亲水性黏土矿物（主要为蒙脱石和伊利石）。《膨胀土地区建筑技术规范》GB 50112—2013中对膨胀土的定义如下：土中黏粒成分主要由亲水性矿物组成，同时具有显著的吸水膨胀和失水收缩两种变形特性的黏性土。满足如下性质的黏性土一般即可认为是膨胀土：（1）黏土矿物成分以蒙脱石-伊利石等强亲水性矿物为主；（2）颗粒级配中黏粒含量大于30%；（3）含水率升高时，土体体积膨胀并产生膨胀压力；含水率降低时，土体体积收缩并形成干缩裂隙；（4）土体膨胀和收缩变形易受晴雨作用（干湿循环）的影响反复发生，导致大量不规则裂隙的形成和强度的衰减；（5）自由膨胀率大于40%且液限也大于40%的高塑性土；（6）具有多裂隙性、胀缩性、超固结性、遇水软化和低渗透性；（7）膨胀土滑坡具有浅层性、长期性、平缓性、牵引性、季节性和向阳性等特点。

对于现场膨胀土的评判，通过对我国膨胀土地区的资料统计，当土体具有如下特征时应判定为膨胀土：

① 土的颜色为灰白、灰绿、棕红、黄褐色等；

② 网状裂隙发育显著，有蜡面，易风化成细粒状，鳞片状裂隙发育，常有光滑面和擦痕，有的裂隙中充填灰白、灰绿色黏土；

③ 黏土细腻，滑感强，含有少量粉砂、钙质或铁锰结核等，在旱季呈坚硬或硬塑状态，雨季黏滑；

④ 出露于二级或二级以上阶地、山前和盆地边缘丘陵地带，地形平缓，无明显自然陡坎；

⑤ 坡面常见浅层溜坍、滑坡及地面裂隙。当坡面有数层土时，膨胀土层往往形成凹形坡。新开挖壁易发生坍塌；

⑥ 浅层基础的单层或多层建筑物出现裂缝，且建筑物裂缝随气候变化呈周期性的张开闭合。

1.1.2 研究背景与意义

膨胀土分布广泛，世界 6 大洲的 40 多个国家都有分布。从 20 世纪 60 年代开始，随着全球大规模经济建设的开展，越来越多的膨胀土问题涌现出来，由膨胀土产生的一系列问题受到广泛重视。到目前为止，已召开过 7 届国际膨胀土研究与工程会议，分别在南非（1957）、美国（1969）、以色列（1973）、美国（1980）、澳大利亚（1984）、印度（1987）和美国（1992）举办。目前，包括英、美、日、俄、澳、印等在内的许多国家都制定了膨胀土地区建设的相关规范，膨胀土对工程的危害已得到全世界的公认。随着土力学的发展，特别是以 Fredlund 理论为代表的非饱和土理论提出来之后，人们用其解释了许多膨胀土现象，揭示了一些规律。同黄土、残积土类似，膨胀土也是一种典型的非饱和土，关于膨胀土问题的研究被归入非饱和土的研究领域，因此在第 7 届膨胀土国际会议以后，不再单独有膨胀土国际会议，取而代之的是国际非饱和土会议。目前已经召开了 6 届，第 7 届国际非饱和土会议将于 2018 年在香港科技大学召开。这些学术交流活动的开展为解决膨胀土工程问题提供统一平台，有利于推动全世界学者共同解决世界性的膨胀土问题。

我国是膨胀土分布最广泛的国家之一，迄今为止已有 20 多个省区发现膨胀土，其中主要分布在河南、广西、云南、湖北、河北等中西部省份（表 1-1）。

我国主要膨胀土省份的相关情况　　表 1-1

省份	分布地域	地貌特征与母岩	成因类型	矿物成分
云南	昆明、宾川、楚雄、昭通	二级阶地、山间盆地和残丘，泥岩、泥灰岩	冲积、湖积和残坡积	伊利石、蒙脱石、水云母
广西	南宁、宁明、平果、百色、桂林、柳州	一二级阶地、岩溶盆地与阶地残丘，泥灰岩、石灰岩	冲积、洪积和残坡积	伊利石、高岭石、蒙脱石
河南	南阳、新乡、邓州、内乡	山前缓坡、盆地垄岗，玄武岩、泥灰岩	冲积、洪积和湖积	伊利石、蒙脱石
四川	川西平原、川中丘陵、岷江、嘉陵江等地区	二三级阶地，黏土岩、泥灰岩	冲积、风积	伊利石、蒙脱石
贵州	山间盆地和丘陵缓坡地段，如毕节、贵阳等	低丘缓坡，碳酸盐岩风化残积物	残积、残坡积	绿泥石、伊利石、高岭石
湖北	江汉平原、鄂东北与鄂西低山丘陵及山间盆地	盆地和阶地垄岗，变质岩、岩浆岩风化物	冲积、冲洪积、残坡积	伊利石、蒙脱石
陕西	集中于陕南，沿汉水河谷的汉中盆地和安康盆地	盆地和阶地垄岗，变质岩、岩浆岩风化物	冲积、洪积	伊利石、蒙脱石

膨胀土的特性在经受季节性环境变化的地表附近表现得最为明显。通常膨胀土的初始孔隙水压力是负值，即处于非饱和状态。吸附在黏土矿物上的单价阳离子越多，土的膨胀性越大，问题也越严重。通过在膨胀土地区大量工程的实际情况，科研人员得出了“逢堑必滑，无堤不塌”的结论，其中比较严重的如焦枝、成昆等路段均出现了不同程度的失稳滑塌，广西南宁—友谊关高速公路路基的严重破坏和开挖边坡的滑塌，安徽淠史杭灌区渠道反复胀缩变形造成的破坏等，其不仅造成国家和人民财产的巨大浪费和损失，而且对当地的经济、民生和生态环境有严重影响。结合不同部门、不同地区大量的工程实践经验，我国制定了《膨胀土地区建筑技术规范》GB 50112—2013，对膨胀土地区工程问题的处理提供了国家层面上的参考依据。随着中国政府大力提倡的“一带一路”战略性目标的实施，诸多关联地区将不可避免地遇到膨胀土工程问题，膨胀土地基和边坡的稳定与否严重影响着工程的顺利建设和安全运行。因此研究和解决膨胀土问题具有积极的理论价值、社会效益和工程意义。

1.2 膨胀土工程性质

强烈胀缩性、多裂隙性、超固结性是膨胀土的三个基本特性（简称“三性”）。正是由于“三性”的存在和相互影响，导致膨胀土的工程性质十分复杂，常常对各类工程建设造成巨大的危害。在天然状态下，膨胀土抗剪强度高，压缩性低，新鲜开挖的膨胀土表面平整无裂隙。一旦在大气中暴露，土体水分反复变化时，土体结构迅速崩解，裂隙不断发育，透水性不断增加，强度迅速减小直至为零。“晴天一把刀，雨天一团糟”，“天晴张大嘴，雨后吐黄水”是对膨胀土强度选择性和胀缩特性的高度总结。在工程建设中，膨胀土作为建筑物的地基常会引起建筑物的开裂、倾斜而破坏；作为堤坝的建筑材料，可能在堤坝表面产生滑动；作为开挖介质时则可能在开挖体边坡产生滑坡失稳现象。

1.2.1 强烈胀缩性

膨胀土中存在亲水性黏土矿物，主要有蒙脱石和伊利石。这些黏土矿物吸水后体积增大，失水后体积缩小，宏观上表现为湿胀干缩。如果土体在吸水时受到外部约束而阻止其膨胀，则会在土体内部产生一种内应力，称为膨胀压力。如果土体失水，其体积随之减小而产生收缩，收缩至一定程度时出现裂隙。如果没有水的参与或土中水分保持不变，那么土的膨胀与收缩都不会出现。若含水率增加产生的膨胀力不能突破外界约束的阻碍，同样不会出现土的膨胀。但此时在土体内部是具有一定的膨胀潜势，一旦外部阻抗减弱或消失，土体迅速表现出强烈的膨胀性。当含水率减小到一定程度时，土体体积几乎不继续收缩，但是一旦吸水，土体迅速膨胀，产生较大的膨胀变形和膨胀力。

由此可见，膨胀土的膨胀与收缩变形的产生，本质上是由于土中水分变化而引起土体积的变化。它除了取决于膨胀土本身的物质组成与微结构特征，还与膨胀土所处外部环境条件密切相关。地表水与地下水的动态变化可引起土中水分的变化，气候（大气降雨、蒸发、温度）的变化可促使土中水分的迁移、变化，水的渗漏可导致土中水分增加，热力传导可促进土中水分散失，这些都将直接引起膨胀土胀缩变形的产生。

1.2.2 多裂隙性

多裂隙性是膨胀土的典型特征，是强烈胀缩性带来的宏观表现，其裂隙发育规模远大于一般黏性土的裂隙规模。多裂隙构成的裂隙结构体及裂隙面大大降低了膨胀土的强度，导致膨胀土的工程性质变差。膨胀土中普遍发育的各种形态裂隙，按其成因可分为两类：原生裂隙和次生裂隙，而次生裂隙又可分为：风化裂隙、卸荷裂隙、斜坡裂隙和滑坡裂隙等。原生裂隙具有隐蔽特征，多为闭合状的显微裂隙，需要借助光学显微镜方可察觉。次生裂隙则具有张开状特征，多为宏观裂隙，肉眼下即可辨认。次生裂隙一般又多由原生裂隙发育发展而成，所以次生裂隙常具有继承性。

膨胀土中的垂直裂隙，通常是由于构造应力与土的胀缩效应产生的张拉应变而形成，水平裂隙大多由沉积间断与胀缩效应所形成的水平应力差而形成。裂隙面上黏土矿物颗粒具有高度定向性，常见有镜面擦痕，显蜡状光泽，这些矿物遇水软化，使土的裂隙结构具有更为复杂的力学特性，严重影响膨胀土的工程特性。

膨胀土中普遍存在 2 组以上的裂隙组，形成各种各样的裂隙结构体。从裂隙组合形态上看，膨胀土中的裂隙在平面上都表现为不规则的网状多边形裂隙特征及裂隙分岔现象。网格状多边形裂隙在膨胀土中分布最广，裂隙将膨胀土体切割成一定几何形态的块体，例如棱柱体、短柱体、鳞片状及块状等，可将土体层层分割，使膨胀土体具有不连续特征。这类裂隙存在各种规模和间距，并且同等级的裂隙一般近似表现出等间距的形式。裂隙的存在破坏了膨胀土的完整性和连续性，导致膨胀土强度、渗透、变形等均呈现为明显的各向异性特征，同时裂隙水的入渗与蒸发创造了更为便利的通道，促进了水在土中的循环，一方面加剧了土体的湿胀干缩效应，土体破碎形态进一步加剧；另一方面，淋滤作用有利于土体中新的黏土矿物生成，使膨胀土的亲水性大大增强，常表现在裂隙面上灰白黏土的吸水性要比两侧土体高得多，膨胀性与崩解性也同样增强，这不利于土体的稳定。

实际工程中，降雨蒸发等干湿循环效应长期作用于膨胀土，导致膨胀土土体结构松散，裂隙十分发育。裂隙又为膨胀土表层的进一步风化创造条件，同时，裂隙又成为雨水进入土体深部的通道，导致裂隙向纵深发展。另外，膨胀土的裂隙发育还与开挖土体的时间和气候条件密切相关，卸荷土体中的应力状态发生变化也产生裂隙，或促进裂隙的张开和发展。

1.2.3 超固结性

膨胀土遭受的应力历史决定了膨胀土具有典型的超固结性，沉积的膨胀土在历史上往往经受过上部土层侵蚀的作用形成超固结土。膨胀土在沉积过程中，在重力作用下逐渐堆积，土体将随着堆积物的加厚而产生固结压密。由于自然环境的变化和地质作用的复杂性，土在自然界的沉积作用并不一定都处于持续的堆积加载过程，而是常常因地质作用而发生卸载。膨胀土在反复胀缩变形过程中，由于上部荷载和侧向约束作用，土体在膨胀压力作用下反复压密，土体表现出较强的超固结特性。这种超固结与通常的剥蚀作用产生的超固结机理完全不同，是膨胀土由于含水率变化引起的膨胀压力变化产生的，是膨胀土特有的性质。也正是如此，超固结膨胀土具有明显的应变软化特征，剪切过程中，土体的塑性变形不断增大，此时抗剪强度达到峰值后会迅速降低，最终导致边坡失稳和地基破坏。

1.3 膨胀土工程问题

膨胀土具有典型的“三性”特征：强烈的胀缩性、多裂隙性和超固结性。未开挖的原状膨胀土强度很高，一旦暴露在外界环境下，受降雨蒸发反复作用下，膨胀土结构松散破碎，裂隙发育，强度降低，压缩性增大，渗透性增大，工程性质差。由此带来了一系列工程问题的出现，如边坡（渠坡）失稳、地基不均匀隆胀和下陷等。虽然经过半个多世纪大量学者的深入研究并取得了大量工程实践经验，但由于它具有的上述特殊性质，常常给膨胀土地区的房屋地基、桥梁、水库、道路、渠道、边坡等工程的施工和运行带来严重的危害和破坏，而这种危害往往具有长期性、隐蔽性和渐进性，被称之为“隐藏的灾害”，故膨胀土工程问题仍是当今土木工程等领域中世界性的重大工程问题之一。

1.3.1 边坡问题

膨胀土边坡表层在未受任何保护的情况下，在表层和一定深度方向上会形成杂乱无章的裂隙，裂隙的存在会破坏膨胀土的完整性，工程性质变差，降雨时雨水入渗深度增加，孔隙水压力增大，同时又进一步影响到深部土体，这是导致膨胀土滑坡具有浅层性、长期性、平缓性、牵引性等特殊性的重要原因，也是膨胀土多裂隙性和超固结性祸害的表现。而且膨胀土边坡常常出现“滑动—治理—再滑动—再治理”的恶性循环现象，采用常规方法很难根治膨胀土边坡的失稳问题。图 1-1 为天然膨胀土滑坡表现出的各种形态；图 1-2～图 1-6 为不同实际工程中已采取加固措施后的膨胀土边坡仍然出现失稳的例子。这表明膨胀土边坡的防护处治技术仍需进一步研究。

(*a*)　(*b*)

(*c*)　(*d*)

图 1-1　天然膨胀土滑坡

(*a*) 坡体上缘纵横向裂缝发育；(*b*) 坡顶滑塌；(*c*) 坡脚滑舌；(*d*) 坡脚泥流至人行道

图 1-2　坡面植草防护后滑动

图 1-3　砌石拱防护后滑动

图 1-4　浆砌块石防护后滑动

图 1-5　矮墙防护后滑动

1.3.2　地（路）基问题

图 1-6　坡面喷混凝土防护后滑动

受降雨入渗和蒸发、地下水位升降等外界因素的影响，膨胀土路基会出现隆胀和下陷等不均匀变形（图 1-7）。不均匀变形达到一定程度会导致上覆建筑物开裂、倾斜甚至破坏；上覆道路路面变形、开裂、扭曲。由于原状膨胀土具有较大的黏聚力，当含水率较大时，一经施工机械搅动，将粘结成可塑性强的大团粒，水分分布极不均匀。随着水分的逐渐散失，土体可塑性降低，土体逐渐变硬，难以击碎和压实。因此，如果高含水率的膨胀土直接用作路基填料，将会增加施工难度，延长工期，并且质量难以保证。

膨胀土地基遇雨水浸泡后，土体膨胀，轻者表面出现厚 10cm 左右的蓬松层，重则在 50～80cm 深度范围内形成“橡皮泥”层；而在干燥季节，随着水分的散失，土体将产生干缩裂隙，其深度可达 30～50cm 甚至更大。雨水可通过裂隙直接流入土体深处，使土体膨胀软化，承载力大大降低。由于膨胀土具有极强的亲水性，土体愈干燥密实，其亲水性愈强，膨胀量愈大，当膨胀受到约束时，土体中会产生膨胀力，当这种膨胀力超过上部荷载或临界荷载时，路基出现严重的崩解，从而造成路基局部坍塌、隆起或开裂。总体上看，就是膨胀土超固结性和强烈胀缩性祸害的表现。

图 1-7　膨胀土路基和地基问题

(*a*) 路面波浪起伏；(*b*) 路面翻浆冒泥；(*c*) 地表下陷；(*d*) 房屋开裂

1.4　膨胀土分类与微观结构

1.4.1　膨胀土分类

要鉴别某种土的性质，应根据本身的固有属性来区分，只有内在的主要固有属性才是控制膨胀土工程特性的决定性因素。所以对膨胀土的分类原则，首先应从工程地质观点出发，概括出能反映膨胀土工程性质的实际特征，能代表膨胀土规律的主要指标。土的物理性质指标是膨胀土分类的基本依据之一，很早就有学者对膨胀土的分类进行了研究。目前国内外用于膨胀土的分类方法很多，所选择的指标和标准也不统一，其中具有代表性的分类方法见表 1-2，简述如下。

(1) 按最大胀缩性指标进行分类。这种分类方法由柯尊敬教授提出，他认为：一个适合的胀缩性评价指标必须能全面反映土的粒度成分和矿物化学成分，以及宏观与微观结构特征的共同影响，同时能够消除土的含水率和密度的影响，还要适应土体各向异性的特点。据此，他推荐用直接指标，即最大线缩率、最大体缩率、最大膨胀率等指标作为分类标准，具体见表 1-3。这里的最大线缩率与最大体缩率是天然状态的土样膨胀后的收缩率与体缩率，最大膨胀率是天然状态土样在一定条件下风干后的膨胀率。

膨胀土的分类 **表 1-2**

分类标准	具体内容
最大胀缩性指标	表 1-3
自由膨胀率与胀缩总率	表 1-4
多元线性函数判别	式(1-2)及 Z 的临界值
黏粒含量、液限与线胀缩率、比表面积与阳离子交换量	表 1-5
塑性图分类	图 1-8
威廉姆斯分类	图 1-9
《膨胀土地区建筑技术规范》GB 50112—2013	表 1-6
印度膨胀土分类	图 1-10
美国膨胀土分类	表 1-7

按最大胀缩性指标分类 **表 1-3**

指标 \ 等级	弱膨胀土	中膨胀土	强膨胀土	极强膨胀土
最大线缩率(%)	2～5	5～8	8～11	>11
最大体缩率(%)	8～16	16～23	23～30	>30
最大膨胀率(%)	2～4	4～7	7～10	>10

（2）按自由膨胀率与胀缩总率进行分类。根据室内直接测得胀缩性指标，推求出胀缩总率的大小（式 1-1），结合自由膨胀率，进而对膨胀土进行分类。具体分类标准见表 1-4。

$$\delta_{es}=\delta_{ep50}+\lambda_s(w-w_{min}) \tag{1-1}$$

式中：δ_{es}为线胀缩总率（%）；δ_{ep50}为土在 50kPa 荷载下的膨胀率（%）；w 为土的天然含水率（%）；w_{min}为土的天然最小含水率（%）；λ_s为土的收缩系数。

按自由膨胀率与胀缩总率分类 **表 1-4**

类别 \ 指标	体胀缩总率(%)	线胀缩总率(%)	线膨胀率(%)	缩限状态下的体缩率(%)	自由膨胀率(%)
强膨胀土	>18	>8	>4	>23	>80
中膨胀土	12～18	6～8	2～4	16～23	50～80
弱膨胀土	8～12	4～6	0.7～2	8～16	30～50

（3）多元线性函数判别法。采用数学法进行主因子分析与逐步回归分析，提出了综合指标的分类标准，见式（1-2）。分类的临界值为：

$Z<22$	非膨胀土
$Z\geqslant 22$	膨胀土
$22\leqslant Z<26$	弱膨胀土
$26\leqslant Z<36$	中膨胀土
$36\leqslant Z$	强膨胀土

$$Z=0.29w_{\mathrm{L}}+0.32w_{\mathrm{s}}+0.38\delta_{\mathrm{ef}}+0.12d_{\mathrm{L}}-0.33w_0+10.9e_0 \quad (1\text{-}2)$$

式中：w_{L}为液限（%）；w_{s}为缩限（%）；δ_{ef}为自由膨胀率（%）；d_{L}为土中小于0.002mm颗粒含量百分数；e_0为土的天然状态孔隙比。

（4）根据黏粒含量、液限与线胀缩率、比表面积与阳离子交换量进行分类。将相关指标综合归纳于表1-5，表中所列指标对土的膨胀性和强度特性均有重要影响。

按胀缩性与表征胀缩性指标进行分类　　表 1-5

指标 类别	黏粒含量 <0.005mm(%)	液限 w_{L} (%)	塑性指数 I_{p}	比表面积 ($\mathrm{m^2/g}$)	阳离子交换量 (meq/100g)
强膨胀土	>50	>48	>25	>300	>40
中膨胀土	35～50	40～48	18～25	150～300	30～40
弱膨胀土	<35	<40	<18	<150	<30

（5）根据塑性图标准进行分类。塑性图最早由卡萨格兰德提出，国内李生林教授对其进行了拓展和推广，具体见图1-8。它是以塑性指数为纵轴，以液限为横轴的直角坐标图，根据土体塑性指数和液限来确定其膨胀性的强弱。因此塑性图不仅能反映直接影响胀缩性能的物质组成成分，而且也能在一定程度上反映控制形成胀缩性能的浓度差渗透吸附结合水的发育程度。

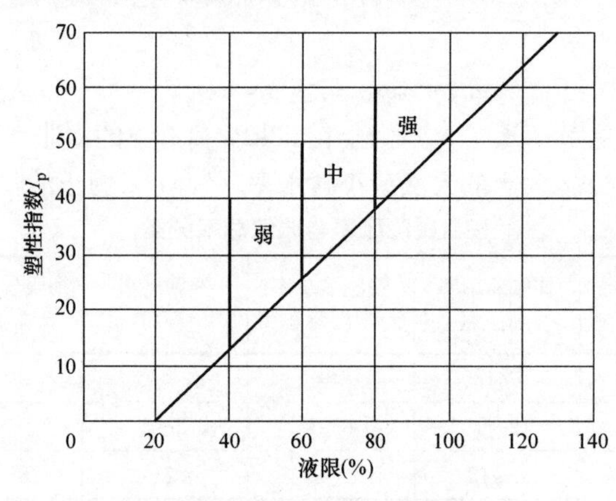

图1-8　膨胀土在塑性图上的分类

（6）按自由膨胀率与地基分级变形量进行分类。国家标准《膨胀土地区建筑技术规范》GB 50112—2013 建议按上述指标对膨胀土进行分类，具体见表 1-6。

按自由膨胀率和地基分级变形量进行分类　　表 1-6

类别＼指标	自由膨胀率(%)	地基分级变形量(mm)
强膨胀土	≥90	≥70
中膨胀土	65～90	35～70
弱膨胀土	40～65	15～35

（7）南非的威廉姆斯分类。他提出联合使用塑性指数 I_p 及小于 2μm 颗粒的成分含量作图对膨胀土进行分类，共分为极高、高、中、低等四个级别（图 1-9）。该分类法在第 6 届非洲膨胀土会议上得到推广应用。

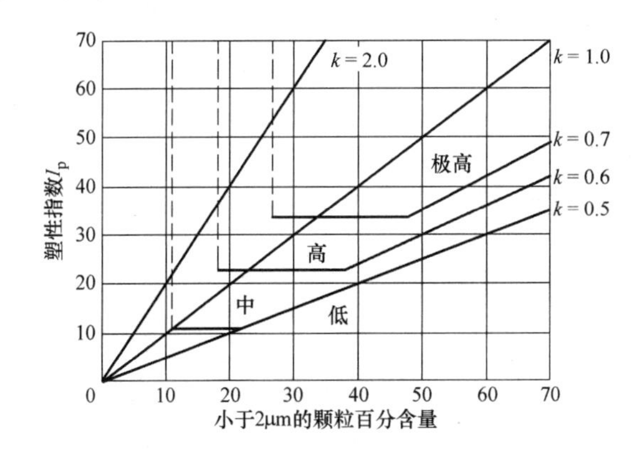

图 1-9　南非威廉姆斯分类

（8）印度将膨胀土分为 4 个等级，采用的评判指标分别为塑性指数、收缩指数、胶粒含量、液限、膨胀率、膨胀势和差分自由膨胀率，具体见图 1-10。

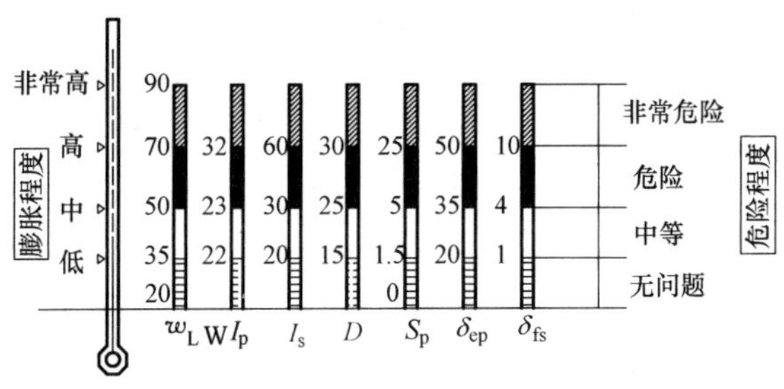

图 1-10　印度膨胀土的分类

w_L—液限；I_p—塑性指数；I_s—收缩指数；D—胶粒含量；S_p—膨胀势；

δ_{ep}—自由膨胀率；δ_{fs}—差分自由膨胀率

（9）美国垦务局根据大量试验成果及工程实践提出了判别膨胀土的 USBR 法，将膨胀土分为特强、强、中等、弱四类，具体见表 1-7。该表中按膨胀体变百分数的分类标准与我国按体缩率的分类比较接近。

美国膨胀土的分类　　表 1-7

类别＼指标	塑性指数 I_p	缩限 w_s（%）	膨胀体变 δ_p（%）	胶粒含量（%）
特强	＞35	＜11	＞30	＞28
强	25～41	7～12	20～30	20～31
中	15～28	10～16	10～20	13～23
弱	＜18	＞15	＜10	＜15

综上所述，对于膨胀土胀缩等级的判别采用单个或少数几个判别指标进行判别的传统方法简便易得，已被工程设计单位广泛采用。但由于影响膨胀土胀缩的因素众多，且这些指标在获取时具有一定的片面性、随机性和不确定性，故上述方法不能全面系统地反映膨胀土特性，有时甚至会出现误判。为了弥补上述缺陷，部分学者引入模糊数学判别法、灰色聚类法、神经网络模型以及可拓学理论等用于膨胀土的分类，取得了不错的效果。总体上看，关于膨胀土的分类还需要理论上的不断完善和长期工程实践的经验总结。

1.4.2　微观结构

膨胀土的微观结构是指膨胀土在一定地质环境条件下，由土粒孔隙和胶粒等所组成的整体结构。从微观方面深入研究膨胀土的结构特性，有助于帮助和提高我们对膨胀土宏观性质的理解，是认识膨胀土的前提条件。众多学者在这方面做出了大量工作，得出了许多有意义的研究成果。张先伟分别利用扫描电镜法、压汞法和氮气吸附法对湛江黏土的微观孔隙特征及其孔隙发育的控制因素分析，建立微观结构与物理指标、力学行为的相互关系与灵敏性分析。结果表明，湛江黏土具有不良物理性质和良好力学特性指标的异常组合，是一种高灵敏性的强胶结结构性黏性土，其孔隙结构为具有较高的强度和空间稳定性的边-面-角联结的空间网架系统。联合扫描电镜、压汞法、氮气吸附法能够准确、完整地对黏土孔隙体系特征进行定性与定量的评价。吕海波利用压汞试验测定了膨胀土干湿循环过程中的孔径分布，发现干湿循环对土的粒间联结产生不可逆的削弱，使得土体形成更大的孔隙空间，在高含水率时主要表现为集聚体间孔体积增加，在低含水率时集聚体内孔体积增加，从而降低土的抗剪强度。

（1）膨胀土的微结构主要是由蒙脱石、伊利石和高岭石或蒙脱石－伊利石的混合矿物组成，不同的黏土矿物大小和形态迥异。蒙脱石多呈弯曲、卷曲状，具有高塑性、高压缩性、低强度和低渗透性等特点；高岭石主要表现为粒状叠片体，其单片形态比较平整，相对较厚，形状规则，其水稳定性好，可塑性和压缩性低，亲水性差；伊利石有类似云母的结构特征，显微条件下呈薄片状，但没有蒙脱石的弯曲边，也没有高岭石的形状规则，其力学性质介于蒙脱石和伊利石之间。上述不同黏土矿物的结构差异使膨胀土表现出不同程度的遇水膨胀和失水收缩；

（2）膨胀土中微结构单元主要是片状聚集体，颗粒相互间彼此呈平等层状排列结构，定向性较高；

（3）矿物单元之间的接触形态，主要呈现出面-面接触、面-边接触和面-边-角接触等多种形式的组合，相互之间的连结力弱。膨胀土遇水后，裂隙内充水导致连结力减弱或消失，土体体积膨胀，裂隙闭合；失水后土体收缩，裂隙重新开展并进一步发育；

（4）膨胀土的微裂隙是构成膨胀土微结构特征的重要部分，不仅决定了膨胀土裂隙介质随机复杂不连续的特点，而且直接影响着膨胀土工程特性。

可以看出，膨胀土的微结构是膨胀土胀缩性、裂隙性和超固结性的主要影响因素，而这三性又是相互作用、相互影响的。反复胀缩变形导致膨胀土裂隙的产生，而裂隙为水的入渗提供便利通道，裂隙底部土体在水分长期浸泡下软化；膨胀土反复的胀缩变形导致超固结性的产生，而超固结性对裂隙的发展起促进作用，一旦土中产生超固结性的因素消失，膨胀土中的裂隙会加速发展。这些都是土体微观结构变化的具体表现。因此有必要深入研究膨胀土的微观结构。

1.5 膨胀土基本性质

1.5.1 强度性质

由于膨胀土中富含蒙脱石等亲水性黏土矿物，因此其抗剪强度与土体黏土矿物成分、干密度、结构性、含水量等密切相关。许多岩土工作者基于非饱和土的理论和强度准则对膨胀土的强度特性进行了研究，主要有 Bishop 的有效应力强度理论，Fredlund 的双应力变量强度理论，徐永福的结构性强度理论，缪林昌的吸力强度理论和俞茂宏的统一强度理论等，具体见表 1-8。

膨胀土主要强度理论 **表 1-8**

Bishop 强度理论(1960)	式(1-3)
Fredlund 强度理论(1978)	式(1-5)
结构强度理论(徐永福,1999)	式(1-6)
吸力强度理论(缪林昌,1999)	式(1-7)
Vanapalli 强度理论(1996)	式(1-8)
统一强度理论(俞茂宏,2007)	式(1-9)和式(1-10)

Bishop 于 1960 年提出如下非饱和土抗剪强度公式：

$$\tau_f = c' + [(\sigma - u_a) + \chi(u_a - u_w)]\tan\varphi' \tag{1-3}$$

式中：τ_f 为非饱和土的抗剪强度；c'为有效黏聚力；φ'为有效内摩擦角。当土体饱和时，$\chi=1$，上式就成为饱和土有效应力抗剪强度公式；当饱和度为零时，$\chi=0$，上式变成：

$$\tau_f = c' + (\sigma - u_a)\tan\varphi' \tag{1-4}$$

Bishop 公式是在饱和土的有效应力抗剪强度公式中考虑吸力的影响而建立的，形式简单明了，但参数 χ 测定十分困难，主要取决于饱和度以及其他诸多因素的影响，并没有给出具体确定 χ 的方法。因此不少学者对该公式的正确性和实用性持怀疑态度。包承纲指出“Bishop 公式既未从理论上加以证明，也未从试验中加以充分检验，因此有必要用理论方法对该公式加以严密考察，弄清其适用范围。”

Fredlund 等从土体的强度、变形、渗流等各个方面系统研究了非饱和土，分析了控制非饱和土力学性状的土体内部应力变量，并通过研究认为在抗剪强度公式中的三个应力状态变量（$\sigma - u_a$）、（$\sigma - u_w$）和（$u_a - u_w$）中，只有两个是相互独立的，其中又以（$\sigma - u_a$）和（$u_a - u_w$）是实际应用中最有利的组合，因为总法向应力造成的影响可以与基质吸力造成的影响区分开来，而且大多数实际工程中，将孔隙气压力近似为大气压力带来的误差是允许的，便于实际应用。在此基础上，Fredlund 等提出了双应力状态变量的非饱和土抗剪强度公式：

$$\tau_f = c' + (\sigma - u_a)_f\tan\varphi' + (u_a - u_w)_f\tan\varphi^b \tag{1-5}$$

式中：τ_f 为非饱和土的抗剪强度；c'为有效黏聚力；$(\sigma - u_a)_f$ 为破坏时在破坏面上的净法向应力；φ'为与净法向应力（$\sigma - u_a$）有关的内摩擦角；$(u_a - u_w)_f$ 为破坏时在破坏面上的基质吸力；φ^b 为抗剪强度随基质吸力（$u_a - u_w$）变化而变化的速率。

在公式（1-5）中引进了参数 φ^b，并用 $\tan\varphi^b$ 来反映基质吸力（$u_a - u_w$）对抗剪强度的贡献。Gan 等的研究表明，$\tan\varphi^b$ 并不是一个常数，而是随着基质吸力的变化而变化。当土样接近饱和时，吸力很小，φ^b 与 φ'相差不大。当土样饱和度降低时，吸力增大，φ^b 逐渐减小。因此 Fredlund 双应力变量强度理论运用的关键在于参数 φ^b 的合理取值。

比较式（1-3）和式（1-5）可以看出，$\tan\varphi^b = \chi\tan\varphi'$，这说明 Bishop 公式和 Fredlund 公式形式相同，但 Fredlund 公式在表达形式上更容易让读者理解和接受，且参数的物理意义较明确，因此目前该理论已得到广大岩土工作者的认可。

徐永福认为，土体中只有土粒间接触点才能传递有效法向应力和切向应力，基质吸力对抗剪强度的影响取决于土粒接触点处孔隙水面积的大小和形状。因此通过建立土体微观孔隙分布的分形模型可以确定非饱和土的抗剪强度。基于非饱和膨胀土的结构模型，导出了非饱和膨胀土的结构强度公式：

$$\tau_s = c u_s{}^a \tan\varphi' \tag{1-6}$$

式中：τ_s 为非饱和土的结构强度；$c=k^p$，k、p 为与非饱和土的结构相关的系数；$a=2D/3-1$，D 为孔隙空间分布的分维数；u_s 为基质吸力。

该强度理论适用范围为：(1) 非饱和膨胀土微观孔隙的分布可以用分形模型描述；(2) 非饱和膨胀土微观孔隙内充满水，即土体的饱和度不能太低。虽然该理论的推导是建立在膨胀土相关试验的基础上，但其适用于所有满足以上两个条件的土类，并不局限于膨胀土。

缪林昌等基于非饱和土的剪切试验提出了吸力强度理论，建立了如下的非饱和土强度公式：

$$\tau_f = c' + (\sigma - u_a)\tan\varphi' + \tau_{us} \tag{1-7}$$

式中：c'为有效黏聚力；$(\sigma-u_a)$ 为净法向应力；φ'为有效内摩擦角；τ_{us}为非饱和土的吸力强度，它与吸力表现为双曲线关系，为 $1/(\tau_{us}+p_{atm})=a/(u_s+p_{atm})+b$，其中 a、b 为拟合参数，u_s为吸力。式 (1-7) 简单方便，也可以避免求解 φ^b，但是需要多组不同吸力的剪切试验来确定非饱和土的吸力强度。

Vanapalli 和 Fredlund 从实用化的角度出发，利用土水特征曲线及饱和排水剪切试验结果，建立了预测非饱和土抗剪强度的模型：

$$\tau_f = [c' + (\sigma - u_a)\tan\varphi'] + (u_a - u_w)[(\Theta)^\kappa(\tan\varphi')] \tag{1-8}$$

式中：Θ 为标准化的体积含水率，$\Theta=\theta/\theta_s$；θ 为体积含水率，θ_s 为饱和时的体积含水率；κ 为拟合参数。

俞茂宏等在双剪强度理论的基础上，提出了一个将单剪强度理论、双剪强度理论以及介于两强度理论之间的一系列线性、非线性准则统一的强度理论，称为统一强度理论。主要公式如下：

$$\left\{\begin{aligned} &\frac{1-n}{2}[(1+b)(1+\beta)\sigma_1 - b(1-\beta)\sigma_2 - (1-\beta)\sigma_3] \\ &+\frac{n}{3}[\sqrt{(\sigma_1-\sigma_2)^2+(\sigma_2-\sigma_3)^2+(\sigma_3-\sigma_1)^2}+4\beta(\sigma_1+\sigma_2+\sigma_3)]=C \\ &\frac{1-n}{2}[(1+\beta)\sigma_1 + b(1+\beta)\sigma_2 - (1+b)(1-\beta)\sigma_3] \\ &+\frac{n}{3}[\sqrt{(\sigma_1-\sigma_2)^2+(\sigma_2-\sigma_3)^2+(\sigma_3-\sigma_1)^2}+4\beta(\sigma_1+\sigma_2+\sigma_3)]=C \end{aligned}\right.$$

$$\left.\begin{aligned} &\left[\sigma_2 \leqslant \frac{1}{2}[(1+\beta)\sigma_1 + (1-\beta)\sigma_3]\right] \\ &\left[\sigma_2 > \frac{1}{2}[(1+\beta)\sigma_1 + (1-\beta)\sigma_3)\right] \end{aligned}\right\} \tag{1-9}$$

材料参数β和C可以由单向拉伸试验（$\sigma_1=\sigma_t$，$\sigma_2=\sigma_3=0$）和单向压缩试验（$\sigma_1=\sigma_2=0$，$\sigma_3=-\sigma_c$）获得：

$$\left.\begin{aligned}\beta&=\frac{3(1-n)(1+b)(1-\alpha)+2\sqrt{2}n(1-\alpha)}{3(1-n)(1+b)(1+\alpha)+8n(1+\alpha)}\\C&=\frac{(1-n)(1+b)+\frac{2}{3}\sqrt{2n}}{(1+\alpha)}\sigma_t\end{aligned}\right\}\tag{1-10}$$

式中：α为材料的拉压强度比，且$\alpha=\sigma_t/\sigma_c$；β为考虑正应力效应的系数；b为中间主剪应力效应系数；n为反映破坏准则非线性的系数。

式（1-9）和式（1-10）是普遍形式的统一强度理论的数学表达式，它包含了一系列线性、非线性以及一系列外凸和非凸的破坏准则。它建立起各种著名的屈服准则和破坏准则之间的联系，并将它们作为特例归纳于其中。当$n=1$时，式（1-9）成为 Drucker-Prager 准则；$n=\alpha=1$，$\beta=0$时，为 Huber-Von Mises 准则；$n=b=0$，$\alpha=1$时，为 Mohr-Coulomb 准则；$n=b=\beta=0$，$\alpha=1$时，为 Tresca 准则。此外根据系数取值的不同还可以产生一系列新的准则。统一强度理论将更多的屈服准则和破坏准则包容于其中，可以适用于更多的材料。

除上述理论外，近年来有不少学者根据相关试验成果提出了关于确定非饱和土强度的实用和经验方法，如建立膨胀力与非饱和膨胀土强度的关系，根据不同干湿循环次数所得的试样得出不同裂隙发育的膨胀土抗剪强度等。研究表明，完整膨胀土的峰值抗剪强度很高，但从失稳的膨胀土滑坡反算出的抗剪强度却远低于其峰值，究其原因是由于含水率的变化引起膨胀土体性质的变化和裂隙发育等因素的共同影响。对当前最关注的膨胀土边坡而言，裂隙对边坡的稳定起关键作用，因为裂隙的存在是导致膨胀土强度削弱的主要因素，裂隙性破坏了土体的整体性，为雨水入渗和水分蒸发提供便利通道，进一步导致深部土体含水率的波动及胀缩变形的反复，而这更进一步地导致裂隙的扩展。这些因素均导致膨胀土体强度的显著降低。

1.5.2 变形性质

膨胀土遇水膨胀，失水收缩产生胀缩变形。Holtz 等利用单向浸水变形试验确定加卸载过程中土的变形规律。袁俊平利用常规固结仪进行了不同初始干密度和初始含水率的单向浸水膨胀试验，并分析总结了膨胀土浸水膨胀时程特性。李振利用压缩仪对膨胀土分别进行了一次浸水膨胀和分级浸水膨胀试验，同时测定了试样在浸水前后不同压力下膨胀变形量的变化过程。缪林昌等研究了击实性膨胀土在不同压力作用下膨胀变形与初始含水率、干密度的关系。徐永福等通过现场膨胀试验得到宁夏膨胀土的膨胀变形与初始含水率、干密度及上覆压力的相关规律。Kodikara 和 Tay 分别通过室内收缩开裂试验获得了线缩率、体缩率与试样含水率之间的定量关系。姚海林等通过进行三相收缩试验和现场静力触探试验，确定了广西膨胀土的体积收缩指数及膨胀土活动区深度，并在试验基础上给出了膨胀土地基变形计算模式和裂隙开展深度的理论解。张华等通过收缩试验结果来间接估算压力板试验中试样的真实体积，从而得到能够真实反映膨胀土的土水特征曲线。肖宏彬等通过室内单向膨胀和收缩试验，对膨胀土的线胀率和收缩率的时程性进行了研究。吴珺华等采用改进的压缩仪和收缩仪测定了干湿循环下膨胀土的湿胀干缩变形性能，获得了经历干湿循环后膨胀土的变形规律。对膨胀土变形研究中，不同学者基于不同的思路做了大量研究工作，并建立了相应的模型和计算方法。主要有两种研究思路：

（1）基于传统的非饱和土理论，将吸力引入相关方程，并根据有关条件来分析膨胀土的应力应变关系，建立能够反映吸力作用的本构模型，即建立应力-应变-吸力关系。目前主要有 Fredlund & Morgenstern 的非饱和土弹性模型，Alonso 的 Barcelona 弹塑性模型，沈珠江的非饱和土弹塑性损伤模型等。

Fredlund & Morgenstern 提出以下非饱和土的弹性模型：

$$\begin{cases} d\varepsilon_1 = \dfrac{d\sigma_1}{E} - \dfrac{\nu d\sigma_2}{E} - \dfrac{\nu d\sigma_3}{E} + \dfrac{ds}{H} \\ d\theta_w = \dfrac{dp}{K_w} + \dfrac{ds}{H_w} \end{cases} \tag{1-11}$$

式中：θ_w 为体积含水率；p 为平均净应力；弹性参数 E、ν、H、K_w 和 H_w 都是应力的函数。

Alonso 等基于大量试验结果提出不同吸力（含水率）下非饱和土体积变化与应力关系，并将此关系引入到修正的剑桥模型中，建立了著名的 Barcelona 模型。模型采用了两个屈服面：加载一坍塌屈服面（Loading Collapse，LC）和吸力增加屈服面（Suction Increase，SI）。两个屈服面方程分别如下：

LC 面：
$$f_1(p,q,s,p_0^*) = q^2 - M^2(p+p_s)(p_0-p) = 0 \tag{1-12}$$

SI 面：
$$f_2(s,s_0) = s - s_0 = 0 \tag{1-13}$$

式中：p_s为吸力对土体凝聚力的贡献；p_0为 s 吸力下土体的前期固结应力；$p_0{}^*$ 为土体饱和时的前期固结应力；s_0为 SI 屈服面的硬化参数。

模型采用的硬化规律为：

LC 面：
$$\frac{dp_0^*}{p_0^*} = \frac{V d\varepsilon_v^p}{\lambda(0) - \kappa}$$

SI 面：
$$\frac{ds_0}{s_0 + p_{atm}} = \frac{V d\varepsilon_v^p}{\lambda_s - \kappa_s} \tag{1-14}$$

式中：p_{atm}为大气压力，101.3kPa；κ 为对应于平均净应力的刚度系数；κ_s 为对应于吸力的弹性刚度系数。非饱和土弹性体积应变和剪切应变分别为：

$$
\left.\begin{aligned}
d\varepsilon_{v}^{p}&=\frac{\kappa}{V}\frac{dp}{p}+\frac{\kappa_{s}}{V}\frac{ds}{s+p_{atm}}\\
d\varepsilon_{s}^{p}&=\frac{1}{3G}dq
\end{aligned}\right\} \tag{1-15}
$$

模型采用的流动法则为：

LC 面：　　$d\varepsilon_{Vp}^{p}=\mu_1 n_p$；$d\varepsilon_{s}^{p}=\mu_1 n_q$

SI 面：　　$d\varepsilon_{Vs}^{p}=\mu_2$　　(1-16)

式中：$n_p=1$；$n_q=\frac{2q\alpha}{M^2(2p+p_s-p_0)}$，$\alpha=\frac{M(M-9)(M-3)}{9(6-M)}\frac{1}{1-\kappa/\lambda(0)}$；$\mu_1$ 和 μ_2 可通过塑性一致性条件得出。上述给出了 Barcelona 模型的屈服准则、硬化规律和流动法则。之后许多学者对该模型进行修正，如压缩曲线的修正、LC 屈服面形状的修正及剪切屈服面形状的修正等，使之更加完善。

沈珠江利用损伤力学理论，从土体结构性的角度出发，提出了膨胀土的损伤力学模型。该模型假定原状土处于线弹性状态，完全损伤后即为扰动土，用下式表示：

$$
\{\sigma\}=(1-\omega)[D]_i\{\varepsilon\}+\omega[D]_s\{\varepsilon\} \tag{1-17}
$$

式中：$[D]_i$ 为原状土的刚度矩阵，$[D]_s$ 为扰动土刚度矩阵，ω 为损伤比，即扰动土所占的比例。通过试验研究认为该模型能够反映应变软化和浸水软化，但损伤比 ω 的确定和把扰动土视为完全损伤等还有待进一步考究。

(2) 利用饱和度或含水率代替吸力的方法来研究其对土体变形的影响，并建立能够反映浸水变形的本构模型，即建立应力-饱和度（含水率）-应变的关系。试验方法主要有“双线法”和“单线法”，本构模型主要有李广信的非饱和土清华弹塑性模型，Navarro、Thomas 和武文华等的非饱和土热力-水力-力学本构模型，缪协兴等的基于湿度应力场的膨胀土本构模型等。

非饱和土的清华弹塑性模型是基于经典的清华弹塑性模型，通过将含水率引入硬化参数的方式来描述非饱和土相关特性。该模型的参数只需通过进行不同含水率的非饱和土各向等压试验即可确定，不涉及吸力概念，形式和试验手段简便，有利于非饱和土的工程应用。李广信等通过大量试验结果认为，不同含水率试样得到的屈服面形状、屈服函数表达式以及相关参数与经典清华弹塑性模型中的均相同，不同的只是硬化参数的表达式不同。模型采用归一化方法得出考虑含水率的塑性体应变表达式：

$$
E=\frac{\varepsilon_{v0}^{p}}{\varepsilon_{v0}^{p_d}}=A\ln(w)+B \tag{1-18}
$$

式中：ε_{v0}^{p} 为相应于含水率为 w 时的各向等压塑性体应变；$\varepsilon_{v0}^{p_d}$ 为相应于天然风干含水率时的塑性体应变；A、B 为参数，可通过不同含水率的非饱和土各向等压试验结果归一化得到。将上式代入清华弹塑性模型的硬化参数，即得考虑含水率的硬化参数，从而得到非饱和土清华弹塑性模型。

武文华等基于CAP模型，提出了一个考虑热力-水力-力学耦合的非饱和土本构模型，着重研究了温度效应对非饱和土水力-力学性质的影响。该模型能够反映热软化现象，即温度升高将引起土体表面张力的降低。

缪协兴等根据膨胀土遇水膨胀、失水收缩的性质与材料的温度效应相似，基于温度应力理论建立了膨胀岩体的湿度应力场本构模型，并给出了具体的适用范围。

上述两种建模方法中，第一种方法有较成熟的理论背景，是一种较严格的方法，易于接受，但目前对于吸力的研究及测量手段尚存在较大困难，应用受到限制；后一种方法直观简单，便于工程应用，已得到不断完善和发展，但理论依据和试验方法仍存在很多不足和缺陷，是一种近似方法。无论哪种研究方法，都值得深入研究和发展。

1.5.3 渗透性质

已有学者利用室内试验、现场试验和数值模拟的方法对膨胀土的渗透特性进行了研究。室内试验一般采用常规渗透仪对不同形态的膨胀土（裂隙发育程度，扰动程度等）进行渗透试验，以获取不同状态下膨胀土体的渗透系数。现场试验大都采用修筑模型坡和人工降雨方式模拟大气因素的影响，根据大量监测数据来分析膨胀土边坡的渗流场，或进行现场原位的渗透试验以考虑膨胀土的裂隙性、超固结性等因素的影响，进而研究与渗流相关的其他性质。数值模拟一般利用非饱和渗流理论，采用有限元等数值方法对不同初始条件、边界条件和其他条件（裂隙发育程度，胀缩性等）的情况进行分析，提出相应的渗流计算方法。

李雄威采用现场试验与室内试验相结合的方法，系统研究了脱湿速率、吸湿速率、水化状态和干湿循环等对膨胀土渗透性质的影响。结果表明，湿热状态会对膨胀土的工程性状产生较大影响：反复的吸湿、脱湿使土体趋于松散，渗透性增强；脱湿速率越小，土体的收缩变形越大，进气值越大；吸湿速率越小，土体的膨胀变形越大，膨胀后渗透性降低；在水化过程中，水化时间越长、温度越高，土体渗透性增强。Fredlund等通过研究发现，膨胀土中裂隙的存在为降雨入渗提供了便利通道，当土体处于低含水率高吸力状态时，膨胀土在降雨入渗吸湿条件下并不像非饱和土力学中所描述的那样具有极低的渗透系数，此时土体不能用连续介质力学理论来描述。陈建斌通过现场试验发现，低含水率时膨胀土原位渗透系数的数量级在砂性土量级范围之内，具有强透水性，这表明膨胀土的裂隙性会极大地影响膨胀土的渗透性。Ng等通过现场降雨试验，研究了膨胀土边坡的渗流变形性质。黄茂松对考虑非饱和非稳定渗流的极限平衡法和位移有限元法进行评价和对比，着重讨论了强度折减有限元法在考虑渗流作用的土坡稳定分析中的应用。郑少河对渗流分析中的积水深度进行了数值模拟，认识不同的积水深度对渗流场的影响很小，因此在进行裂隙性膨胀土渗流分析时，积水深度可假定为零；基于膨胀土开裂裂隙的规模及渗透性的不同，提出了考虑裂隙系统的膨胀土边坡渗流分析方法，计算结果表明，土体裂隙的存在显著改变了膨胀土内部的渗流场分布。该方法可以更好地模拟坡渗流场随时间的变化规律，以及更合理地解释了降雨入渗引起的膨胀土边坡浅层滑动机制。袁俊平采用常规试验测定非饱和膨胀土膨胀时程曲线，定量地描述了膨胀土中裂隙在入渗过程中逐渐愈合的特征，建立了考虑裂隙的非饱和膨胀土边坡入渗的数学模型；用有限元数值模拟方法分析了边坡地形、裂隙位置、裂隙开展深度及裂隙渗透特性等对边坡降雨入渗的影响。结果表明，坡上位置的裂隙对边坡入渗影响较大；裂隙对边坡入渗的影响随裂隙深度的增大而增大，且存在一个最大的影响程度；裂隙的存在加快了膨胀土的入渗速率；考虑裂隙随入渗而愈合时，入渗达到平衡的时间有所延长。

膨胀土滑坡常见于持续降雨或雨停后的较短时间内，且易产生浅层滑动，这说明不同含水率、裂隙性和胀缩性等影响着膨胀土体的渗透性能，进而对边坡的稳定产生较大的影响。郑少河等通过研究降雨入渗条件下膨胀土边坡稳定性与渗流场的关系发现，不同的地表积水深度对渗流场的影响很小，可以忽略；受膨胀土开裂规模及渗透性的不同，建立了考虑裂隙系统的膨胀土边坡渗流分析方法。姚海林等对膨胀土边坡进行了考虑裂隙和降雨入渗影响的稳定性分析，根据计算结果与现场实测认为分析膨胀土边坡的稳定性须考虑裂隙的影响。完整的膨胀土体渗透系数很低，基本上不透水；经历干湿循环后，膨胀土体裂隙发育，裂隙为雨水快速入渗提供通道，土体渗透系数变大，吸水后土体膨胀导致裂隙愈合，土体渗透系数又减小，这些都会改变降雨入渗条件下的渗流场分布，导致土体的渗透性能发生较大的改变，进而又将引起土体的其他性能发生改变。因此在进行膨胀土渗流分析时，考虑膨胀土裂隙性和胀缩性的影响十分必要。

1.6 膨胀土裂隙成因及危害

前面介绍了裂隙对膨胀土强度、变形和渗透性质的影响，说明了研究裂隙对膨胀土性质影响的重要性和必要性。裂隙如何形成，以及裂隙的存在对工程的影响程度是学者研究裂隙的重要内容，也是膨胀土工程设计和施工中必须考虑的重要因素。

1.6.1 成因

目前关于膨胀土裂隙的成因主要有以下几个方面：

(1) 构造作用。研究者发现某些黏土（或其中某些部位）中的裂隙与下伏基岩中的裂隙具有大体一致的规律性，认为这些裂隙应属构造成因。比如英国东南部伦敦黏土及美国俄亥俄州河谷黏土中的裂隙成因。

（2）干湿循环产生的胀缩作用。该类裂隙的主要特点是位于黏土体上部方位随机、规模小而密度大的张开裂隙。这已是目前公认膨胀土裂隙形成的主要原因。

（3）脱水收缩作用。在黏土物质沉积过程中，下部沉积物不断脱水，除重力作用下的压密面外，孔隙溶液的浓度差异变化会使沉积物发生差异性收缩，从而在沉积物中产生不同方向且随机的裂隙。这与干湿循环产生裂隙的机理是不一样的。

（4）差异压密作用。根据 Labute 的研究，认为可压缩沉积层在上覆沉积物的重力作用下发生差异压密。当可压缩层的压密差异达到一定程度时将会在差异压密带中产生剪切裂隙。

（5）卸荷作用。由于上部土层的剥蚀，下部土层则因卸荷作用而发生回弹，从而产生裂隙。Skempton 等通过对伦敦黏土中浅部近水平裂隙的生成原因研究后认为是由于卸荷作用导致的。包承纲则认为卸荷作用产生的裂隙是次生裂隙，或是原有潜在裂隙在应力释放后的重新开展。

（6）斜坡活动作用。此类裂隙起因于斜坡活动，可分为两种情况：一是由于侧向开挖和临空面的产生从而引起土体内应力的再分布，此外是在斜坡失稳过程中使一定范围的土体内受到影响而可能产生裂隙。

从上述研究中可得到如下认识：上述六种裂隙的成因基本概括了土体沉积后裂隙产生的可能性；任何地区、任何成因的土层中的裂隙都往往是由不同作用形成的，甚至在相同土层同一剖面上看到的裂隙也有可能是不同成因的，因此对土体裂隙的成因分析，应当根据它们的产出特点进行归纳分类，分别探讨其成因。通常现场观测到的裂隙往往是由上述几种因素共同作用而形成的，并非由某单一因素作用而生成。根据裂隙的可见程度和规模将其分为潜伏裂隙、可见裂隙和大裂隙等。其中潜伏裂隙规模微小，肉眼几乎不可见；大裂隙则大都由于地质作用形成的，其宽度和深度均较大；可见裂隙规模介于两者之间，对土体的强度、渗流、变形等性质均有不同程度的影响，在实际岩土工程问题中较为突出。故除特别说明外，下文所指裂隙均为可见裂隙。

1.6.2 危害

裂隙破坏了土体的完整性，导致土体结构松散，工程性质差。Bronswijk 总结了土体中的裂隙在农业领域中的各种有利和不利因素。干缩裂隙的形成和发展受到不同因素的共同作用，如土中矿物成分、水分丧失速率、蒸发时间、地下水位的反复升降、反复降雨蒸发等。有利因素方面，裂隙的存在能够改善土体渗透性、排水性能和土体结构。此外，土体中的裂隙有助于改变土中孔隙的分布及利用在高胀缩性土上的道路开垦中。不利因素的方面，裂隙的存在加速了土体中水分的流动，会导致“作物水分胁迫”和“作物营养胁迫”等不利于作物生长问题的产生。此外在环境工程中，如果裂隙扩展到排水系统，则可能导致地表水的污染。对于岩土工程而言，我们关心的是土体的强度、渗流和变形特征，而裂隙的存在往往导致土体强度的降低、渗透性的提高及变形的增大，这些变化均不利于工程的施工和运行，因此裂隙应作为不利因素来进行研究分析。裂隙的存在加大了土体的离散破碎程度，整体性差；大气影响深度增大，导致雨水入渗深度增大，孔隙水压力增大，同时深部土体含水率增加，土体抗剪强度降低；雨水顺着边坡裂隙向土体深部下渗，由于水压力的存在进一步导致裂隙扩大，土体进一步破碎松散，强度进一步降低。

1.7 膨胀土裂隙形态描述

1.7.1 观察方法

目前对干湿循环作用引起的裂隙观测方法中，根据观测手段和获得信息的特点，可分为直接法和间接法。所谓直接法，就是直接获取裂隙图像，进而利用图像处理技术对裂隙进行相应处理的方法。该法操作简单，可随时随地操作，但受人为因素影响较大，且只能观测到二维平面上的裂隙情况，对深度方向裂隙的发育程度无法获取，主要包括拍照法等；间接法是通过测量裂隙发育时，土体相关性质（波效应、电效应等）的改变来间接获取裂隙的发育程度，可动态无损地观测土体裂隙的空间发育程度，但受外界干扰因素较多，所测结果并不能够完全反映裂隙的影响，是多种因素共同作用的结果，主要包括CT法、压汞法、电导率法、超声波法等。具体见表1-9。

膨胀土裂隙观察方法 **表1-9**

方法名称	基本原理
素描法	通过肉眼观察裂隙，用尺子等工具量测其长宽度，用量角器或罗盘等测其形状，通过素描等绘出裂隙分布情况，进而大概得出裂隙分布情况
拍照法	直接获取裂隙表面图像，利用图像处理技术对裂隙图像进行处理
光学图像分析法	通过由光学显微镜、三轴位移平台、CCD摄像仪和视频监视器组成的图像采集系统，对膨胀土裂隙的发展过程进行观测和图像采集，可非接触、连续、系统地观测裂隙的微观结构变化情况
流液法	从流体力学角度出发，采用一种高速流动且快速凝结的化学试剂，待土体裂隙稳定后，将试剂灌注到裂隙中，试剂凝结后取出，便可以真实再现膨胀土不同位置处的裂隙全貌

续表

方法名称	基本原理
超声波法	一般采用超声波脉冲透射法量测土体内的超声波声速，不同的超声波声速反映土体内部裂纹的发展状况
CT法	以计算机为基础，对被测体内部裂隙形态进行定量描述。与超声波法类似，可选择的信息源更广
压汞法	在精确控制的压力下将汞压入裂隙结构中，进而获得内部裂隙分布形态
电导率法	利用测试电流通过土体时所呈现的电阻大小来间接反映土体的内部结构，电导率法是监测一定范围内土体裂隙动态发展的有效工具

对表面裂隙观测最早使用的方法是直接量测，即通过肉眼观察裂隙，用尺子等工具量测其长宽度，用量角器或罗盘等测其形状，通过素描等绘出裂隙分布情况，进而大概得出裂隙定性或定量的记录。例如为观测试样，把已绘制好网格线的透明塑料纸铺在平坦坡面上，用铅笔按1∶1的比例绘制裂隙分布素描图；开挖面裂隙量测时，选择平坦、裂隙自然分布的区域，周围钉上1m长标尺，采用手工素描结合拍照的方法进行裂隙形态的记录与描述。随着科技的进步，更多的研究人员通过相机拍照来获得较清晰准确的裂隙图像，拍照法直接观测裂隙，虽然操作快捷，但易受人为因素影响。目前一种较微观的测量方法是远距光学显微镜法，该法是由远距光学显微镜、CCD摄像仪、三轴位移平台和视频监视器组合成的图像采集系统，能够对裂隙试样连续、非接触、系统的观测其在受荷状态下微观结构变化并作图像采集。袁俊平等通过远距光学显微镜观测膨胀土试样，对膨胀土表面裂隙进行了定量地描述分析。该试验方法可实时获得膨胀土表面裂隙发展的清晰图像，为后期图像分析提供便利，但与数码相机成像相同，只能观测膨胀土表面裂隙的发展状况。

近几年由于研究者对裂隙了解的深入，对内部裂隙在深度、长度、宽度上的研究，已不单是CT法、压汞法、电导率法等，也引入了超声波法等无损检测手段。CT技术可以实时地观测到试样内部的细微变化而不对试验过程进行干扰，整个试验现象的变化总是能用确定性的、不断更新的数据来表达，从而使得到的试验结果更加合理、客观、全面，对观测十分有利。随着膨胀土裂隙研究的发展进步，CT技术作为当前解决岩土相关问题很好的测试手段，逐步成为裂隙观测的常用方法。但是缺点在于CT法目前只能用作室内小尺寸土样的量测，对现场原位膨胀土只能望洋兴叹，且其设备较昂贵。

压汞法孔隙度测试分析技术是基于在精确控制的压力下将汞压入孔结构中的方法实现的。除高速、精确及分析范围广等优点外，压汞仪还可得到试样诸多特性，如孔径分布、总孔体积、总孔比表面积、中值孔径及样品密度（堆积密度和骨架密度）。

电导率法指的是当测试电流流经土体，相同岩土体由于裂隙发育程度不同所导致的电阻大小不同，进而由电导率差来间接反映土体的内部结构。将不同含水率、孔隙比等作为自变量，多次量测裂隙的开展，即可掌握含水率、孔隙比等对电阻率的影响。电阻率模型最早是由 Archie 提出，但其仅适用于饱和无黏性土，20 世纪 60 年代 Waxman 等将电阻率模型应用于非饱和黏性土。在膨胀土领域，龚永康等对室内膨胀土裂隙的发育采用电导率法进行了研究，证明采用电导率变化规律来反映膨胀土裂隙发育在一定范围里具有可行性。Anna 等研究表明在干湿循环试验中电阻率在一定程度上可实现定量、无损地监测裂隙动态发展，追踪裂隙开展的深度，作为土体裂隙研究的有价值实验工具。吴珺华通过实验也证明在一定含水率范围内裂隙对电导率的贡献明显，当裂隙开展稳定后，其贡献几乎不变。

将岩土介质和超声波联系起来是当前的一种新型技术。它是采用超声波脉冲透射岩土，通过测定透射后的声学信号（如波速、波形、频率、频谱、衰减系数、振幅等）的变化来间接地反映岩土体的物理力学参数、应力状态特征及一些结构构造方面的变化。结合 A 扫技术，土体内部裂纹的发展状况得以呈现，目前超声检测技术已逐步应用于非饱和土裂隙的检测。电导率法虽不易受人为因素影响，但土体性质例如孔隙比、含水率对其影响较大，而且对于电极类型、电极大小、导线长度、土体类型等影响因素还需进一步研究和完善；CT 法和超声波法可动态、定量、无损地量测裂隙的发生、发展，精度高，但仪器昂贵，操作要求高，且不能进行原位实测，将该技术推广到更多的试验和实际工程中仍是目前面临的主要困难。

1.7.2 描述指标

裂隙的走向、倾角、宽度、深度、长度和间距等是影响土体力学性质最主要的因素，它们分别描述了裂隙几何形态的不同方面，这些都是单一性的描述指标。

（1）走向和倾角：源于地质术语，表示裂隙延伸的方向和倾斜的程度。

（2）宽度：表示裂隙水平张开的程度，通常取最大宽度。

（3）深度：表示裂隙竖向开展的程度。通常情况下，裂隙的地表宽度越大，深度也越大；随着深度的增加，裂隙宽度逐渐减小。

（4）长度：定义各不尽相同，通常认为是不与其他裂隙相交的单独连续裂隙的延伸长度，可取首尾两点的直线距离近似作为其长度值。

（5）间距：在同一系统裂隙网络的裂隙组中近乎平行的两条裂隙之间的垂直距离。

由于裂隙的形成往往伴随着上述要素不同程度的发展，故通常采用某一综合性的裂隙度量指标来表征各要素的综合影响，从而在整体上反映裂隙的分布特征。天然情况下裂隙多为随机混乱型裂隙，难以用单一指标来描述裂隙的发育程度，因此有学者致力于寻找合理的综合性的度量指标来反映土体中裂隙的平均发育形态，目前主要有裂隙分维数（易顺民，1999）、裂隙图像灰度熵（袁俊平，2003）、裂隙率（刘春，2008）、裂隙盒维数（王媛，2013）等。但这些指标均只是针对裂隙表面形态，对内部裂隙分布情况不能合理描述，因此寻找合理描述裂隙空间形态的度量指标是今后的研究热点。

1.8 膨胀土边坡稳定计算方法

目前成熟的边坡稳定计算方法有四种：统计比较判别法、极限平衡分析法、稳定分析图解法和数值分析法。

统计比较判别法是一种经验方法，对已有相似工程地质条件下的边坡进行数学统计和归纳，以求得边坡稳定所需的经验参数，可用于要求不高的中小边坡设计中。

极限平衡分析法原理清晰，在 GeoStudio、Slide、理正等商业软件中广泛应用。该法可以求得不同条件、不同计算方法下的边坡安全系数，已在边坡稳定计算方面应用广泛，积累了大量工程实践经验。缺点是该方法采用了若干假定（假定滑弧形态、条间力关系等），计算过程中尚不能直接考虑土体的应力应变及变形协调关系，且不能获得边坡破坏后的力学和变形行为。极限平衡分析法的主要原理是将滑体划分为若干刚性条块，滑面认为达到极限平衡状态且抗剪强度发挥程度一致。极限平衡分析法主要包括瑞典条分法、毕肖普法、简布法、不平衡推力传递法等。各种方法都是基于一定的假定条件，通过力平衡和力矩平衡或二者都平衡来建立边坡安全系数表达式。实际工程中采用何种方法主要看其假定条件是否与研究对象的实际情况相吻合。

极限平衡分析方法 **表 1-10**

方法名称	主要假定	主要特点
瑞典条分法	滑动面为圆弧面；不考虑土条间作用力	滑动土体的整体力矩达到平衡。不满足土条的静力平衡条件；安全系数偏低 10%～20%
简化毕肖普法	滑动面为圆弧面；土条间切向力为零	滑动土体的整体力矩达到平衡。不满足土条的力矩平衡条件；安全系数偏低 2%～7%
简布法	假定滑动面为任意形状；条间法向作用力的作用点在滑面以上 1/3 土条高度处	各土条均满足静力平衡条件和极限平衡条件。土条间推力线的假定必须符合条间力的合理性要求。某些情况下计算结果可能不收敛

续表

方法名称	主要假定	主要特点
不平衡推力传递法	假定滑动面为折线；条间力的合力与上一土条底面平行；条间法向作用力的作用点在滑面以上 1/3 土条高度处	各土条均满足静力平衡条件和极限平衡条件。安全系数受滑动面倾角影响较大
摩根斯坦-普赖斯法	假定滑动面为任意形状；相邻土条条间力合力方向与条间面法线的夹角为一已知函数	各土条均满足静力平衡条件和极限平衡条件。滑动面起伏较大时，计算结果误差较大

在计算机普及之前，采用极限平衡分析法进行边坡稳定分析的话，即使是最简单的瑞典条分法，也需要进行大量的试算才能找到最危险的滑动圆弧。为简化计算工作量，不少学者根据他们所掌握的丰富计算资料，整理出边坡坡高 h、坡角 β 等与土体抗剪强度指标 c、φ 和重度 γ 等参数之间的关系，并绘成图表以供直接查用。应用较为广泛的为苏联学者洛巴索夫的土坡稳定计算图（图 1-11）。

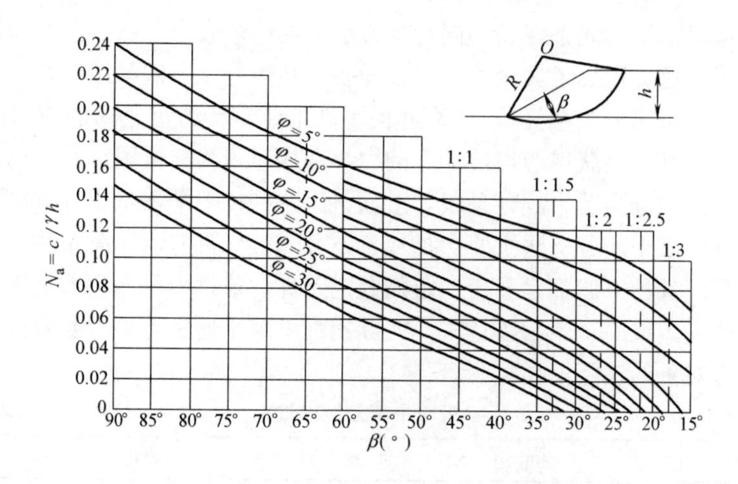

图 1-11 简单土坡稳定计算图（洛巴索夫）

数值分析法是目前流行的计算方法，主要包括有限差分法和有限元法。由于计算过程中考虑了土体的应力应变及变形协调关系，并且可以考虑复杂的边界条件和受力情况，结合强度折减法等进行分析，已在商业软件 ANSYS、ABAQUS、MIDAS、FLAC^{3D}等中得到广泛应用。数值分析法应用于边坡稳定性的计算时，主要是以计算是否收敛（最大不平衡力是否趋于稳定）、变形量是否存在突变等作为判断其失稳的标准。这类判据可归类基于变形控制法的边坡失稳判据。由于变形控制的标准尚未完全统一，因此目前采用数值分析法在开展边坡稳定性计算时具有理论基础不够、失稳判据标准不统一等问题。近年来，由于传统有限元分析方法中存在小变形、连续性等假定，对于某些工程问题不能很好地反映实际情况（如裂隙的存在带来的不连续问题，大变形条件下滑坡发展的全过程问题等），因此新的数值分析方法也就应运而生，如颗粒元法（PFC）、单位分解法（PUM）和数值流行方法（NMM）等。这些方法为膨胀土问题的研究提供了更为广阔的思路和手段。

1.9 本书主要研究内容

本书主要包括以下内容：

1.9.1 膨胀土裂隙观测方法与量化研究

系统介绍了膨胀土裂隙形态的观测方法和手段、量化指标及相应的试验结果。

1.9.2 膨胀土裂隙演化理论与试验研究

重点开展了膨胀土裂隙演化试验，建立了脱湿条件下膨胀土初始开裂模型，结合试验结果对模型进行了合理性验证，并利用有限元对模型进行了实用化拓展。

1.9.3 裂隙性膨胀土持水性能与强度特性

研究了裂隙对膨胀土持水性能及强度特性的影响，提出了含裂隙膨胀土的强度试验方法，建立了含裂隙膨胀土的强度模型。

1.9.4 裂隙性膨胀土边坡稳定计算方法

针对现有膨胀土边坡稳定计算方法进行了改进和完善，提出了含裂隙膨胀土边坡稳定计算方法。

1.9.5 膨胀土边坡加固技术与工程应用

重点研究了膨胀土边坡处治与加固的理论方法和加固措施。对土工膜覆盖法加固膨胀土边坡的可行性进行了系统研究，提出了适用于膨胀土边坡加固的工程措施。

参考文献

[1] 刘特洪. 工程建设中的膨胀土问题 [M]. 北京：中国建筑工业出版社，1997.

[2] Fredlund D G，Rahardjo H. 非饱和土土力学 [M]. 陈仲颐等译. 北京：中国建筑工业出版社，1997.

[3] 廖世文. 膨胀土与铁路工程 [M]. 北京：中国铁道出版社，1984.

[4] 余颂，陈善雄，余飞等. 膨胀土判别与分类的 Fisher 判别分析方法 [J]. 岩土力学，2007，28 (3)：499-504.

[5] 宫凤强，李夕兵. 膨胀土胀缩等级分类中的距离判别分析法 [J]. 岩土工程学报，2007，29 (3)：463-466.

[6] 陈善雄，余颂，孔令伟. 膨胀土判别与分类方法探讨 [J]. 岩土力学，2005，26 (12)：1895-1901.

[7] Fredlund D G，Morgenstern N R，Widger R A. The shear strength of unsaturated soils [J]. Canadian Geotechnical Journal，1978，15：313-321.

[8] Fredlund D G，Rahardjo H. Soil Mechanics For Unsaturated Soils [M]. New York：John Wiley & Sons，1993.

[9] 陈建斌. 大气作用下膨胀土边坡的响应试验与灾变机理研究 [D]. 武汉：中国科学院武汉岩土力学研究所，2006.

[10] 黄茂松，贾苍琴. 考虑非饱和非稳定渗透的土坡稳定分析 [J]. 岩土工程学报，2006，28 (2)：202-206.

[11] 郑少河，姚海林，葛修润. 裂隙性膨胀土饱和非饱和渗透分析 [J]. 岩土力学，2007，28：281-285.

[12] 袁俊平，殷宗泽. 考虑裂隙非饱和膨胀土边坡入渗模型与数值模拟 [J]. 岩土力学，2004，25 (10)：1581-1586.

[13] 徐永福. 非饱和土强度理论及其工程应用 [M]. 南京：东南大学出版社，1999.

[14] 缪林昌，殷宗泽. 非饱和土的剪切强度 [J]. 岩土力学，1999，20 (3)：1-6.

[15] 俞茂宏. 线性和非线性的统一强度理论 [J]. 岩石力学与工程学报，2007，26 (4)：662-669.

[16] 包承纲. 非饱和土的应力应变关系和强度特性 [J]. 岩土工程学报，1996，8 (1)：26-31.

[17] J K MGan. Determination of the shear strength parameters of unsaturated soils using the direct shear test [J]. Canadian Geotechnical Journal，1988，25 (3)：500-510.

[18] 徐永福，傅德明. 非饱和土结构强度的研究 [J]. 工程力学，1999，16 (4)：73-77.

[19] Fredlund D G，Xing A. The relationship of the unsaturated soil shear strength to the SWCC [J]. Canadian Geotechnical Journal，1996，33 (3)：440-448.

[20] 卢肇钧，吴肖茗，孙玉珍等. 膨胀力在非饱和土强度理论中的应用 [J]. 岩土工程学报，1997，19 (5)：20-27.

[21] 刘华强. 膨胀土边坡稳定的影响因素及分析方法研究 [D]. 南京：河海大学，2008.

[22] Vanapalli S K，Fredlund D G，Pufahl D E. Model for the prediction of shear strength with respect to soil suction [J]. Canadian Geotechnical Journal，1996，33：379-392.

[23] 詹良通，吴宏伟. 非饱和膨胀土变形和强度特性的三轴试验研究 [J]. 岩土工程学报，2006，28 (2)：196-201.

[24] 张先伟，孔令伟. 利用扫描电镜、压汞法、氮气吸附法评价近海黏土孔隙特征 [J]. 岩土力学，2013，34 (S2)：134-142.

[25] 吕海波，曾召田，赵艳林等. 膨胀土强度干湿循环试验研究 [J]. 岩土力学，2009，30 (12)：3797-3802.

[26] Adachi T. Soil-water coupling analysis of progressive of cut slope using a strain softening model [J]. Slope Stability Engineering，1999，333-338.

[27] Allen J M，Gilbert R B. Accelerated swell-shrink test for predicting vertical movement in expansivesoils [J]. Geotechnical Special Publication，2006，147：1764-1774.

[28] 陈建斌，孔令伟，郭爱国等. 降雨蒸发条件下膨胀土边坡的变形特征研究 [J]. 土木工程学报，2007，40 (11)：70-77.

[29] 李振，邢义川，张爱军. 膨胀土的浸水变形特性 [J]. 水利学报，2005，36 (11)：1385-1391.

[30] 殷宗泽，周建，赵仲辉等. 非饱和土本构关系及变形计算 [J]. 岩土工程学报，2006，28 (2)：137-146.

[31] Fredlund D G，Morgenstern N R. Constitutive relations for volume change in unsaturated soils [J]. Candian Geotechnical Journal，1976，13 (1)：261-276.

[32] Chiu C F. A state-dependent elastic-plastic model for saturated and unsaturated soils [J]. Geotechnique，1977，53 (9)：809-829.

[33] 李广信. 非饱和土的清华弹塑性模型 [J]. 岩土力学，2008，29 (8)：2033-2037.

[34] Navarro V，Alonso EE. Modeling swelling soils for disposal barriers [J]. Computers & Geotechnics，2000，27：19-43.

[35] Thomas H R，He Y. Analysis of coupled heat，moisture and air transfer in a deformable unsaturated soil [J]. Geotechnique，1995，45 (4)：677-689.

[36] 武文华，李锡夔. 非饱和土的热-水力-力学本构模型及数值模拟 [J]. 岩土工程学报，2002，24 (4)：411-416.

[37] 缪协兴，杨成永，陈至达. 膨胀岩体中的湿度应力场理论 [J]. 岩土力学，1993，14 (4)：49-55.

[38] Ng C WW，Zhan L T，Bao C C etc. Performance of an unsaturated expansive soil slope subjected to artificial rainfall infiltration [J]. Geotechnique，2003，53 (2)：143-157.

[39] Ng C WW，Shi Q. A numerical investigation of the stability of unsaturated soil slopes subjected to transient seepage [J]. Computer & Geotechnics，1998，22 (1)：1-28.

[40] Cho S E，Lee S R. Instability of unsaturated soil slopes due toinfiltration [J]. Computers & Geotechnics，2001，28 (3)：185-208.

[41] 黄茂松，贾苍琴. 考虑非饱和非稳定渗透的土坡稳定分析 [J]. 岩土工程学报，2006，28 (2)：202-206.

[42] 沈珠江，米占宽. 膨胀土渠道边坡降雨入渗和变形耦合分析 [J]. 水利水运工程学报，2004，3：7-11.

[43] 郑少河，姚海林，葛修润. 裂隙性膨胀土饱和非饱和渗透分析 [J]. 岩土力学，2007，28：281-285.

[44] 姚海林，郑少河，陈守义. 考虑裂隙及雨水入渗影响的膨胀土边坡稳定性分析 [J]. 岩土工程学报，2001，23 (5)：606-609.

[45] 袁俊平. 非饱和膨胀土的裂隙概化模型与边坡稳定研究 [D]. 南京：河海大学，2003.

[46] Bishop A W. The use of the slip circle in stability analysis of slopes [J]. Geotechnique，1955，5 (1)：7-17.

[47] 凌华，殷宗泽. 非饱和土强度随含水率的变化 [J]. 岩石力学与工程学报，2007，26 (7)：1499-1503.

[48] 刘欣，朱德懋. 基于单位分解的新型有限元方法研究 [J]. 计算力学学报，2000，17 (4)：423-434.

[49] 石根华. 数值流形方法与非连续性变形分析 [M]. 裴觉民译. 北京：清华大学出版社，1997.

[50] 殷宗泽，徐彬. 反映裂隙影响的膨胀土边坡稳定性分析 [J]. 岩土工程学报，2011，33 (3)：454-459.

[51] 罗晓辉，叶火炎. 考虑基质吸力作用的土坡稳定性分析 [J]. 岩土力学，2007，28 (9)：1919-1922.

[52] 陈善雄. 膨胀土工程特性与处治技术研究 [D]. 武汉：华中科技大学，2006.

[53] 王保田，张福海. 膨胀土的改良技术与工程应用 [M]. 北京：科学出版社，2008.

[54] 吴珺华，袁俊平，何利军等. 蒸发条件下土体内部水分分布及变化规律研究 [J]. 防灾减灾工程学报，2013，33 (3)：290-294.

[55] 吴珺华，袁俊平，杨松. 滤纸法测定裂隙膨胀土土水特征曲线试验研究 [J]. 水利水电科技进展，2013，33 (5)：61-64.

[56] Khattab S A A，AI Taie，L KH I. SWCC for lime treated expansive soil from Mosul City [J]. Geotechnical Special Publication，2006，1671-1682.

[57] Puppala A J，Punthutaecha K，Vanapalli S K. Soil-water characteristic curves of stabilized expansive soils [J]. Journal of Geotechnical and Geoenvironmental Engineering，2006，132 (6)：736-751.

[58] Fredlund M D，Wilson G W，Fredlund D G. Use of the grain-size distribution for estimation of the SWCC [J]. Canadian Geotechnical Journal，2002，39：1103-1117.

[59] Simms P H，Yanful E K. Predicting SWCC of compacted plastic soils from measured pore-size distributions [J]. Geotechnique，2002，4：269-278.

[60] Kong L W，Tan L R. Asimple method of determining the SWCC indirectly [J]. Unsaturated Soils for Asia，2000，341-345.

[61] Aubertin M, Mbonimpa M, Bussiere B etc. A model to predict the water retention curve from basic geotechnical properties [J]. Canadian Geotechnical Journal, 2003, 40: 1104-1122.

[62] 龚壁卫，周小文，周武华. 干湿循环过程中吸力与强度关系研究 [J]. 岩土工程学报，2006，28 (2)：207-209.

[63] Puppala A J, Punthutaecha K, Vanapalli S K. Soil-water characteristic curves of stabilized expansive soils [J]. Journal of Geotechnical and Geoenvironmental Engineering, 2006, 132 (6): 736-751.

[64] Fredlund M D, Wilson G W, Fredlund D G. Use of the grain-size distribution for estimation of the SWCC [J]. Canadian Geotechnical Journal, 2002, 39: 1103-1117.

[65] Simms P H, Yanful E K. Predicting SWCC of compacted plastic soils from measured pore-size distributions [J]. Geotechnique, 2002, 4: 269-278.

[66] Kong L W, Tan L R. A simple method of determining the SWCC indirectly [J]. Unsaturated Soils for Asia, 2000, 341-345.

[67] Aubertin M, Mbonimpa M, Bussiere B etc. A model to predict the water retention curve from basic geotechnical properties [J]. Canadian Geotechnical Journal, 2003, 40: 1104-1122.

[68] 卢再华，陈正汉. 膨胀土干湿循环胀缩裂隙演化的CT试验研究 [J]. 岩土力学，2002，23 (4)：417-422.

[69] Morris P H, J Graham, D J Williams. Cracking in drying soils [J]. Canadian Geotechnical Journal, 1992, (29): 263-277.

[70] 易顺民，黎志恒. 膨胀土裂隙结构的分形特征及其意义 [J]. 岩土工程学报，1999，21 (3)：294-298.

[71] 郑少河，金剑亮，姚海林等. 地表蒸发条件下的膨胀土初始开裂分析 [J]. 岩土力学，2006，27 (12)：2229-2233.

[72] 王年香，顾荣伟，章为民等. 膨胀土中单桩性状的模型试验研究 [J]. 岩土工程学报，2008，30 (1)：56-60.

[73] Labute O J , Gretener P E. Differential compactions around a leduc reef-Wizard Lake area, Alberta [J]. Rull Canadian Pctro. Gcol., 1969, 17 (3).

[74] 包承纲. 非饱和土的性状及膨胀土边坡稳定问题 [J]. 岩土工程学报，2004，26 (1)：1-15.

[75] 吴珺华，袁俊平，杨松等. 膨胀土湿胀干缩特性试验 [J]. 水利水电科技进展，2012，32 (3)：28-31.

[76] 吴珺华，袁俊平，杨松等. 干湿循环下膨胀土胀缩性能试验 [J]. 水利水电科技进展，2013，33 (1)：62-65.

[77] 刘春，王宝军，施斌等. 基于数字图像识别的岩土体裂隙形态参数分析方法 [J]. 岩土工程学报，2008，30 (9)：1383-1388.

[78] 刘兴，王媛，冯迪. 基于形态学理论的土体裂隙边缘分形维数计算 [J].《河海大学学报

（自然科学版）》，2013，41（4）：331-335.

［79］ 易顺民，黎志恒，张延中. 膨胀土裂隙结构的分形特征及其意义［J］. 岩土工程学报，1999，21（3）：294-298.

［80］ ITASCA Consulting Group. PFC2D（Particle Flow Code in 2 Dimensions）Theory and Background［M］. USA：Itasca Consulting Group，Minneapolis，Minnesota 55401，2002.

［81］ 刘欣，朱德懋. 基于单位分解的新型有限元方法研究［J］. 计算力学学报，2000，17（4）：423-434.

［82］ 石根华. 数值流形方法与非连续性变形分析［M］. 裴觉民译. 北京：清华大学出版社，1997.

第2章 膨胀土裂隙观测方法与量化研究

由Griffith理论可知，土体颗粒之间的孔隙可以看成是微裂隙，肉眼可见的宏观裂隙是这些微裂隙在荷载作用下开裂产生的。简化的毛细管模型说明基质吸力与土颗粒的直径成反比，即在相同含水率条件下，小粒径土体比大粒径土体产生的基质吸力要大。比较使土体产生开裂的拉应力和土体内部的基质吸力的大小，可以认为细粒径土体比粗粒径土体更容易开裂。这也是膨胀土等黏土经常开裂而砂土却很少开裂的主要原因。此外，膨胀土主要矿物成分为蒙脱石、伊利石等，这些矿物吸水膨胀，体积增大数倍，具有很强的吸附力及阳离子交换性能；脱水时体积缩小，裂隙发育。这种反复作用，即干湿循环导致了膨胀土胀缩性裂隙的显著发育。

干湿循环作用下形成的膨胀土胀缩裂隙普遍出现在边坡、基坑、道路等工程中。不同发育程度的裂隙对土体的强度、渗流及变形等特性的影响程度也不同，如何合理地描述裂隙发育形态具有重要意义和实用价值。本章介绍了目前常见的裂隙观测方法，通过裂隙发育试验对干湿循环下的裂隙形态进行了量化，提出了相应的评价指标。

2.1 裂隙观测方法

常见实用的裂隙观测方法包括拍照法、压汞法、CT法和电导率法等。下面具体介绍下拍照法、压汞法、CT法和电导率法的原理。

2.1.1 拍照法

拍照法是采用数码相机等摄像装置获得土体表面裂隙图像，然后利用数字图像处理技术来处理裂隙图像，根据所获得的信息来研究裂隙形态特征的方法。采用拍照法获得的裂隙图像具有如下优点：量测设备简单，成本低，获取途径方便，裂隙信息完整，图像容易保存，可重复利用。由于干湿循环作用下的裂隙形态混乱无规律，采用单一指标对其描述存在一定局限，不能完全反映裂隙特征。

在信息论中，通常把信息熵理解成某种特定信息出现的概率。一个系统越有序，信息熵就越低；反之，一个系统越混乱，信息熵就越高。信息熵也可以说是系统有序化程度的一个度量。图像作为一个系统，我们把灰度作为反应图像信息的一个特征量。对于一幅$M \times N$的彩色图像，首先利用式（2-1）将其转换为灰度图像。

$$GS = 0.299 \times R + 0.587 \times G + 0.114 \times B \tag{2-1}$$

式中：GS 为灰度；R、G、B 分别为（i，j）处的红、绿、蓝三原色的值，分布范围为 0～255。对于 8bit 的灰度图像来讲，其灰度分布范围亦为 0～255。取灰度作为离散信息源，每级灰度 i 出现的概率为 P_i，其中 $P_i = f_i / \sum_{i=0}^{N-1} f_i$，$N$ 为灰度总级数，f_i 为灰度为 i 的像素点总数。如果灰度 i 已经出现，则该事件所含有的信息量称为自信息：

$$I_i = \log_2 \frac{1}{P_i} = -\log_2 P_i \tag{2-2}$$

I_i 代表两种含义：事件 i 尚未发生时，表示事件 i 发生的不确定性；事件 i 发生后，表示事件 i 所拥有的信息量。式（2-2）中信息量 I_i 的单位为比特。由上述可知，自信息是指某一信源产生某一信息所含有的信息量。发出的消息不同，它们所含有的信息量也不同。自信息的数学期望称为信源的平均自信息量，见式（2-3）。由于它与统计物理学中热熵的表达式相似，因此又把它称之为信息熵。

$$H(x) = E(I_i) = -\sum_{i=0}^{N-1} P_i \log_2 P_i \tag{2-3}$$

式中：H（x）为信源 x 的信息熵，这里 x 为灰度，故 H（x）可称为灰度熵，式中参数意义同前。灰度熵具有如下物理意义：

（1）某级灰度出现后，其提供的平均信息量；

（2）某级灰度出现前，其出现的平均不确定性。例如有两幅灰度图像，其灰度分布频率见表 2-1。用式（2-3）计算两幅图像的灰度熵，结果分别为 1.000 和 0.081。对于图像 A，其灰度信息的输出是等概率的，所以事先获知哪个灰度出现的不确定性要大，灰度熵要大；对于图像 B，两个信息输出不是等概率的，虽然也具有不确定性，但大致可知灰度 a 可能出现的概率要大得多，所以事先获知哪个灰度出现的不确定性要小，因而灰度熵要小得多。

图像灰度信息 **表 2-1**

	图像 A		图像 B	
灰度	a	b	a	b
分布频率	0.5	0.5	0.99	0.01

（3）表征了灰度的随机性。如前例，图像 X 中灰度取 a、b 是等概率的，故随机性大；图像 Y 中灰度取 a 的概率比 b 的要大得多，故随机性小。

从灰度熵的物理意义可知，灰度熵较大时，表明某级灰度出现的平均不确定性要大，随机性也大；反之则小。目前对裂隙图像的处理原则，主要是分别提取并处理图像中的裂隙部分与非裂隙部分，然后采用综合指标对裂隙形态进行评价。此外在土木工程中，单条裂隙的具体形态并不是关注的重点，其宏观分布特征是影响工程质量的关键。当图像表面均匀时，其灰度集中分布在某一小范围区域，某级灰度出现的平均不确定性小，灰度熵小；当图像表面有裂隙时，裂隙处灰度较小（变暗），灰度分布范围增加，灰度出现的平均不确定性增加，灰度熵增大。因此可采用图像灰度熵这一指标来反映裂隙图像中的裂隙分布特征。熵越大，表明裂隙分布越杂乱无章，工程性质越差。因此图像灰度熵反映了图像灰度分布的离散程度。基于上述思想，编写相关程序提取图像信息，计算各个像素点的灰度，统计各灰度的分布频率，再按式（2-3）计算图像灰度熵。

袁俊平等利用远距光学显微镜对膨胀土试样进行观测，利用图像灰度熵的概念来表征裂隙的发育程度。唐朝生等在室内试验的基础上，采用计算机图片处理技术在对黏性土干缩裂隙网络进行处理，探讨了聚丙烯纤维对黏性土干缩裂隙的抑制作用和机理，提出了区面积裂隙率和裂隙网络的分形维数可作为描述裂隙发育的指标。作者亦对脱湿条件下膨胀土表面裂隙发育图片进行处理，获得了相应的图像灰度熵 D_f（图 2-1）。可以看出，随着含水率不断降低，土体裂隙不断开展，图像灰度熵逐渐增大。

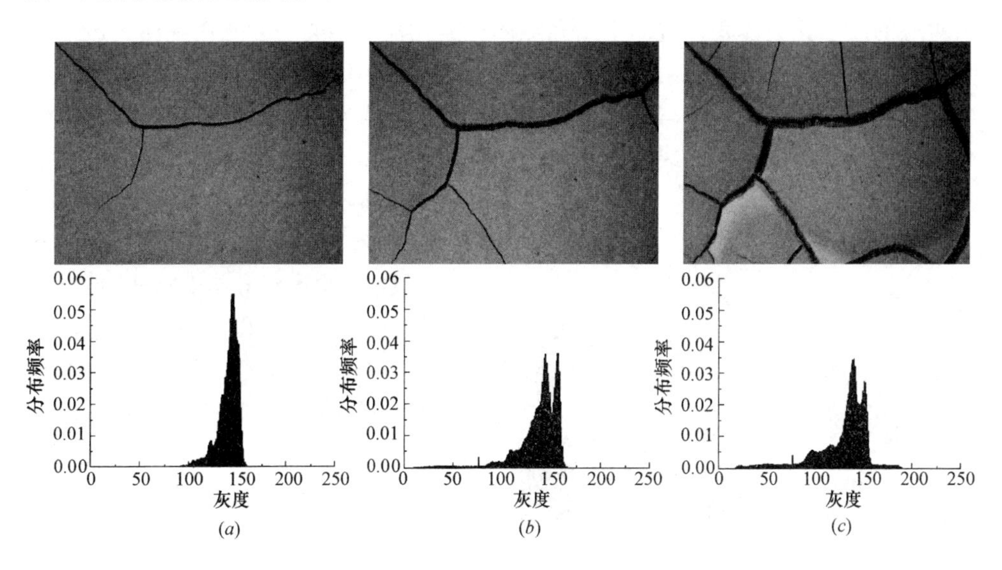

图 2-1　裂隙开展过程中图像灰度熵的变化（吴珺华，2011）

（*a*）D_f=5.336；（*b*）D_f=5.995；（*c*）D_f=6.410

2.1.2　压汞法

压汞法孔隙度测试分析技术是基于在精确控制的压力下将汞压入孔结构中的

方法实现的。除高速、精确及分析范围广等优点外，压汞仪还可得到试样诸多特性，如孔径分布、总孔体积、总孔比表面积、中值孔径及样品密度（堆积密度和骨架密度）。图 2-2 为 AutoPore Ⅳ型全自动压汞孔径分析仪。压汞法是研究多孔材料内部结构的有效方法，可测定多孔材料的孔径大小、孔隙体积等，从而计算出孔径分布。孔隙度通常包括材料孔径、孔体积、孔径分布、密度和其他孔隙度相关特性的测量。孔隙度对于了解物质组成、结构和应用是非常重要的。材料的孔隙度影响其物理属性从而影响其在周围环境下的行为，影响材料的吸附性和渗透性、强度、密度和其他性质。

汞对大多数固体表面具有不可浸润性，要想进入孔隙内部，就必须施加一定的压力。孔径越小，所需要的压力就越大。假设多孔材料是由大小不同的圆柱形毛管组成，根据毛管内液体升降原理，汞受到的压力 P 与毛细管半径 r 可用 Washburn 方程描述（式 2-4）：

$$P=-2\sigma\cos(\theta/r) \tag{2-4}$$

式中：r 为毛细管半径（mm）；σ 为汞表面张力，25℃时为 0.484N/m；θ 为多孔材料与汞的接触角，一般为 135°～142°；P 为压力汞的压力（N/m^2）。

根据施加压力 P 的大小，便可求出对应的孔径尺寸 r。根据汞的压入量可求出对应的尺寸孔隙体积，进而求出孔隙体积随孔径大小的一般变化规律，最终得到多孔材料的孔径分布。由于压汞仪可得到一系列不同压力下压入多孔材料内的汞体积，因此可求出其平均孔径分布和总孔隙体积。常见的试验结果包括孔径分布曲线、累积孔隙体积曲线和累积表面积曲线。图 2-3 为张先伟针对湛江某黏土的压汞试验结果，可以看出湛江黏土孔径分布在 1～0.1μm 的孔隙组占有绝对优势，埋深 15m 与 30m 的黏土在这一区间的孔隙体积占总孔隙体积的 49.43% 与 71.87%，其次为 $d<0.1\mu m$ 的孔隙组体积占总孔隙体积的 35.34%与 18.09%（图 2-3*a*）。另一方面，$d>1\mu m$ 的孔隙组在体积明显增加的同时，其比表面积却未见变化（图 2-3*c*），反映出 $d<1\mu m$ 的微小孔隙对其表面积的重要贡献。在制备重塑样时，严格按照原状土的含水率与密度制备，尽可能保证原状土与重塑土具有相同的孔隙比，而从图 2-3（*b*）中可以看到，压汞试验得到的重塑土的累积孔隙体积明显大于原状土，这说明在压汞试验无法测量的孔径范围（$d<0.01\mu m$）内，原状土具有比重塑土多的孔隙体积，这部分孔隙是孔径较小的粒内孔隙。

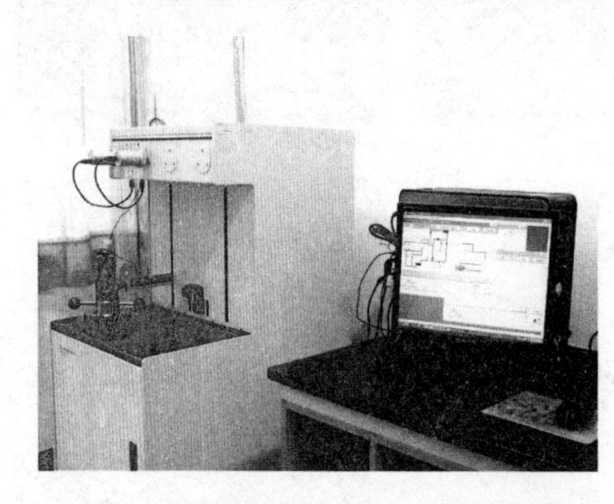

图 2-2　全自动压汞仪

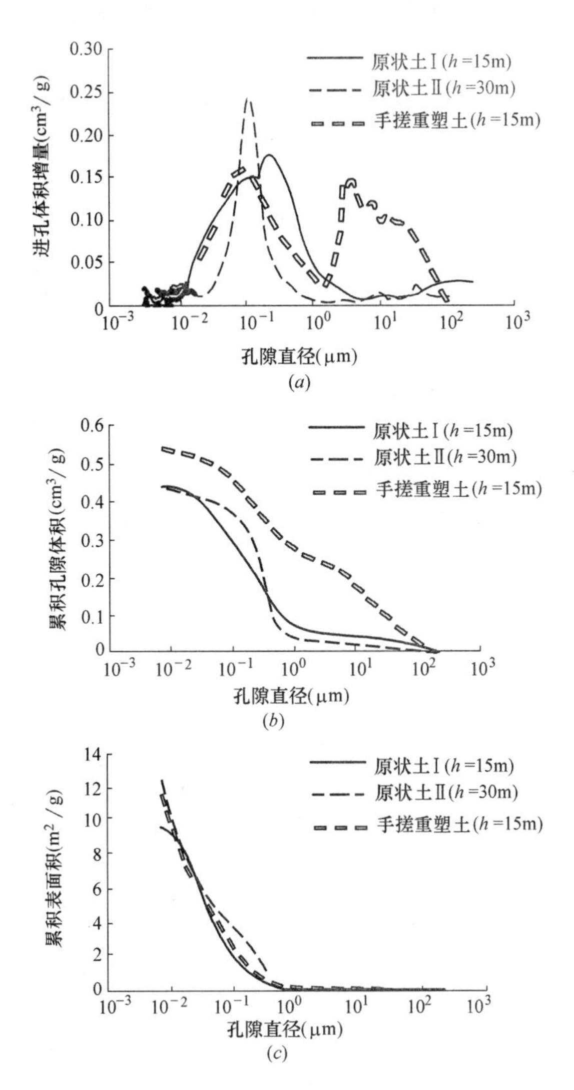

图 2-3 湛江某黏土孔径分布、累积孔隙体积、累积表面积曲线（张先伟等，2013）

（*a*）孔径分布曲线；（*b*）累积孔隙体积曲线；（*c*）累积表面积曲线

2.1.3 CT 法

常规的岩土试验种类很多，在力学方面主要有加卸载、损伤、蠕变、剪切、拉压、弯曲等，在其他方面有沉降、开裂、腐蚀等，在此基础上提出了许多理论和经验公式用于理论计算和工程设计。但长期以来，岩土界也期待有一种直接观测试验过程中内部结构变化的测试方法，以明确试验过程中试样内部的变化特征，以此验证各种理论推导的确定性。这对于岩土力学本构关系和试验设计的发展有着巨大的推动作用。CT 技术采用无损检测手段，能实时动态监测试验过程中试样内部的变化特征，并给出精确的定量描述。众所周知，试验过程中试样内部的变化是无法直接观测的，而这些因素的获取对深入认识试样的受力变形特性至关重要。

CT 法（Computed Tomography），又称为电子计算机层析成像技术，是以计算机为基础，对被测体断层中某种特性进行定量描述的专门技术。由于被测物体具有不同的物理性质，机械波、声波、超声波或次声波、各种电磁波、物质流及其他可测能量均可以成为描述被测体某种性质的信息源。CT 技术就是从被测体外部探知发自（或经过）被测体的信息，用计算方法求解被测体空间特性的定量数据表达而不必进入被测体内部，是一种快速、无损、动态的测量方法。在 X 射线穿透物质的过程中，其强度呈指数关系衰减，物质的密度是由物质对于 X 射线的衰减系数来体现的，不同物质对 X 射线的吸收系数不同。CT 机的基本图像数据是建立在英国工程师 Housfield 提出的标准方程：

$$H_{CT}=1000\times\frac{\mu_{OP}-\mu_{H_2O}}{\mu_{H_2O}} \tag{2-5}$$

式中：H_{CT}为 CT 数；μ_{OP}为某图像点物体的 X 射线吸收系数；μ_{H_2O}为纯水的 X 射线吸收系数。从式（2-5）中可以看出，Housfield 建立了以纯水 CT 数为零的理想图像标准，由于空气对 X 射线几乎无任何吸收，故空气的 CT 数为－1000，而冰的 CT 数为－100。在此标准下，某点对 X 射线的吸收强弱直接可用 CT 数表示出来。

如果被测体是仅存在密度 ρ 变化的同一种物质（其单位密度吸收系数为 μ_m，m^3/kg），则被测物质对 X 射线的吸收系数 μ_{OP}为：

$$\mu_{OP}=\mu_m\rho \tag{2-6}$$

令 $\mu_{H_2O}=1$，得：

$$\rho=\frac{\frac{H_{OP}}{1000}+1}{\mu_{OP}} \tag{2-7}$$

从式（2-7）可以看出，在已知某种物质的 X 射线单位密度吸收系数 μ_{OP}，CT 数就直接表示了物质的密度 ρ，即 CT 图像就是被测物体某层面的密度图。物质的密度愈大，CT 数愈大。CT 技术在岩土试验中能够对各种试验状态进行动态无损检测，结合 CT 理论对试样内部结构进行定量化描述，进而观测与试验内外条件相联系的各种现象发生和发展的本质。

CT 技术由 Petrovic 首次引入到土的结构研究中。蒲毅彬于 1993 年首次利用 CT 研究了岩土体的冻结过程。葛修润、杨更社等利用 CT 技术对岩石受载裂纹形态变化及其演化过程进行了试验观测，初步定量分析了 CT 数的变化情况。陈正汉依据 CT 数的均值和方差，定义了描述膨胀土细观结构的定量指标。图 2-4为后勤工程学院的 CT-三轴试验系统。主要包括与 CT 机、配套的多功能非饱和土三轴仪、数据采集系统和处理系统等，CT 机型号为 GE 公司生产的 prospeed AI 螺旋 CT 机。该系统中的核心是将传统的三轴仪置于 CT 机中，在三轴试验进行的同时可由 CT 技术监测试样内部结构的变化过程，进而获得试样的应力变形特性与内部结构变化特征的定量关系。汪时机等利用该系统开展了控制净围压和吸力的 CT-三轴剪切试验，定量研究了分别基于承载面积、CT 数的均值 ME 和方差 SD 的损伤变量表征方法的合理性。研究发现，损伤面积相同而损伤部位不同的试样偏应力-应变曲线和强度基本一致；损伤面积和 SD 可以作为损伤变量表征参数，而 ME 不适合用来表征膨胀土的损伤变量。图 2-5 为不同破孔半径试样的照片和相应的 CT 影像图片。可以看出，CT 影像图片清晰地反映了试样破损形态。

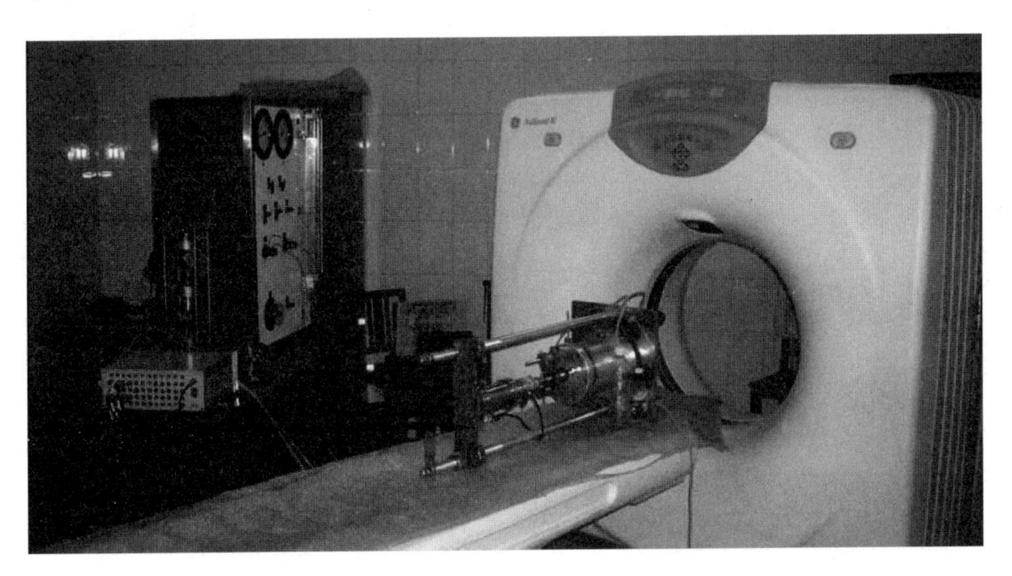

图 2-4　三轴试验 CT 可视化系统（后勤工程学院）

2.1.4　电导率法

电导率法作为一种动态无损的测量方法，在岩土工程领域中亦获得广泛应用，其已成为国内外学者研究土体微观结构形态、物理力学性质等方面的重要方法。

电阻率是用来表示物体导电性能的物理量，定义为某材料在标准状态下单位面积、单位长度的电阻值。电阻率的表达式如下：

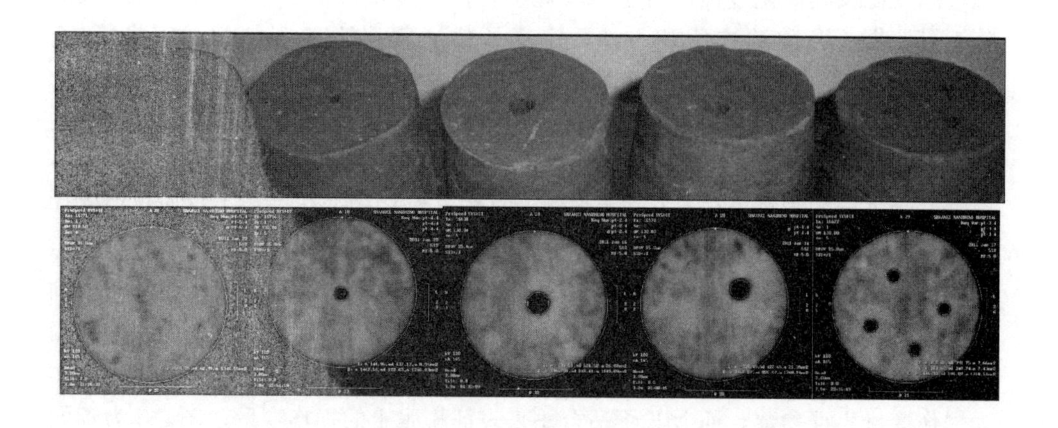

图 2-5 试样照片和相应的CT影像图片（汪时机，2015）

$$F=1/\overline{F}=\rho S/L \tag{2-8}$$

式中：F 为电阻率（Ω·m）；$\overline{F}$ 为电导率，电阻率的倒数（S/m）；ρ 为电阻（Ω）；S 为电极横截面积（m^2）；L 为电极间距（m）。通常采用电导率来描述土体的导电能力，电导率越大，导电性能越好。

Archie、Keller 和 Waxman 分别提出适用于饱和无黏性土、非饱和无黏性土及非饱和黏性土的电导率模型。研究表明，土体的电导率主要取决于一些重要的结构参数，包括孔隙率、孔隙形状、孔隙结构、饱和度、孔隙水电导率、固体颗粒成分、颗粒形状、定向排列及胶结状态等。影响土体导电能力的因素由主及次顺序依次为：含水率（饱和度）、孔隙中液体导电率、孔隙率和土性等。

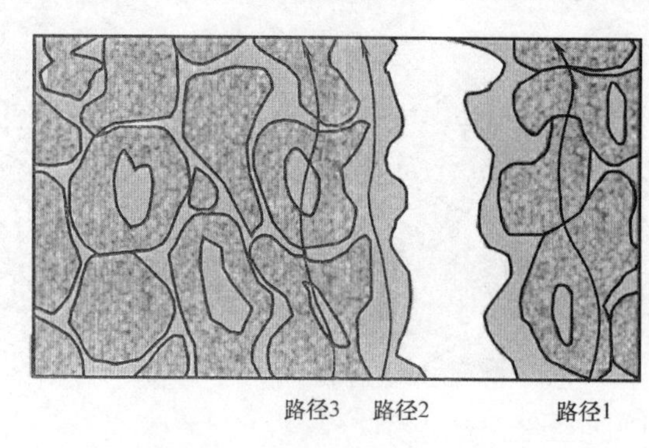

图 2-6 黏性土中电流的传播途径

非饱和土中的电流传播途径有三条：(1) 沿着土颗粒的接触路径传播；(2) 沿着孔隙水传播；(3) 沿着土水相连的路径传播，如图 2-6 所示。裂隙发育初期，土中水分较多，电流主要通过孔隙水路径（路径 2）传播，此时土体电导率变化不大，土体导电性能良好；当水分不断蒸发时，孔隙水传播性能减弱，电流主要通过土颗粒（路径 1）和土水相串的路径（路径 3）传播，此时土体电导率减小，导电性能降低；水分的继续蒸发导致土颗粒间充满空气，形成孔洞、裂隙等绝缘体，不能传播电流，接触面积减小，阻碍了大部分电流传播途径。膨胀土中的裂隙若未充水，则相当于将裂隙两侧土体隔绝开，此时土体的电导率与完整土体的相比有着明显的差异。裂隙的存在使得土体电导率显著降低，导电性能明显降低。在这个过程中，裂隙的发展对土体电导率影响明显，而水分变化的影响有限。

见图 2-7，在土体内部 A、B 处布置两个石墨电极，电极用细导线连接并引出试样表面。通过电导仪向两个电极提供稳定的直流电，在地表以下形成恒定电场，通过电导仪测量两点间的电导来观测土体电导随裂隙发育的变化情况。采用石墨电极来测量任意两点间的电导率有如下优点：石墨电极价格便宜，性能稳定，不易腐蚀；埋设及测量方法简单，操作性强，适用于大规模作业；可重复利用，对环境没有污染。

两电极之间的电流主要通过图 2-7 中的实线传递，连着两电极方向的电流密度最大，越往外越小。试样初始状态是均质完整的，初次测量的电导率可认为只是土体干密度和含水率的综合反映。随着土体水分的逐渐丧失，土体表面开始收缩，干密度有所增大，而含水率逐渐减小。当两电极之间有裂隙时，部分电流传播路径被切断，导致土体的电导发生变化，两点间电导测量值也有相应的变化，而且裂隙的形态、裂隙空间内水分含量、未开裂土体的密实度及含水率等都会导致不同的测量结果。只要测量两个电极之间电导率的变化，就可获知两电极之间土体结构、含水率等变化的综合影响。若能剔除含水率等主要因素对电导率的贡献，则可间接获得土体内部结构变化对电导率的影响。这里裂隙是土体内部结构变化的主要表现。试验过程中，温度基本保持恒定，变化不大；土体含水率逐渐减小。因此当某时刻某深度处的电导发生明显降低时，就可认为裂隙已经开展到此深度附近。因此运用电导率法研究膨胀土裂隙的发育是可行的。

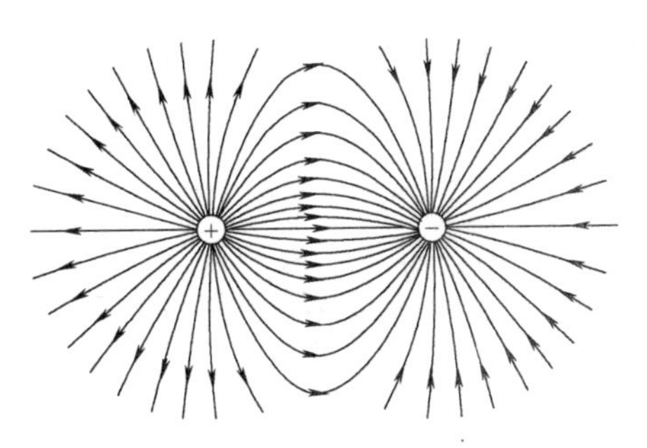

图 2-7　异性点电源电场分布

查甫生采用自制的 ESEU-1 型土体电阻率测试仪，开展了通过掺灰改良膨胀土不同养护龄期下的电阻率测试以及膨胀量、膨胀力及无侧限抗压强度等试验，探讨了掺灰改良膨胀土养护过程中的物理化学反应过程。相关研究成果见图 2-8。可以看出，不同参数与电导率（电阻率）的关系都呈现出较好的线性关系，可利用土的电导率（电阻率）来简单预测出土体相关参数的大小，证明土的电导率法是一种新的、实用性强的膨胀土质量评价方法。

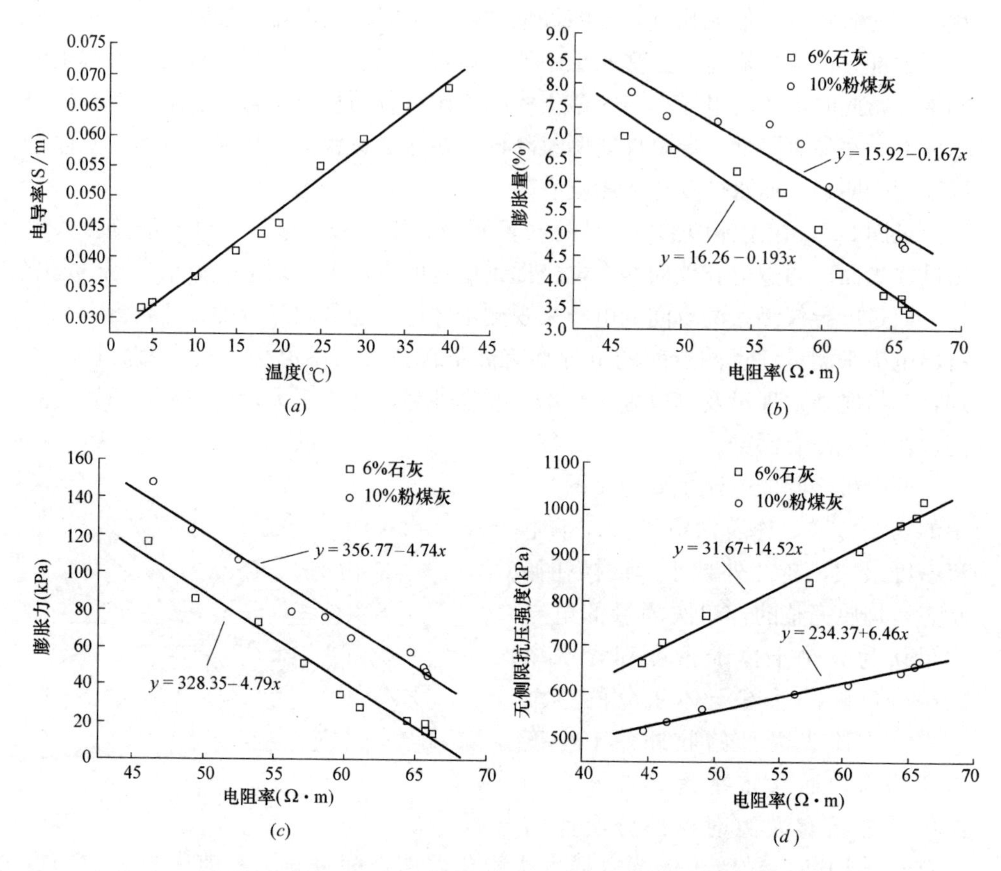

图 2-8 膨胀土基本性质与电阻率的关系（查甫生等，2009）

（a）土体电导率与温度的关系；（b）改良膨胀土膨胀量与电阻率的关系；（c）改良膨胀土膨胀力与电阻率的关系；（d）改良膨胀土无侧限抗压强度与电阻率的关系

2.2 裂隙发育试验及量化指标

上一节详细介绍了关于描述土体裂隙的测试方法和手段。膨胀土裂隙发育试验中，希望获得不同时刻下裂隙的发育形态、含水率的分布及内部结构的变化等主要特征。对于室内裂隙开展试验，由于试样尺寸较小，若直接取土样测量含水率，取样处会影响裂隙发育，而电导率法作为一种无损量测方法，可以考虑用来间接获得试样的含水率，同时也可间接获得裂隙内部发育程度。压汞法和 CT 法过于复杂，操作精度高，研究的试样尺寸较小，不适合现场和室内模型大样的观测。拍照法操作方便，设备简单，后期处理要求不高，可随时获取裂隙表面形态；电导率法原理清晰，所需仪器设备简单，可随时获取大范围土体表层和内部裂隙发育的动态过程。因此本文同时采用拍照法和电导率法对裂隙的开展过程进行观测。

2.2.1 试验前准备

要想获得裂隙发育过程对土体电导率的影响，需要将影响土体电导率的其他因素剔除。本试验是在室内进行，温度变化范围较小，对电导率的影响可以忽略；蒸发过程中，试样会产生收缩变形，干密度有所增大，但增大程度较小，可忽略其对电导率的影响；含水率的变化较大，对电导率的影响较大；同时蒸发过程伴随着裂隙的开展，裂隙破坏了土体的连通性，形成绝缘体，对土体电导率的影响也很大。因此本试验中，含水率和裂隙是影响土体电导率的两个重要因素。因此为获得无裂隙土体的电导率特性，笔者首先进行了不同干密度、含水率下均质试样的电导率试验。试验土样基本性质见表 2-2，试验处于恒温条件下进行。试样为环刀样（Φ=61.8mm，H=20mm）。每个试样上沿着直径方向对称的插上两枚大头针，间距 30mm，用于测量试样的电导率（图 2-9）。

某工程膨胀土基本参数　　表 2-2

液限	塑限	塑性指数	自由膨胀率	最大干密度	比重
w_L(%)	w_P(%)	I_P	δ_{ef}(%)	ρ_d(g/cm^3)	G_s
42.7	19.2	24	56.8	1.81	2.74

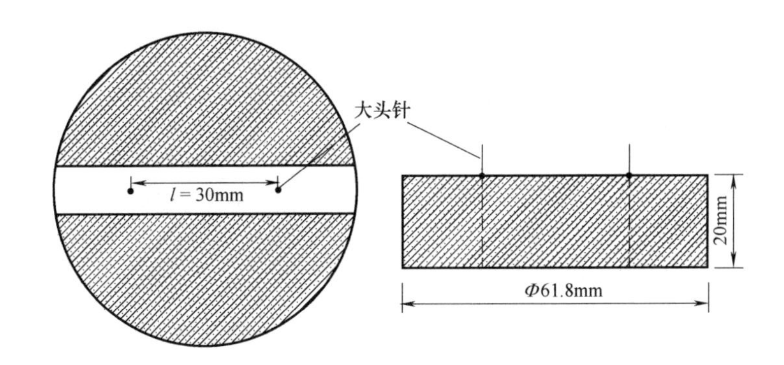

图 2-9　电导率法率定试验示意图

笔者测定了不同条件下土体的电导率与干密度、含水率的关系，并将结果绘于图 2-10。这里采用的试样是重塑样，可认为是均质完整无裂隙的。可以看出，土体的电导率随着含水率和干密度的增大而增大。含水率越大，孔隙水传播电流的途径越多，且孔隙水中溶解的正负离子越多，导电能力越强，电导率越大；干密度越大，土颗粒之间接触越紧密，接触面积越大，传播电流的途径增多，导电能力增强，电导率也增大。

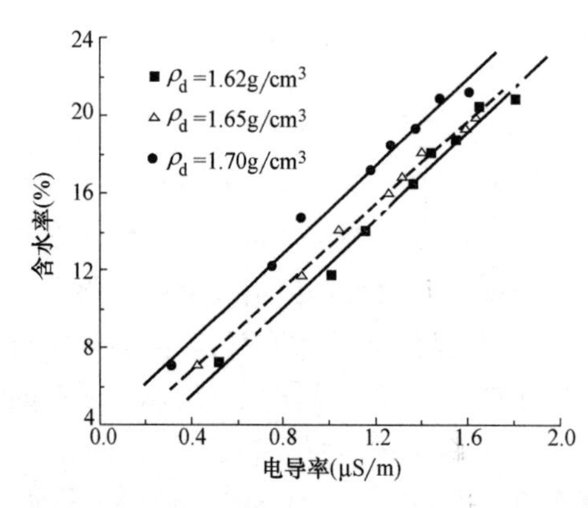

图 2-10 不同干密度、含水率与电导率关系

对试验结果进行多元线性回归，拟合结果可写成式（2-9）：

$$\overline{F}=1/F=a+bw+c\rho_d \quad (2\text{-}9)$$

式中：$\overline{F}$ 为电导率（μS/m）；F 为电阻率，为电导率的倒数（Ωm）；w 为含水率（%）；ρ_d 为干密度（g/cm^3）；a，b，c 为待定常数，由试验结果可得：$a=-4.77$，$b=0.088$，$c=2.76$。式（2-9）可以用来预测不同含水率、干密度下试样的电导率，可用来剔除含水率对土体电导率的影响，将其与电导率的实测值比较，其差值即可认为是裂隙发育对土体电导率的贡献，就能获得裂隙发育过程对土体电导率影响的一般规律。

由式（2-9）可知，土体的电导率与干密度、含水率成正比。如果我们知道某时刻两电极之间无裂隙土体的电导率和干密度，则可以间接获知相邻电极之间土体的含水率，从而达到避免扰动试样的目的。将式（2-9）的形式作如下变换，可用来间接获得试样表面的含水率。

$$w=\frac{1}{b}(\overline{F}-a-c\rho_d) \quad (2\text{-}10)$$

2.2.2 试验条件与方案

试验仪器为透明箱体，试验尺寸见图 2-11，土体基本参数见表 2-2，试样初始含水率为 23.63%，初始干密度为 1.71g/cm^3。制样时，先将土料均匀调配至指定含水率，根据试样高度分五层压实，每层土厚 50mm，质量由干密度控制。最后一层土填筑完成后将表面整平。制备完成后，先用塑料膜盖住土样表面让水分充分均匀，不少于 24 小时。然后将盖打开，使试样置于常温环境（温度 20℃，相对湿度 75%）下蒸发。试验模型共有两个模型试样，其中模型一的内部不埋设电极，只在试样表面每隔 30mm 插入一枚大头针，深度约 15mm，用来测量试样表面的电导率（避免量测两大头针之间存在裂隙的区域），所有量测结果的平均值即认为是当前试样表面的电导率，代入式（2-10）中可得到此时试样表面的含水率；模型二的内部埋设电极，表面不插大头针，电极具体位置见图 2-12 和图 2-13，用来观测裂隙发育过程中试样内部结构的变化特征，研究裂隙发育过程中电导率的变化规律。

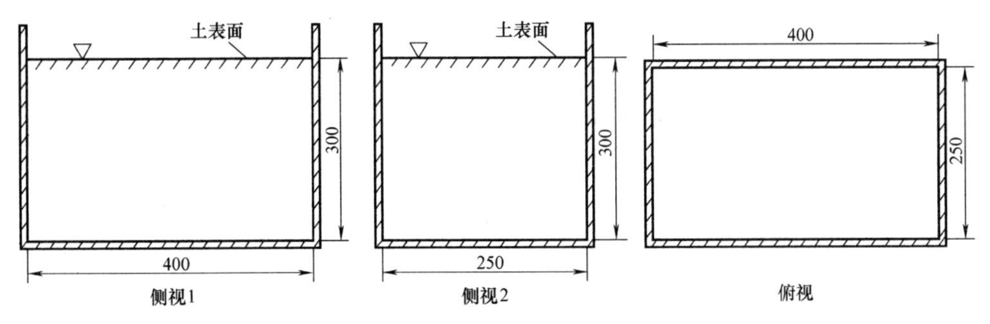

图 2-11　试验模型示意图（单位：mm）

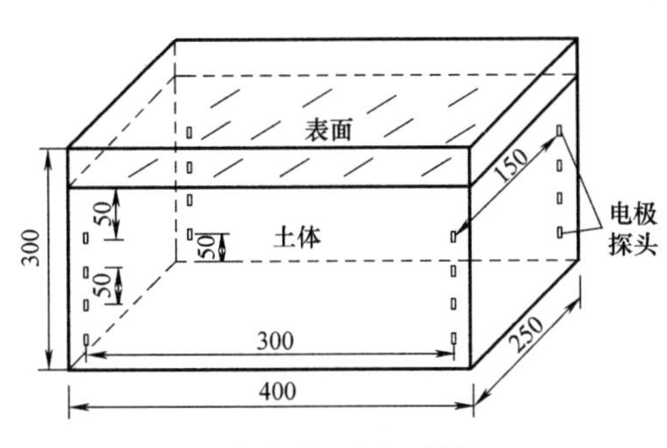

图 2-12　电极布置图（单位：mm）

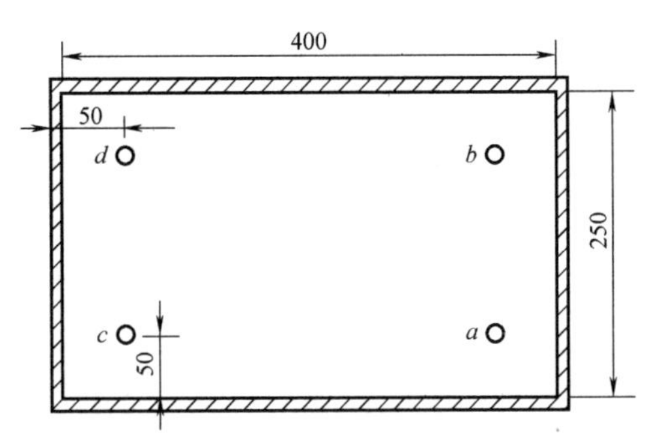

图 2-13　电极布置图（俯视）（单位：mm）

2.2.3　试验结果与分析

试验开始约 14 小时后，试样表面开裂。此时测得的试样表面平均电导率为 1.701μs/m，由式（2-10）可得此时的平均含水率为 19.74%，由初始含水率可求得相应的含水率变化量（变湿）为−3.89%；取表面少许土烘干测得的含水率为 19.32%，相应的变湿为−4.31%。两种方法求得的变湿相差不大，表明电导率法可用来间接获得土体表面的含水率。随着水分的不断丧失，裂隙继续扩展。由平均电导率可计算得出相应的平均含水率，进而获得不同时刻下试样表面的变湿。由于模型尺寸较小，可利用细铁丝探入裂隙内部可大概获得裂隙深度。试验结果见表 2-3。可以看出，随着表面变湿的逐渐增大，裂隙不断向下扩展，深度不断增加。试验最终可探测的裂隙深度约为 9cm。

裂隙开展试验结果　　　　表 2-3

电导率(μS/m)	计算含水率(%)	实测深度(m)
1.658	19.26	0.01
1.580	18.37	0.025
1.504	17.51	0.035

续表

电导率(μS/m)	计算含水率(%)	实测深度(m)
1.445	16.84	0.04
1.410	16.45	0.05
1.136	13.35	0.075
0.935	11.07	0.09

图 2-14 为试样经历不同干湿循环次数下，试样表面裂隙的发育情况。可以看出，当水分蒸发到一定程度时，土体表面开始开裂形成裂隙（图 2-14*a*）。该裂隙长度、宽度及深度均较明显，称为初次裂隙。随着水分的继续蒸发，初次裂隙规模不断扩大，其周围再次形成裂隙。其规模与初次裂隙的相比明显较小。当水分蒸发到一定程度时，几乎不再有新的裂隙生成，而只是原有裂隙变宽变深，直至最后稳定（图 2-14*b*）。当重新洒水稳定后，原有裂隙周围的部分土体塌陷，裂隙宽度增大，裂隙逐渐闭合。继续蒸发后，原有裂隙又重新出现，已有裂隙形态变得模糊，并且有许多新的细微裂隙生成（图 2-14*c*），土体松散，破碎程度加剧。当再次经历干湿循环后，裂隙进一步扩展，仍有细微裂隙形成，模糊程度加剧，但总体变化不大，裂隙形态趋于稳定（图 2-14*d*）。

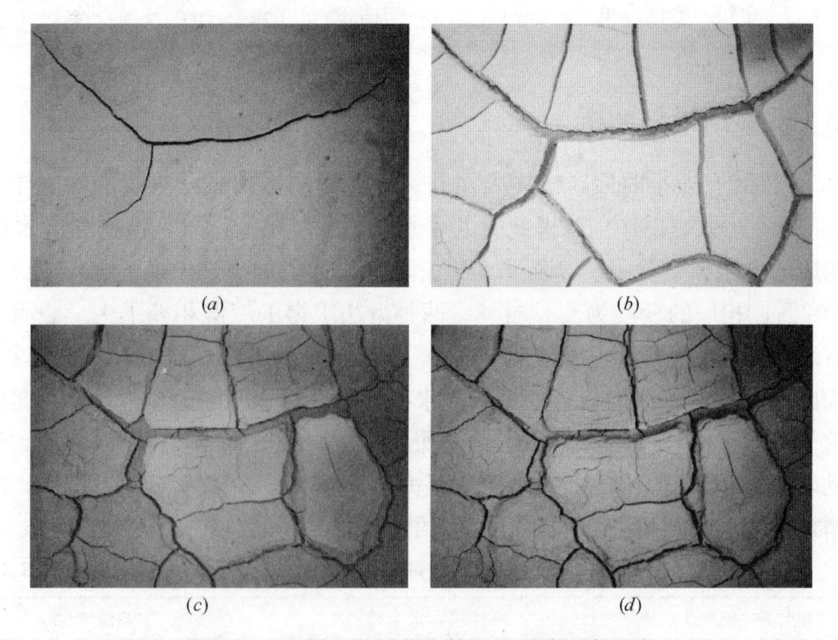

图 2-14　不同干湿循环次数下的裂隙发育形态

将不同时刻试样表面的含水率与相应的灰度熵绘于图 2-15。可以看出，初始土体表面平整无裂隙，色调均匀，灰度值分布范围窄，灰度熵较小。首次脱湿时，水分逐渐丧失，当土体开裂后，裂隙位置较暗，灰度值降低，其他未开裂的部分由于水分的蒸发，颜色逐渐变白，灰度增加，导致灰度的分布范围扩大，灰度熵明显增大。随着水分的持续蒸发，裂隙继续扩展，原有裂隙收缩宽度增大，在裂隙附近又会产生新裂隙，灰度熵继续增大，图中表现为灰度熵的突然增大，曲线出现拐点，说明此时土体表面产生新的较大的裂隙。第二次脱湿下的灰度熵与第一次的相比明显降低。由于重新注水，原有裂隙附近的土体塌陷，裂隙深度变浅，宽度增加，裂隙形态变模糊，灰度熵降低。随着水分的蒸发，又会出现新裂隙，裂隙规模相比要小，灰度熵又缓慢增加。第三次脱湿下的结果与前述相似。试验结果表明可采用二次函数来拟合灰度熵与含水率的关系，拟合结果一并列于图 2-15 中。

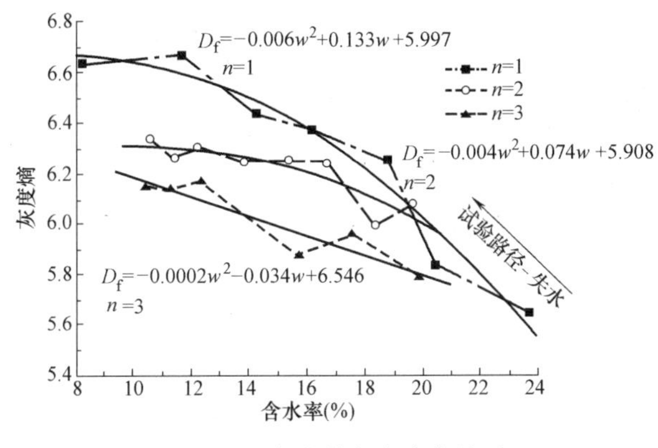

图 2-15　灰度熵与含水率关系

图 2-16 是首次脱湿条件下不同深度电导率随时间的观测结果，图 2-17 为试样裂隙发育的最终情况。可以看出，随着水分的蒸发，不同深度处的电导率均缓慢下降，表层土体下降的快，深部土体下降的慢。持续蒸发一段时间后，土体表层出现裂隙，5cm、10cm 处的电导率均有明显的降低，说明已有裂隙已经发育到此深度，而其他位置处的电导率缓慢下降，表明裂隙发育深度尚未到此处，裂隙开展深度在 10cm 附近。笔者采用细钢丝进行了裂隙深度的直接探测，探入深度最深约为 9cm。由于细钢丝占据一定尺寸，并不能探入裂隙的最深处，裂隙的实际最大深度应超过 9cm，但基本上反映了实际裂隙深度的范围，这与电导率法的间接探测结果基本一致。

式（2-10）是在没有进行干湿循环的条件下获得的，故此处仅对首次脱湿条件下裂隙对电导率的影响进行了分析。利用式（2-10）计算此时含水率对电导率的影响，将含水率代入式（2-10）中计算得到相应的电导率，并与实测电导率比较，见图 2-18。可以看出，随着时间的推移，试样顶部水分丧失得快，底部丧失得慢。不同深度处电导率的实测值均比计算值要小，而且随时间的增加，减小

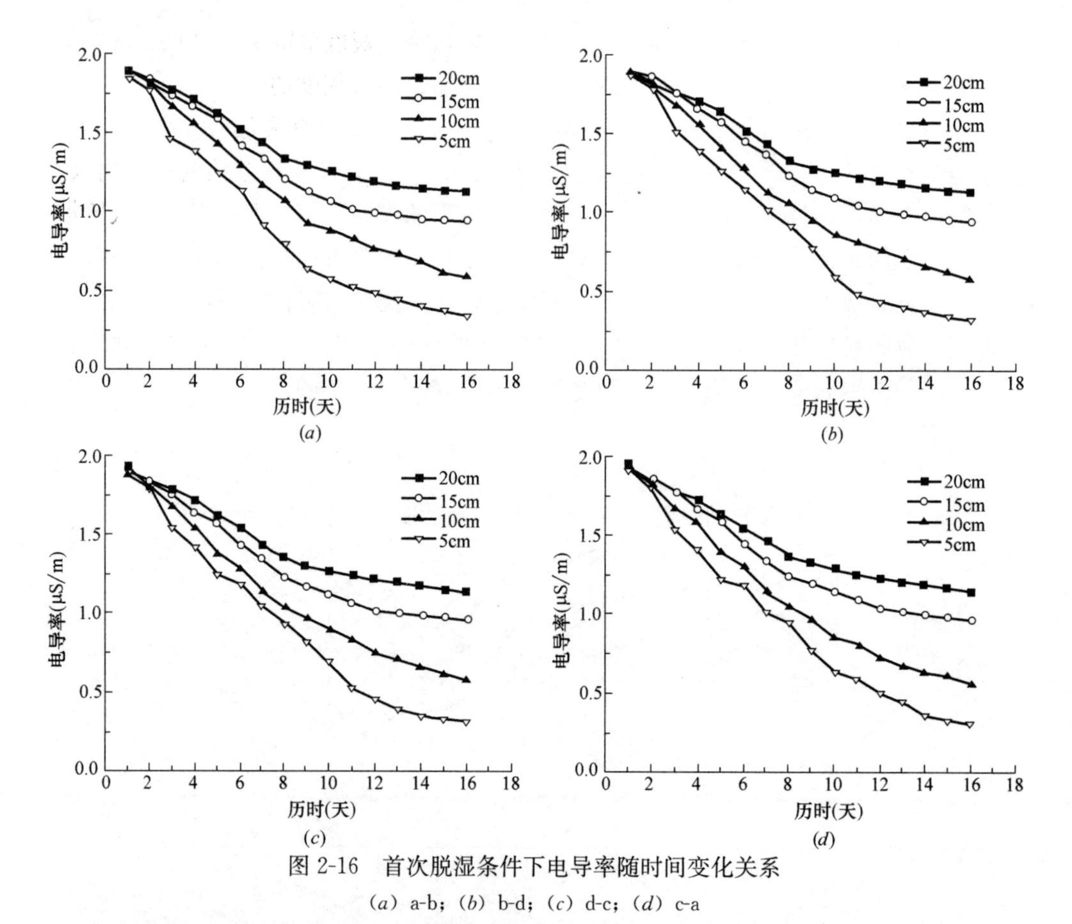

图 2-16　首次脱湿条件下电导率随时间变化关系

(a) a-b；(b) b-d；(c) d-c；(d) c-a

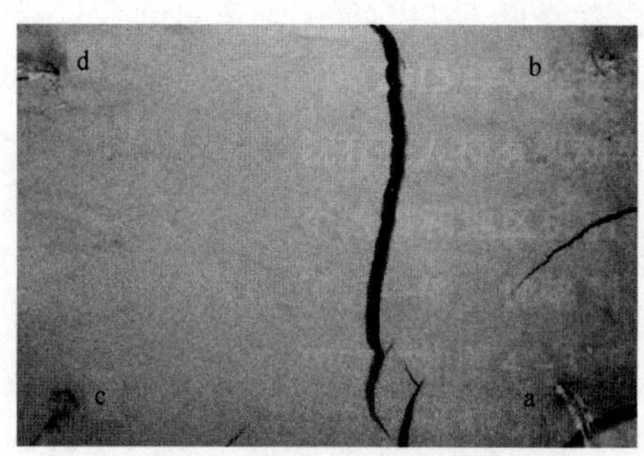

图 2-17　裂隙发育最终情况（俯视图）

的幅度越大，这说明了裂隙正在不断扩展，有效连通面积不断减小。深度越小，减小的幅度越大，这是由于表面裂隙发育速率和规模要比深部的要大。通常计算值要比实测值大，且随着裂隙的扩展，差值越大。将计算得到的电导率减去实测的电导率，计算值与实测值之差即认为是裂隙对电导率的贡献，结果见图 2-19。结果表明，随着时间的推移，表层土体的裂隙发育最明显，因而对电导率的影响也最为明显，越往深部影响程度越弱。当表面裂隙发育基本稳定后，由于水分的不断蒸发导致微裂隙的生成，裂隙对电导率的影响仍有少许增加，但基本形态已趋于稳定。深部电导率仍在缓慢地增加，说明裂隙逐渐向深处开展，对电导率的影响逐渐增大。

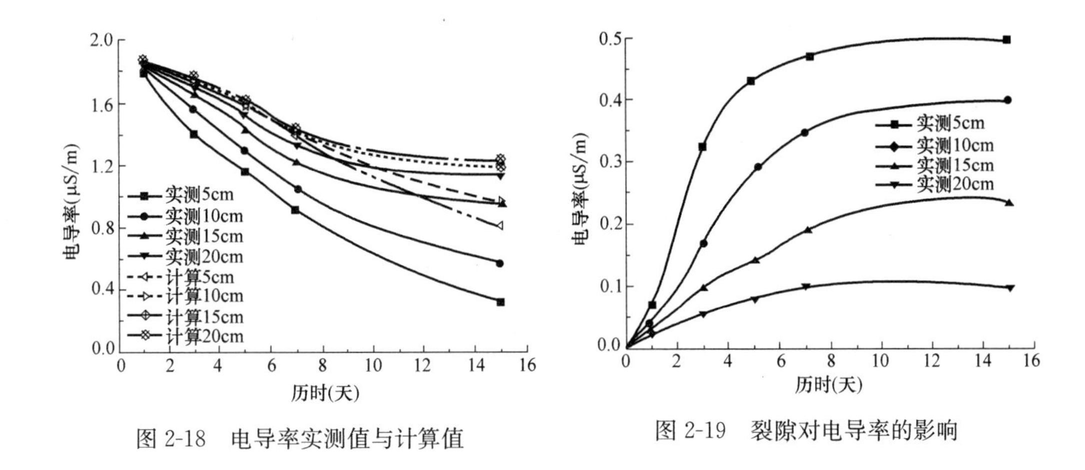

图 2-18　电导率实测值与计算值

图 2-19　裂隙对电导率的影响

参考文献

[1] 袁俊平. 非饱和膨胀土的裂隙概化模型与边坡稳定研究 [D]. 南京：河海大学，2003.

[2] 卢再华，陈正汉. 膨胀土干湿循环胀缩裂隙演化的 CT 试验研究 [J]. 岩土力学，2002，23 (4)：417-422.

[3] 龚永康，陈亮，武广繁. 膨胀土裂隙电导特性 [J]. 河海大学学报（自然科学版)，2009，37 (3)：323-326.

[4] 傅祖芸. 信息论-基础理论与应用（第二版）[M]. 北京：电子工业出版社，2007.

[5] 杨峰，宁正福，孔德涛等. 高压压汞法和氮气吸附法分析页岩孔隙结构 [J]. 天然气地球科学，2013，24 (3)：450-455.

[6] 李廷春. 三维裂隙扩展的 CT 试验及理论分析研究 [D]. 武汉：中国科学院研究生院，2005.

[7] Rhoades J J，Manteghi N A，Shouse P J et al. Soil electrical conductivity and soil salinity: new formulations and calibrations [J]. Soil Science Society of American Journal，1989，53：433-439.

[8] Abu-Hassanein Z，Benson C，Blotz L. Electrical resistivity of compacted clays [J]. Journal of Geotechnical Engineering，ASCE，1996，122 (5)：397-406.

[9] Campanella R G，Weemees I. Development and use of an electrical resistivity cone for groundwater contamination studies [J]. Canadian Geotechnical Journal，1990，27：557-567.

[10] LIU Guo-hua，WANG Zhen-yu，HUANG Jian-ping. Research on electrical resistivity feature of soil and its application [J]. Chinese Journal of Geotechnical Engineering，2004，26 (1)：83-87.

[11] LIU Song-yu，HAN Li-hua，DU Yan-jun. Experimental study on electrical resistivity of soil-cement [J]. Chinese Journal of Geotechnical Engineering，2006，28 (11)：

1921-1926.

[12] Arulmoli K, Arulanandan K, Seed H B. New method for evaluating liquefaction potential [J]. Journal of Geotechnical Engineering Division, ASCE, 1985, 111 (1): 95-114.

[13] 于小军，刘松玉. 电阻率指标在膨胀土结构研究中的应用探讨 [J]. 岩土工程学报，2004，26 (3)：393-396.

[14] Archie G. The electrical resistivity log as an aid in determining some reservoir characteristics [J]. Transactions of American Institute of Mining Engineers, 1942, 146: 54-62.

[15] Keller G, Frischknecht F. Electrical Methods in Geophysical Prospecting [M]. New York, 1966.

[16] Waxman M H, Smits L J M. Electrical conductivity in oil-bearing shale sand [J]. Society of Petroleum Engineers Journal, 1968, 65: 1577-1584.

[17] 王军. 膨胀土裂隙特性及其对强度影响的研究 [D]. 广州：华南理工大学，2010.

[18] 查甫生，刘松玉，杜延军等. 电阻率法评价膨胀土改良的物化过程 [J]. 岩土力学，2009，30 (6)：1711-1718.

[19] ARCHIE G E. The electricresistivity logs as an aid indetermining some reservoir characteristics [J]. Petroleum Technology, 1942, 146 (1): 54-61.

[20] WAXMANM H, SMITS L J M. Electrical conductivity in oil bearing shaly sand [J]. Society of Petroleum Engineers Journal, 1968, 8 (2): 1577-1584.

[21] 龚永康，陈亮，武广繁. 膨胀土裂隙电导特性 [J]. 河海大学学报（自然科学版），2009，37 (3)：323-326.

[22] ANNA K G, ACWORTH R I, BRYCE F J K. Detection of subsurface soil cracks by vertical anisotropy profiles of apparent electrical resistivity [J]. Geophysics, 2010, 75 (4): 85-93.

[23] 吴珺华，杨松. 干湿循环下膨胀土裂隙发育与导电特性 [J]. 水利水运工程学报，2016 (1)：58-62.

[24] 王宇，李晓，胡瑞林等. 岩土超声波测试研究进展及应用综述 [J]. 工程地质学报，2015，23 (2)：287-300.

第3章 膨胀土裂隙演化理论与试验研究

上一章采用图像灰度熵作为描述干湿循环下膨胀土裂隙形态的量化指标，结合电导率法研究了干湿循环下膨胀土的裂隙发育特性。由试验结果可知，裂隙是由于蒸发作用下土体水分不断丧失导致的。实际工程中，膨胀土工程问题的发生大都是与土体含水率的变化有着直接或间接的关系，含水率的变化带来的效应就是膨胀土产生胀缩变形，而显著的胀缩变形带来的问题之一就是裂隙的不断开展。

郑少河针对地表蒸发条件下的膨胀土开裂问题，提出了膨胀土初始开裂的基质吸力临界判据。同时采用线弹性力学方法，研究了地表蒸发条件下的膨胀土初始开裂深度，对其与土体抗拉强度、泊松比等参数的关系进行了讨论。但是，不同深度土体的基质吸力测量并无有效方法，误差较大；认为“地表土体基质吸力大于临界基质吸力就将开裂”的说法存在缺陷，应还与土体边界条件、基质吸力的变化梯度等密切相关。若边界是自由的，基质吸力变化梯度是均匀的话，那么基质吸力的改变只会引起土体的均匀收缩，并不会出现裂隙。因此采用基质吸力来研究膨胀土收缩开裂还有待进一步探索研究。

由于吸（失）水变形是含水率变化引起的直接变形，且含水率测量手段方便，不少学者利用含水率代替吸力来研究其对土体应力和变形的影响，并建立能够反映吸（失）水变形的物理模型。膨胀土吸水后体积膨胀，失水后体积缩小，这恰好与材料的温度效应相似。对于土体收缩而言，从开始承受拉应力到即将拉裂的过程中，土体可视为弹性体，其应力应变关系近似为线性。当物体上受某个热源作用时，其内部会形成受热传导方程控制的温度变化场；而当土体受到某个水源作用时，土体内也会形成受水分扩散方程控制的含水率变化场。黏性土收缩试验中，在土体含水率尚未达到缩限含水率之前，线缩率与含水率之间存在一明显的线性段。实际工程中，土体产生裂隙时的含水率通常大于其缩限含水率。若限定土体含水率在饱和含水率与缩限含水率之间变化，此时膨胀土中“胀缩变形与变湿的线性关系”与温度效应中“胀缩变形与温差的线性关系”相似。此外，土体从失水收缩到开裂这一过程中，由于极限拉应变小，土体在小变形范围内即产生拉伸断裂，故可认为其服从弹脆性破坏关系，即土体未开裂前满足弹性关系，一旦开裂将不能承受任何拉应力。基于上述分析，作者采用质量含水率的变化代替基质吸力来研究水分变化时膨胀土的应力和变形特性。

3.1 变湿和变湿应力

3.1.1 变湿

变湿定义如下：土体内各点的变湿为后一时刻 t_2 的含水率 w_2 与前一时刻 t_1 的含水率 w_1 之差，即某一时间段含水率的变化量，以含水率增大（即增湿）为正，记为 Δw。由于膨胀土的开裂主要是失水作用引起的，因此随着时间的推移，试样含水率逐渐减小，见图 3-1。为方便起见，后续分析中均采用变湿来描述脱湿作用下的含水率变化量。变湿 Δw 是时间和空间的函数，不同位置和历时的变湿均不相同。显然，Δw 与土体所处环境（温度、湿度等）、土体初始状态以及土性等因素有关。若不受约束，由于 Δw 的作用，土中某点处将产生应变 $\alpha_i\Delta w$，α_i（$i=x$，y，z）为湿胀缩系数，表示增加（或减少）单位含水率时土体应变的增量，它反映了土体受变湿作用而产生变形的程度。相同变湿作用下，α_i 越大，变形也越大。通常情况下，吸湿和脱湿条件下的 α_i 是不相同的，不同干湿循环次数下的 α_i 也不相同的。

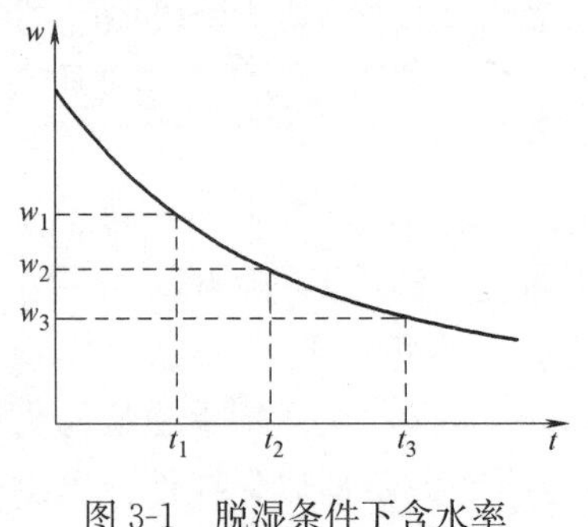

图 3-1　脱湿条件下含水率随时间的变化规律

土体中裂隙是随着土体含水率的降低而逐渐发生发展的，因此本节只针对脱湿的情况进行讨论。根据上节所述，对于收缩试验，在土体含水率未达到 w_s 之前，线缩率与含水率的关系曲线之间有一段线性关系。通常情况下，土体开裂时的含水率都处于该范围内，因此在计算过程中可将 α_i 取为该线性段的斜率值，而 Δw 则为该线性段内土体含水率的变化值。各向同性体中，不同位置的 Δw 不同，导致正应变也不同，因此会导致不同位置间的错动，形成剪切变形。但就某一点来讲，α_i 不随方向而变，所以这种正应变在各个方向均相同，因而不产生任何剪切应变，记为 $\alpha\Delta w$。也就是说，不同位置变形的不同是因为其正应变的不同而导致的，并没有产生剪切应变。该应变是由变湿 Δw 引起的，故称 $\alpha\Delta w$ 为变湿应变。因此土体内各点应变分量为：

$$\varepsilon_{ij}=\alpha\Delta w\delta_{ij}\quad (i,\ j=x,\ y,\ z) \tag{3-1}$$

式中：δ_{ij} 是 Kronecker-δ 符号。

3.1.2 控制方程及求解

由于土体所受的外在及内在的相互约束，上述应变并不能自由发生而产生应力，称为变湿应力。该应力又将由于土体本身性质而引起额外的应变。为描述方便，采用张量形式进行描述。因此总的应变分量是：

$$\varepsilon_{ij}=\frac{1}{2G}\sigma_{ij}-\frac{\mu}{E}\sigma_{kk}\delta_{ij}+\alpha\Delta W\delta_{ij} \tag{3-2}$$

式中：μ 为泊松比；E 为弹性模量（kPa）；$G=\frac{E}{2(1+\mu)}$ 为剪切模量（kPa）；$\sigma_{kk}=\sigma_x+\sigma_y+\sigma_z$ 为体积应力（kPa）。

式（3-2）即为考虑变湿的弹性力学本构方程。若体力不计，平衡微分方程、几何方程及边界条件分别见式（3-3）、式（3-4）和式（3-5）。

$$\sigma_{ij,j}=0 \tag{3-3}$$

$$\varepsilon_{ij}=\frac{1}{2}(u_{i,j}+u_{j,i}) \tag{3-4}$$

$$u_i=0 \quad x\in S_u；\sigma_{ij}n_j=f_i \quad x\in S_\sigma \tag{3-5}$$

式中：u 为位移；S_u为位移边界条件；n 为方向余弦；S_σ为应力边界条件。

式（3-2）～式（3-5）即为考虑变湿作用下的基本方程。将几何方程（3-4）代入本构方程（3-2），再代入平衡微分方程（3-3），即得出按位移求解的基本方程：

$$(\lambda+G)\theta_{,i}+Gu_{i,jj}-\frac{E\alpha}{1-2\mu}\Delta w_{,i}=0 \tag{3-6}$$

式（3-5）和式（3-6）即为按位移求解的边界条件和控制方程。上述方程建立过程中，采用湿胀缩变形 $\alpha\Delta w$ 替代吸力作用下的变形来反映含水率变化所产生的变形。α 和 Δw 均可用常规试验方法确定。因此可以通过上述方程求得由于变湿而产生的变湿应力。如果存在体力及面力等外荷载，可以将变湿引起的解答与外荷载引起的解答进行叠加。

为求解上述相关方程，可采用位移势函数法进行求解。由于式（3-6）属于非齐次方程，因此实际求解时分两步进行：（1）求出满足式（3-6）的任意一组特解，它是由变湿 Δw 而产生的；（2）不考虑变湿 Δw，求出式（3-6）的一组补充解，它与 Δw 无关。然后将通解和特解叠加，保证其满足边界条件。下面就如何求解作进一步讨论。

1. 特解

为了求得一组位移特解，不计体力，引入函数 ψ（x，y，z），并将位移特解取为：

$$u'_i=\psi_{,i} \tag{3-7}$$

其中函数 ψ 称为位移势函数。将式（3-7）代入式（3-6），简化后写成不变性形式：

$$\nabla\nabla^2\psi=\frac{1+\mu}{1-\mu}\alpha\nabla(\Delta w) \tag{3-8}$$

如果取函数 ψ 满足微分方程：

$$\nabla^2\psi=\frac{1+\mu}{1-\mu}\alpha\Delta w \tag{3-9}$$

则式（3-6）也能满足，式（3-7）就可以作为一组特解。将式（3-7）及式（3-9）代入式（3-2），可得相应于位移特解的应力分量：

$$\sigma'_{ij}=2G(\psi_{,ij}-\nabla^2\psi\delta_{ij}) \tag{3-10}$$

2. 补充解

位移的补充解 u''_i 也须满足式（3-6）的齐次微分方程，即满足：

$$(\lambda+G)\nabla\nabla\cdot u''+G\nabla^2u''=0 \tag{3-11}$$

相应于位移补充解的应力分量可由式（3-2）得出（此时不考虑变湿 Δw）：

$$\sigma''_{ij}=\lambda u''_{k,k}\delta_{ij}+G(u''_{i,j}+u''_{j,i}) \tag{3-12}$$

因此总的位移分量为：$u_i=u'_i+u''_i$，须满足位移边界条件；总的应力分量为：$\sigma_{ij}=\sigma'_{ij}+\sigma''_{ij}$，须满足应力边界条件。至此得到变湿应力的最终解答。由于平面应变问题是空间问题的特殊情况，因此以上就空间问题建立起来的方程可直接适用于平面应变问题。如果将上述式（3-5）、式（3-6）和式（3-12）改写为二维形式，并把其中的 E、μ、α 分别换为$E(1+2\mu)/(1+\mu)^2$、$\mu/(1+\mu)$、$\alpha(1+\mu)/(1+2\mu)$，就可以得到平面应力问题下的解答。特解 σ'_{ij} 可由式（3-10）解析求得，也可和补充解 σ''_{ij} 一起由数值方法求解。补充解 σ''_{ij} 在某些特殊边界条件下可采用某些应力函数的方法求解。

3.1.3 特殊边界条件下的变湿应力

通常情况下，变湿应力只能由数值方法求得。为揭示土体开裂机理，可在某些特殊边界条件下求得变湿应力的解析解。平面应力条件下，体力不计的各向同性土体长 $2b$，深 h。模型底部受竖向方向约束，其余方向自由，见图 3-2。在土体未开裂的情况下，可假设 $2b\gg h$。

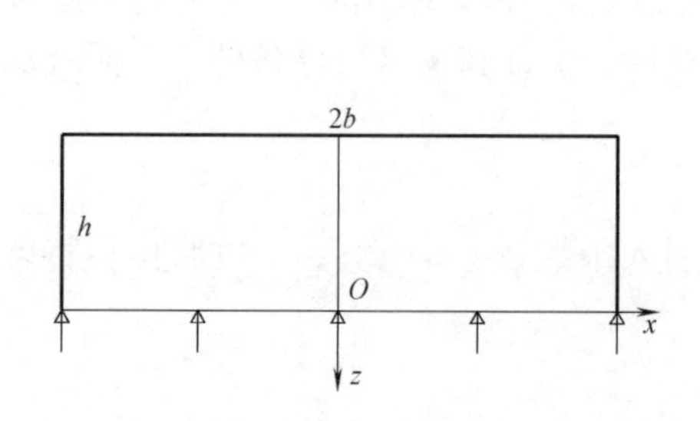

图 3-2　分析模型（$2b\gg h$）

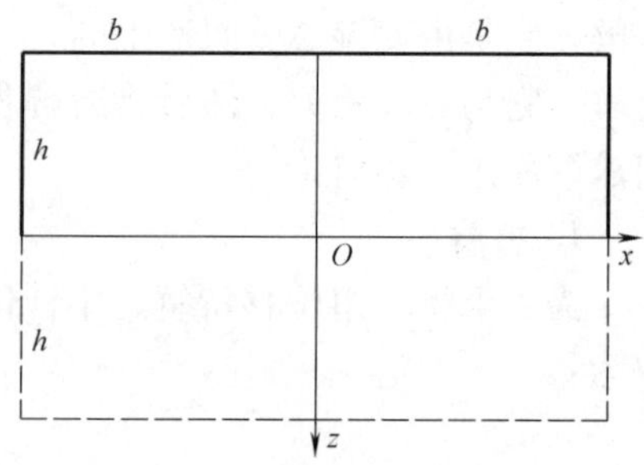

图 3-3　计算模型（$2b\gg h$）

分析模型中，底部设置为竖向约束。由弹性力学理论可知，对于位移边界条件，通常只能采用位移解法或数值方法获得数值解，无法利用应力解法求得解析解。观察模型可以发现，在 $z=0$ 处为 z 向约束，其余为自由边界，左右两侧以 z 轴对称。根据对称性，将分析模型转换成图 3-3 所示的计算模型，在 $z=0$ 处的 z 向位移恒等于零，而模型四周无任何位移边界条件，满足应力函数求解的基本条件。因此对于图 3-3 所示的计算模型，可采用应力解法进行求解。

由式（3-9）可以看出，若能够获得变湿的具体表达式，则位移特解即可求得。为方便研究，假定变湿只是深度的函数，而同一深度处的不同水平位置的变湿相同。变湿与深度的关系曲线称为变湿曲线，后面章节通过试验可获得变湿与深度关系，研究表明该方程可表述为 $\Delta w=\Delta w_{\max}e^{-n(h-|z|)}$，其中：$\Delta w_{\max}$称为最大变湿（%）；$n$ 为变湿分布系数，反映了水分在土体中运移的快慢程度，与土体的渗透性能和排水条件等密切相关；z 为深度（m）。上述参数的物理意义将在后面章节详细描述。为后续计算方便，采用二次函数来代替该曲线方程，以保证函数在整个范围内可导。

利用平衡等效原理，令 $\Delta w=Az^2+B$，其中 $A=\dfrac{\Delta w_{\max}\ (1-e^{-nh})}{h^2}$，$B=\Delta w_{\max}e^{-nh}$。根据式（3-9），对于平面应力问题有：$\nabla^2\psi=(1+\mu)\alpha(Az^2+B)$。由于我们只需获得某一位移特解值，故可令位移势函数 $\psi=m\left(\dfrac{A}{12}z^4+\dfrac{B}{2}z^2\right)$，$m$ 为待求常数。代入得：$m=(1+\mu)\alpha$，从而求得：$\psi=(1+\mu)\alpha\left(\dfrac{A}{12}z^4+\dfrac{B}{2}z^2\right)$。由式（3-10）求得：

$$\sigma'_{\mathrm{x}}=-E\alpha(Az^2+B),\sigma'_{\mathrm{z}}=0,\tau'_{\mathrm{xz}}=0 \qquad (3\text{-}13)$$

式（3-13）为特解形式，相应面力如图 3-4 所示。为满足边界条件，可以在两侧施以与上述面力大小相同方向相反的面力，把由此引起的应力作为通解 σ''_{x}，σ''_{z} 及 τ''_{xz}。根据面力分布形式及特殊边界条件，可利用圣维南原理将其等效地简化为均布压力，见图 3-5。简化后只在左右两端附近有影响，远离边界处可忽略该影响。

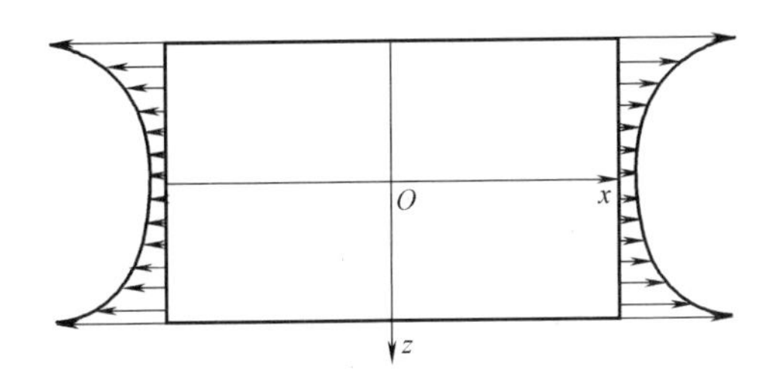

图 3-4　位移特解对应的面力分布

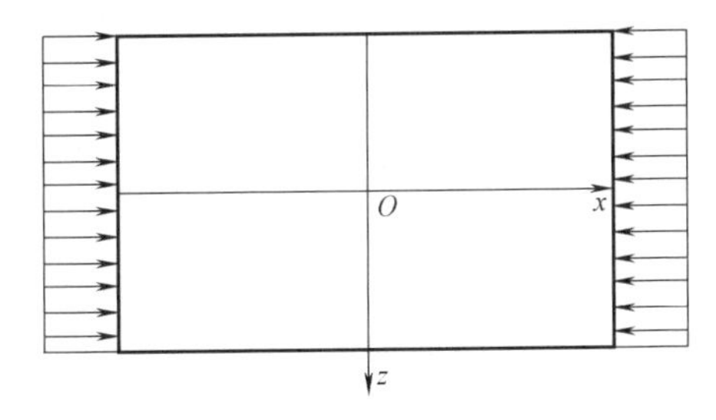

图 3-5　位移通解对应的面力分布

对于两边为均布力的分布，可采用应力函数 $\varphi=Cz^2$，得：$\sigma''_{\mathrm{x}}=2C$，$\sigma''_{\mathrm{z}}=\tau''_{\mathrm{xz}}=0$。

与特解相应的应力叠加，得总的应力分量：

$$\begin{cases}\sigma_x=-E\alpha(Az^2+B)+2C \\ \sigma_z=\tau_{xz}=0\end{cases} \tag{3-14}$$

叠加后的应力所对应的边界条件要求 $\sigma_x|_{x=\pm b}=0$，在 $x=\pm b$ 的边界上满足外力和外力矩均等于零，即：

$$\int_{-h}^{h}(\sigma_x)_{x=\pm b}\mathrm{d}z=0,\int_{-h}^{h}(\sigma_x)_{x=\pm b}z\mathrm{d}z=0 \tag{3-15}$$

由此可得 C 的表达式，即：$C=\frac{E\alpha}{2}\left(\frac{A}{3}h^2+B\right)$。代入相应的应力分量表达式，有：

$$\begin{cases}\sigma_x=E\alpha A\left(\frac{1}{3}h^2-z^2\right) \\ \sigma_z=\tau_{xz}=0\end{cases} \tag{3-16}$$

与原始模型相对应，我们取 $-h\leqslant z\leqslant 0$ 部分作为理论解，则上式可写为：

$$\begin{cases}\sigma_x=E\alpha A\left(\frac{1}{3}h^2-z^2\right) \\ \sigma_z=\tau_{xz}=0\end{cases}\quad -h\leqslant z\leqslant 0 \tag{3-17}$$

式（3-17）即为图 3-3 模型中变湿应力 σ_x 的表达式，它满足所有边界条件，与 E、α、Δw_{max}、n 及 h 有关。由式（3-17）计算所得的变湿应力 σ_x 实际上是由 Δw 而产生的应力增量 $\Delta\sigma_x$，若已有初始变湿应力 σ_0，则 $\sigma_0+\Delta\sigma_x$ 为此时真正的变湿应力。

3.1.4 脱湿条件下膨胀土开裂机理

上节采用弹性力学理论，借用温度效应思想，获得了脱湿条件下膨胀土的变湿应力表达式。由式（3-17）可知，若变湿分布系数 $n=0$，则 $A=0$，变湿应力亦等于零。此时变湿曲线为一竖向直线，表明不同深度位置的土体水分丧失速率相同，此时虽然有水分的丧失，但未有变湿应力，宏观上表现为整体均匀收缩，并无裂隙产生。该研究结果揭示了脱湿作用下的膨胀土开裂机理：由于水分丧失导致土体的收缩变形，而仅仅有水分的丧失并不一定会产生裂隙，还与土体边界约束情况及不同位置处的水分丧失速率等密切相关，产生裂隙的关键是“土体不同深度处水分丧失速率的不同引起的不均匀收缩变形达到了一定程度”。假设土体不受约束而处于自由变形的状态，当不同位置土体的含水率均匀增加（或降低）时，基质吸力会减小（或增加），但宏观上土体会呈现均匀膨胀（或收缩），并不会产生裂隙。土体不均匀收缩变形的程度主要体现在湿胀缩系数 α 和变湿分布系数 n 的取值，这两参数是影响土体不均匀收缩变形的内因。α 越大，单位变湿作用下的变形越大；n 越大，土体水分传递能力越弱，不均匀收缩变形的程度也越明显，由式（3-17）可知，相同条件下土体中的变湿应力也越大，土体也越容易开裂。

3.2 脱湿条件下膨胀土初始开裂模型

土体水分丧失时，此时土体含水率与初始含水率的差值增大（即变湿增大），变湿增大会引起水平拉应力增大，当其达到土体抗拉强度时初始裂隙生成。此时土体部分能量得到释放，土体内部应力暂时达到平衡状态。如果水分继续丧失，除了初次裂隙向纵深扩展外，土体可能在相邻初次裂隙间产生二次开裂，再次形成裂隙，称为二次裂隙。显然二次裂隙的深度和宽度比初始裂隙的要小，并且二次裂隙通常不会在初始裂隙附近出现。初始裂隙与二次裂隙构成了复杂的裂隙网络，对土体的结构性和渗透性产生较大影响，而初始裂隙与二次裂隙间距（开裂间距）及裂隙宽度很大程度上反映了土体的破碎程度，因此合理确定开裂深度、开裂间距和裂隙宽度十分重要。

3.2.1 开裂深度

上节分析是在土体还未开裂的情况下进行的，因此可用来研究膨胀土的初始开裂问题。脱湿条件下，膨胀土表面失水收缩，产生变湿应力。当变湿应力等于土体抗拉强度时，土体表面开始开裂，且在裂隙底端，有 $\sigma_x=\sigma_t$，σ_t 为土体底部的抗拉强度。根据坐标形式，将其代入式（3-17）有：

$$l_c=h+z=h-\sqrt{\frac{h^2}{3}-\frac{\sigma_t}{E\alpha A}} \tag{3-18}$$

l_c 即为土体初始开裂深度。将 A 的表达式代入式（3-18）并整理得：

$$l_c=h\left(1-\sqrt{\frac{1}{3}-\frac{\sigma_t}{E\alpha\Delta w_{max}(1-e^{-nh})}}\right) \tag{3-19}$$

可以看出，当 E、α、Δw_{max}、n 的绝对值增大时，l_c 均在增大（Δw_{max} 为负），且 E、α、Δw_{max} 分别趋于无穷大时，得 $l_c=h\left(1-\sqrt{1/3}\right)$ 为一常数，约为 $0.423h$。当 n 趋于无穷大时，得 $l_{fin}=h\left(1-\sqrt{\frac{1}{3}-\frac{\sigma_t}{E\alpha\Delta w_{max}}}\right)$，它与 E、α、Δw_{max} 及 σ_t 有关。也就是说，在不考虑土体自重和满足圣维南原理的前提下，无论土体性质如何变化，对于某一固定的计算深度 h，其初始开裂深度是有限的，并不会无限扩展下去。

对开裂深度做进一步分析。计算所取参数为某一土样的实测值（表 3-1），计算结果见图 3-6。计算结果表现出如下规律：变湿应力与埋深的关系表现为非线性。当埋深较浅时，变湿应力为正值，为拉应力；随着埋深的增加，变湿应力逐渐减小，当到某一深度变湿应力等于抗拉强度时，该深度即为初始开裂深度。当埋深超过初始开裂深度时，变湿应力继续减小直到为零，随后表现为压应力，且随着埋深的增加而增大，增大趋势逐渐减缓。可以看出，变湿应力随埋深的关系与变湿曲线方程的表达式密切相关。另外，考虑自重与否对模型的计算结果有一定的影响。考虑自重条件下，相同埋深的变湿应力越小，变湿应力随着深度的增加变化越大；抗拉强度的大小也显著影响着土体的开裂深度，抗拉强度越大，开裂深度越小。因此土体自重和抗拉强度对开裂深度的影响不能忽略，实际研究中应当考虑二者的综合影响。

土体实测参数　　表 3-1

E(kPa)	α	Δw_{max}(%)	n	μ	γ_d(kN·m^{-3})	σ_t(kPa)
4000	0.005	−9	0.5	0.3	17.6	8

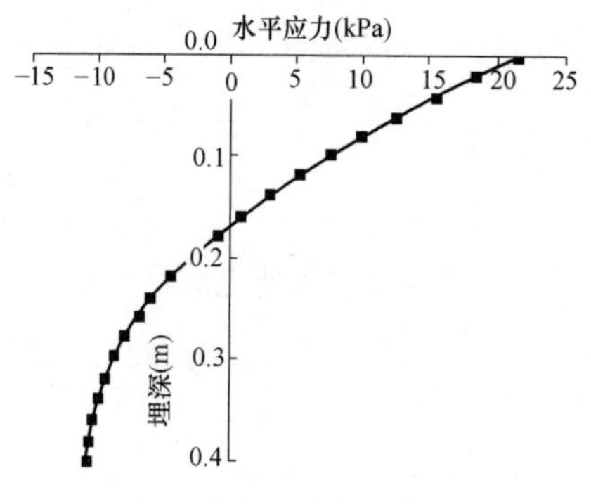

图 3-6　变湿应力与埋深关系

从图 3-6 中还可以看出，当土体参数取自表 3-1 时，理论模型计算得到的土体初始开裂深度 l_c约为 0.17m。除了土性参数取值的因素外，还可能是受干湿循环、昼夜温差、开挖卸荷、风化、外部荷载等多种因素的共同作用导致裂隙不断加深扩展的结果，故此处的 l_c应为地表土体含水率蒸发 Δw_{max}时，土体初次开裂形成的裂隙深度，即仅仅是由于水分丧失而引起土体的开裂，故实际裂隙开展深度比理论计算值要大。关于土体经历多次干湿循环后再次开裂的情况，笔者认为蒸发界面除了原有土体表面外，还包括现有裂隙的底端，受到位于裂隙深度范围的土体及开裂后土体性质发生改变等因素的共同影响。

3.2.2　开裂判据

式（3-19）的获得依据为 $\sigma_x=\sigma_t$。实际工程中，我们很难获得土体的受力特征，该判据无法直接应用。由于裂隙是在水分逐渐丧失的条件下形成的，当土体表面水分丧失一定量时，此时土体表面处的应力值将会达到土体的抗拉强度，从而在土体表面产生裂隙。根据上述分析，令 $l_c=0$（$z=-h$），有：

$$\Delta w_{ini}=\Delta w_{max}=-\frac{3\sigma_t}{2E\alpha(1-e^{-nh})} \tag{3-20}$$

式中：Δw_{ini}称为临界变湿。当土体表面的水分丧失 Δw_{ini}时，土体表面即将产生裂隙。因此 Δw_{ini}可作为判断脱湿作用下，土体表面即将开裂的判据。由临界变湿及地表初始含水率即可获得土体表面即将开裂时的地表含水率。需要注意的是，应用该指标作为初裂判据的前提是土体表面应为饱和态（即尚未产生收缩变形），如果土体表面产生了一定的收缩变形，表明此时已形成了部分变湿，由上式计算得到的结果比实际值要大。

3.2.3 开裂间距

自然条件下，土体表层水分丧失速率比底层的要快，因此表层土的收缩变形要大于底层土的收缩变形，初始裂隙形态如图 3-7 所示。

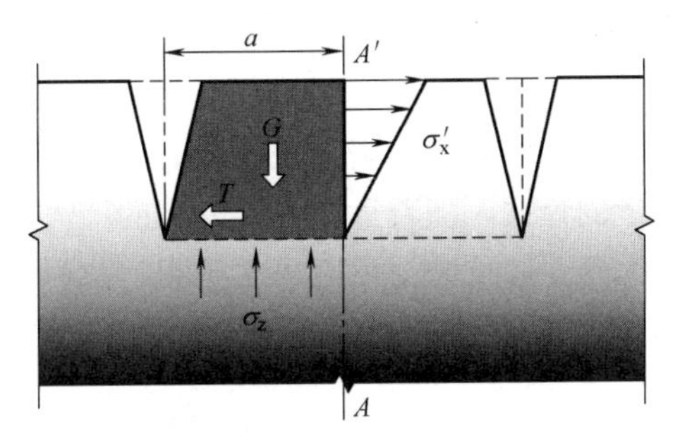

图 3-7 土体二次开裂示意图

选取初始裂隙之间土体的一半作为研究对象（图 3-7 中深色梯形部分）。其中 $2G$ 是初始裂隙之间土体自重；由于上部土体开裂，裂隙之间的土体有向内收缩的趋势，研究对象底部受到水平剪力 T 作用，σ_z 是初始裂隙底部平面下层土体对上部土体的反力；σ_x 即为变湿应力，根据式（3-17）可知，其沿着裂隙从底部到表层方向逐渐增大，故土体有远离初始裂隙的趋势，但 T 阻碍其远离裂隙。裂隙之间土体受到从上到下 σ_x 的作用，随着远离初始裂隙而逐渐增大，当 σ_x 增加到土体的抗拉强度时，在相邻初始裂隙之间产生二次开裂，位于相邻初始裂隙中间的 A-A'截面。当裂隙上下部土之间的交界面处阻力足够大并达到土体抗剪强度时，此时即为土体二次开裂极限状态。

当表层土体的变湿应力小于 σ_t 时，二次裂隙不会出现，但此时最大变湿应力位置处是最易产生裂隙的，称为极限开裂位置，初始裂隙与极限开裂位置的间距称为极限开裂间距 a。初始裂隙产生后，土体内部应力会发生变化，裂隙附近小范围的应力与式（3-17）的计算结果差异较大，但根据圣维南原理可知远离裂隙的土中应力仍可按式（3-17）计算，初始裂隙的影响可忽略。因此笔者基于静力平衡条件和饱和土抗剪强度理论，结合变湿应力和初始开裂深度来推导极限开裂间距 a，进而获得初始开裂间距的表达式。

以初始裂隙底部处水平面为分界面，假设其上下部土体之间的抗剪能力相同，并且达到了土体的抗剪强度。由于裂隙初始生成，裂隙底部的水分丧失主要是由该处水气交界面水分蒸发引起的，即由初始平面逐渐向内收缩形成弯液面，该处土体基质吸力与其基质吸力进气值基本相同，土体内部尚未出现孔隙气，可认为近似饱和。研究对象底部受到水平剪力合力为 T，极限开裂位置处的水平向合力为 T_x，有：

$$T=\int_0^a \tau_l \mathrm{d}x=\int_0^a (c+\sigma\tan\varphi)\mathrm{d}x=a(c+\gamma l_c\tan\varphi) \tag{3-21}$$

$$T_x=\int_{-h}^{l_c-h}\sigma_x \mathrm{d}z=\int_{-h}^{l_c-h}E\alpha\,\frac{\Delta w_{max}(1-e^{-nh})}{h^2}\left(\frac{1}{3}h^2-z^2\right)\mathrm{d}z \tag{3-22}$$

式中：τ_l 为初始裂隙与二次裂隙之间，裂隙底部处水平面上任一点的抗剪强度（kPa）；c 为土体黏聚力（kPa）；φ 为土体内摩擦角（°）；γ 为土体重度（kN/m^3）。由于水平向合力为零，可得 $T=T_x$，整理获得极限开裂间距 a 的表达式：

$$a=\frac{\frac{1}{3}E\alpha\,\frac{\Delta w_{max}(1-e^{-nh})}{h^2}(l_c-h)(2hl_c-l_c^2)}{(c+\gamma l_c\tan\varphi)} \tag{3-23}$$

土体开裂裂隙附近表层处的变湿应力不能达到抗拉强度，原因在于裂隙周围能量的释放，随着远离裂隙距离的增大，土体表层位置的变湿应力逐渐增大，当增大到土体抗拉强度时再次开裂，此时间距 a 即为二次开裂间距，则初始开裂间距 $L_0\geqslant 2a$。由于计算的是极限状态，故取初始开裂间距 $L_0=2a$，即：

$$L_0=\frac{\frac{2}{3}E\alpha\,\frac{\Delta w_{max}(1-e^{-nh})}{h^2}(l_c-h)(2hl_c-l_c^2)}{(c+\gamma l_c\tan\varphi)} \tag{3-24}$$

3.2.4 裂隙宽度

由式（3-2），令 $i=j=x$，有：

$$\varepsilon_x=\frac{1}{E}[\sigma_x-\mu(\sigma_y+\sigma_z)]+\alpha\Delta w \tag{3-25}$$

裂隙最大宽度通常出现在地表（$z=-h$），且一般为初始裂隙。此时$\sigma_x=-2E\alpha\frac{\Delta w_{max}(1-e^{-nh})}{3}$，$\sigma_y=\sigma_z=0$，$\Delta w=\Delta w_{max}$，代入式（3-25）得裂隙地表处的水平应变 ε_x：

$$\varepsilon_x=\frac{1}{3}\alpha\Delta w_{max}(1+2e^{-nh}) \tag{3-26}$$

裂隙顶部水平位移 s_x 为：

$$s_x=a\varepsilon_x=\frac{1}{3}\alpha\Delta w_{max}(1+2e^{-nh})a \tag{3-27}$$

裂隙底部水平位移为零，故裂隙宽度 δ 为：

$$\delta=2s_x=\frac{2}{3}\alpha\Delta w_{max}(1+2e^{-nh})a \tag{3-28}$$

式（3-24）和式（3-28）即为脱湿条件下初始开裂间距和初始裂隙宽度的定量表达式。我们把式（3-19）、式（3-24）和式（3-28）统称为基于变湿的膨胀土初始开裂模型。由于计算模型为初始无裂隙的状态，故上述计算公式适用于研究初始均质饱和膨胀土在脱湿条件下的裂隙开展。需要说明的是，本章研究的是土体从无裂隙状态经脱湿后产生初始裂隙的过程，这个过程中土体饱和度变化较小，土体力学和变形特性变化不大。因此在没有相关非饱和土参数的情况下，可采用饱和土参数进行分析。今后可通过开展相关非饱和土膨胀土试验，获得非饱和膨胀土的相关参数，为模型的改进及实用化提供基础。

初始开裂模型具有优点：采用变湿来代替基质吸力进行分析，避免了测量吸力的困难；模型建立方便，计算原理清晰，所得结果为解析解；模型参数有明确的物理意义，易于测定，在简单边界条件下，可用来预测和分析裂隙的发育规律；揭示了脱湿作用下裂隙形成的机理，便于研究不同参数对裂隙发育的影响。

3.3 模型试验验证

初始开裂模型建立的目的在于能够应用到工程实际上，因此有必要对模型的合理性进行试验验证。下面通过相关试验来初步验证模型的合理性。

3.3.1 开裂深度

前面章节中，作者进行了脱湿条件下膨胀土体的开裂试验，采用电导率法获得了土体表面即将开裂时的表层土含水率为 19.74%，据此求得相应的变湿为 −3.89%；直接取样测得的表层土含水率为 19.92%，相应的变湿为 −3.71%；由表 3-1 的土体参数可求得相应的临界变湿为 −3.31%。三者数值相近，这表明采用电导率法来测量表层土含水率是可行的，而且临界变湿可作为判断膨胀土初始开裂的定量指标。

根据不同时刻的电导率计算得到表层土的含水率，从而换算出相应的变湿，由式（3-19）求得裂隙开展的理论深度，并将其与裂隙实测深度的关系绘于图 3-8 中。可以看出，利用初始开裂模型并结合电导率法求得的计算深度与实测深度接近，两者表现出较好的一致性，这表明电导率法可用来

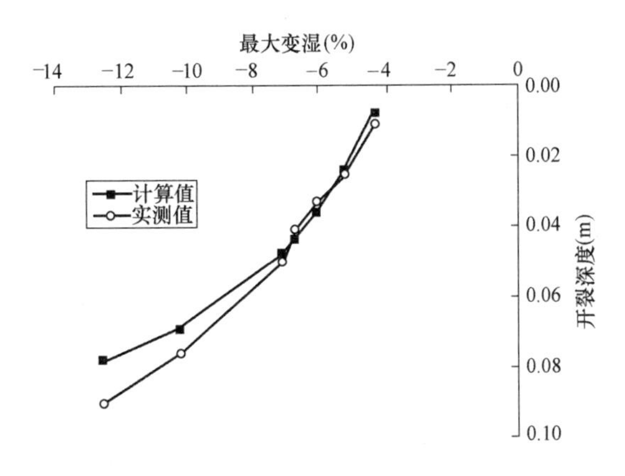

图 3-8　裂隙计算深度与实测深度

间接获得试样表面含水率，同时膨胀土初始开裂模型的合理性亦得到验证。另外，实际观测的裂隙深度比计算深度要大，且随着含水率的不断降低差值越大。这是因为当裂隙形成后，原有的蒸发面不仅包括表面，也包括新生成的裂隙面，水分丧失路径增加，这加速了深部土体水分的丧失，裂隙更容易向深部开展。

3.3.2 开裂间距和裂隙宽度

Konrad 和 Ayad（1997）在加拿大的圣劳伦斯河谷对某重塑黏性土进行了脱湿条件下的裂隙发育试验，试验土体厚度 0.4m，不排水抗剪强度 c_u 为 9.4kPa，其余参数见表 3-2。

土体相关参数　　表 3-2

E(kPa)	α	Δw_{max}(%)	n	μ	γ(kN·m^{-3})	σ_t(kPa)
4000	0.005	−9	0.5	0.3	17.6	8

18 小时后，土体表面开始出现裂隙，此时地表土含水率由 103%降至 94%，裂隙深度 5～7cm，平均开裂间距为 20～24cm，平均裂隙宽度为 0.9～1.2cm。将相关参数代入式（3-24）和式（3-28）中，求得开裂间距 a 为 14.6cm，初始裂隙间距 L_0 为 29.2cm，初始裂隙宽度 δ 为 1.1cm。可以看出，实测结果与计算结果基本吻合，存在部分误差是由于推导过程按照线弹性均质体及满足圣维南原理的前提下获得的，与实际情况有所差异，但总体上看，该模型能够较好地反映土体在脱湿条件下的裂隙开展形态。

3.4 模型参数确定方法

开裂模型建立后，能否应用于工程实践，关键在于模型参数的物理意义是否明确及采用何种试验方法确定。膨胀土初始开裂模型主要包含如下参数：弹性模量 E、湿胀缩系数 α、变湿 Δw、变湿分布系数 n、抗拉强度 σ_t 和抗剪强度指标 c、φ。我们根据不同参数的物理意义来确定相应的试验方法。试验土样基本参数见表 3-3 和图 3-9。

试验土体基本参数　　表 3-3

液限 w_{L17}(%)	塑限 w_{P17}(%)	塑性指数 I_P	自由膨胀率 δ_{ef}(%)	最大干密度 ρ_d(g/cm^3)	相对密度 d_s
42.7	19.2	24	56.8	1.81	2.74

注：w_{L17}为下沉深度为 17mm 时的土体含水率。

3.4.1 弹性模量和抗拉强度

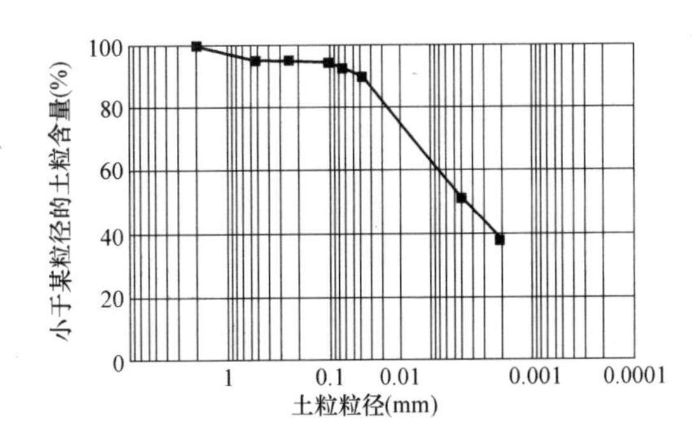

图 3-9　试验土样粒径分布曲线

弹性模量 E 反映了土体抵抗外力作用而产生变形的能力，即土体产生单位变形时所需要的外力，抗拉强度 σ_t 则反映了土体抵抗拉伸变形的极限能力。由于土体抵抗拉伸变形的能力较弱，通常在很小范围的拉应变下土体即会开裂。失水收缩时的土体内部表现为拉伸态，此时应采用土体的拉伸弹性模量进行计算。已有学者对土体的拉伸性能进行研究，提出了相应的测试方法及评判标准。本节采用单轴拉伸试验装置进行了重塑膨胀土的拉伸试验，相应的试验结果见图 3-10。可以看出，拉伸试验前期，试样的拉应力-拉应变关系曲线近似呈现为线性关系，斜率即认为是拉伸弹性模量。随着拉应力的继续增加，曲线逐渐表现为非线性特性。试样的含水率越低，干密度越大，非线性特征表现得尤为明显。拉应变随着拉应力的增加而迅速增大。当拉应力即将达到试样的极限抗拉能力时，试样出现断裂破坏。含水率和干密度会影响土体的拉伸弹性模量和抗拉强度，含水率越低，干密度越大，拉伸弹性模量和抗拉强度也越大。因此土体在失水收缩过程中的拉伸弹性模量和抗拉强度也是不断变化的。为简单起见，假设拉伸弹性模量和抗拉强度保持不变，根据试验结果取 $E=6000\text{kPa}$ 和 $\sigma_t=9\text{kPa}$。

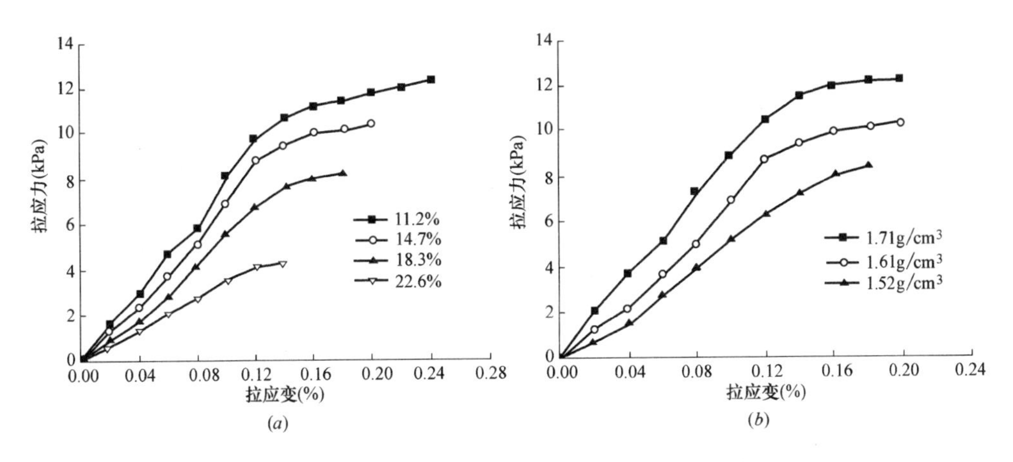

图 3-10　不同初始条件下土体的拉应力-拉应变关系

(*a*) 不同含水率（$\rho_d=1.71\text{g/cm}^3$）；(*b*) 不同干密度（$w=14.7\%$）

3.4.2 湿胀缩系数

1. 试验目的及方案

膨胀土在某一上覆压力作用至变形稳定后，由于含水率的增加（或减少）而产生的附加变形称为胀缩变形。影响土体膨胀和收缩的内因是土体自身含水率的变化，而不同的初始状态对膨胀土体含水率变化带来的影响也是不同的。因此根据湿胀缩系数 α 的物理意义，作者采用 WZ-2 型膨胀仪和 SS-1 型收缩仪，进行了相应的膨胀和收缩试验，研究了膨胀土湿胀干缩特性，提出了确定湿胀缩系数 α 的试验方法。试验方案包括一次浸水膨胀试验、分级浸水膨胀试验及收缩试验，试验方案见表 3-4，其中不同自由膨胀率的试样是以现场土掺入不同量的纯膨润土配制而成，以获得不同自由膨胀率的土体的胀缩性能。由于蒸发条件下的裂隙大都形成于土体浅层位置，上覆压力不大，故所有的试验均在无荷条件下进行。

一次胀缩试验方案　　　　表 3-4

膨胀试验								收缩试验			
一次浸水				分级浸水				收缩			
编号	含水率（%）	干密度（g·cm^{-3}）	自由膨胀率（%）	编号	含水率（%）	干密度（g·cm^{-3}）	自由膨胀率（%）	编号	含水率（%）	干密度（g·cm^{-3}）	自由膨胀率（%）
a-1	5.61	1.79	57.5	b-1	5.61	1.80	57.5	c-1	23.14	1.79	57.5
a-2	5.62	1.70		b-2	5.65	1.70		c-2	23.14	1.69	
a-3	5.56	1.62		b-3	5.56	1.63		c-3	23.39	1.62	
a-4	5.64	1.52		b-4	5.66	1.52		c-4	23.58	1.52	
a-5	8.05	1.79	57.5	b-5	8.05	1.80	57.5	c-5	19.70	1.77	57.5
a-6	8.03	1.70		b-6	8.03	1.69		c-6	19.42	1.67	
a-7	8.05	1.62		b-7	8.01	1.60		c-7	19.21	1.58	
a-8	13.82	1.78	57.5	b-8	13.74	1.80	57.5	c-8	12.63	1.78	57.5
a-9	13.86	1.70		b-9	13.77	1.70		c-9	12.40	1.69	
a-10	13.85	1.62		b-10	13.78	1.63		c-10	12.67	1.59	
a-11	6.02	1.70	74.1	b-11	5.50	1.66	74.1	c-11	18.58	1.65	74.1
a-12	6.01	1.69	89.9	b-12	5.42	1.67	89.9	c-12	18.62	1.65	89.9
a-13	6.03	1.70	108.2	b-13	5.61	1.66	108.2	c-13	18.65	1.65	108.2
a-14	6.02	1.70	125.1	b-14	5.58	1.66	125.1	c-14	18.71	1.66	125.1

分级浸水膨胀试验的目的是获得某次加水量所产生的膨胀变形，即含水率与变形的关系，因此在试验仪器和操作上有所不同。试验前，首先要率定薄型滤纸的吸水量。为了防止透水石与试样存在水分交换而带来误差，试验中用与透水石规格相同的有机玻璃板代替透水石。底部玻璃板沿厚度方向开若干小圆孔，直径约1mm，便于试验过程中试样孔隙气的排出；顶部玻璃板沿厚度方向开四个小圆孔，

呈对称十字状分布，圆孔直径约 2mm，便于试验过程中往试样中注水，具体见图 3-11。试验过程中，每间隔一段时间往顶板四个圆孔中注水，每圆孔加水 0.5ml，待水分完全进入土体后立即用薄塑料片盖住圆孔，以避免水分蒸发。待此级膨胀变形稳定后再进行下一级加水。试验的稳定标准为 24 小时内变形不超过 0.01mm。试验结束后测量上下滤纸和试样的最终含水率，以确定试样的最终含水率。

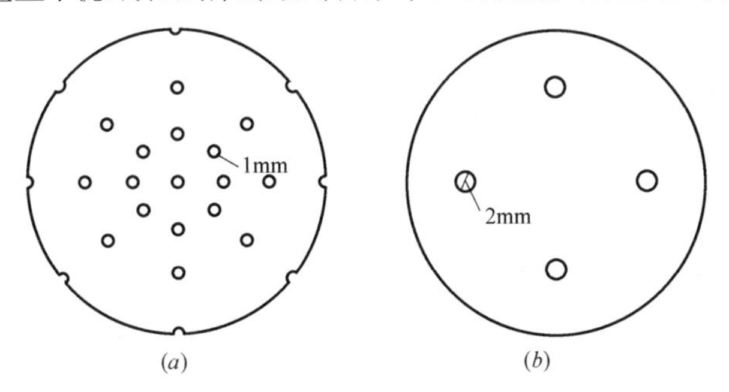

图 3-11　底、顶部有机玻璃板示意图
（a）底板；（b）顶板

2. 相关参数定义

试样遇水增湿所产生的变形量与试样初始高度之比的百分数称为膨胀率，按式（3-29）进行计算：

$$\delta_p(\Delta w)=\frac{z_p-z_0}{h_0}\times 100 \tag{3-29}$$

式中：δ_p 为试样膨胀率，%；Δw 为某级增湿变形稳定后试样的含水率与初始含水率之差（%）；h_0 为试样初始高度（mm）；z_p 为某级增湿变形稳定后的百分表读数（mm）；z_0 为百分表初始读数（mm）。以某时刻的含水率与初始含水率之差（变湿）作为横轴，该时刻的膨胀率作为纵轴绘制曲线。根据膨胀系数的物理意义，此时曲线的斜率等于膨胀系数的 100 倍，即有 $\alpha_p=0.01\times d\delta_p(\Delta w)/d(\Delta w)$，$\alpha_p$ 为膨胀系数。

试样失水收缩的变形量与试样初始高度之比的百分数称为线收缩率，按式（3-30）进行计算：

$$\delta_s(\Delta w)=\frac{z_s-z_0}{h_0}\times 100 \tag{3-30}$$

式中：δ_s 为试样收缩率（%）；z_s 为某含水率下的百分表读数（mm）。以某时刻的含水率与初始含水率之差（变湿）作为横轴，该时刻的收缩率作为纵轴绘制曲线。曲线可近似为双折线。根据收缩系数的物理意义，此时曲线的较陡折线的斜率等于收缩系数的 100 倍，即有 $\alpha_s=0.01\times d\delta_s(\Delta w)/d(\Delta w)$，$\alpha_s$ 为收缩系数。

3. 试验结果与分析

图 3-12 是不同初始状态下，一次浸水膨胀变形试验结果。可以看出，随着时

间的推移，试样吸水逐渐膨胀，膨胀率逐渐增大。初始含水率越低，初始干密度越大，膨润土含量越高，试样最终的膨胀率也越大。初始含水率一定时，试样的初始干密度越小，其膨胀率增加速率较快，趋于稳定所需的时间越短，即在较短时间内，试样已完成较大膨胀变形。当含水率相同时，密度越小的试样孔隙比越大，在浸水初期阶段，水分越容易进入到试样内部，试样在较短时间内可产生较大的膨胀变形；而密度大的试样孔隙比小，浸水初期水分难以进入试样，试样不能充分吸水，导致其初始膨胀变形量较小。随着浸水过程的继续，试样体积产生明显的膨胀，密度减小，孔隙率也随之增大，水分也越容易浸入到试样内部，试样膨胀率的增长较浸水初期阶段有明显增大，当趋于饱和状态时，膨胀变形基本稳定。

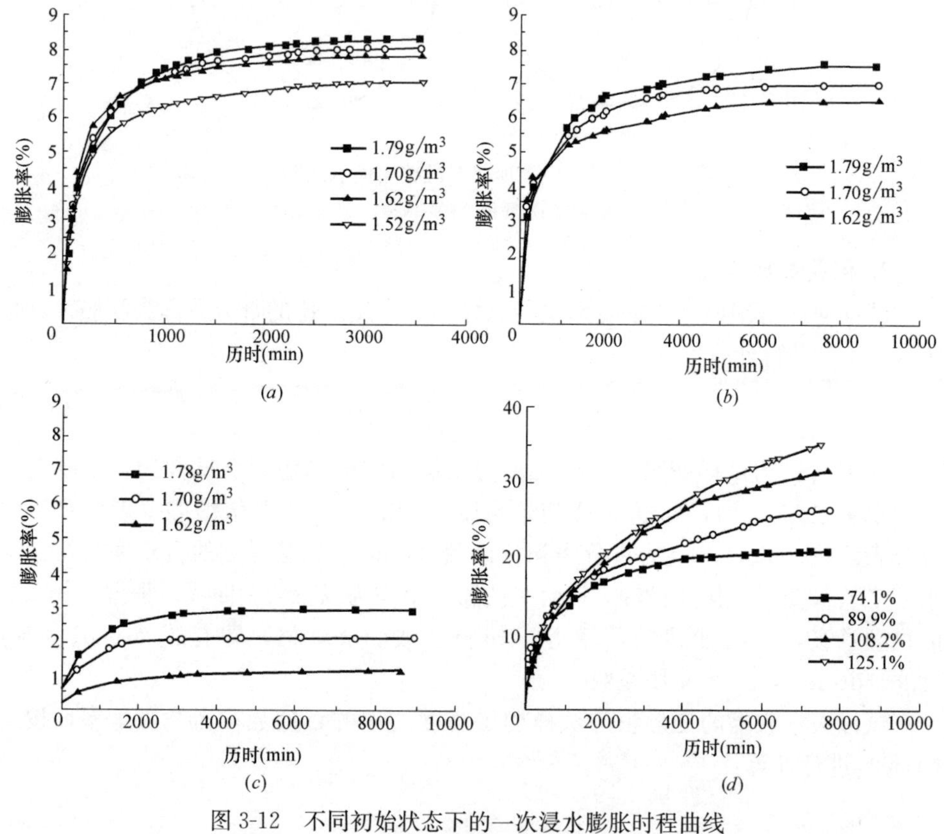

图 3-12 不同初始状态下的一次浸水膨胀时程曲线

(*a*) a-1～a-4 (w_0=5.61%)；(*b*) a-5～a-7 (w_0=8.14%)；

(*c*) a-8～a-10 (w_0=13.84%)；(*d*) a-11～a-14 (w_0=6.01%，ρ_d=1.71g/cm^3)

图 3-13 为试样分级浸水膨胀的试验结果。可以看出，不同初始干密度下，在低于某含水率值之前，含水率差与膨胀率均呈现出良好的线性关系。初始干密度越大，曲线斜率越大，膨胀系数越大，最终膨胀率也越大，曲线出现拐点所对应的含水率值越小，即曲线越容易出现拐点。在体积一定的情况下，初始干密度

大的孔隙比小，试样所能吸收的水分越少，故当吸水量相同时，干密度大的试样膨胀变形已接近稳定。当含水率不变化时，土体不产生膨胀变形，故采用式（3-31）对图 3-13 中的曲线进行拟合，具体结果见表 3-5。试验结果表明：采用该关系式拟合分级浸水膨胀变形曲线是满足要求的。

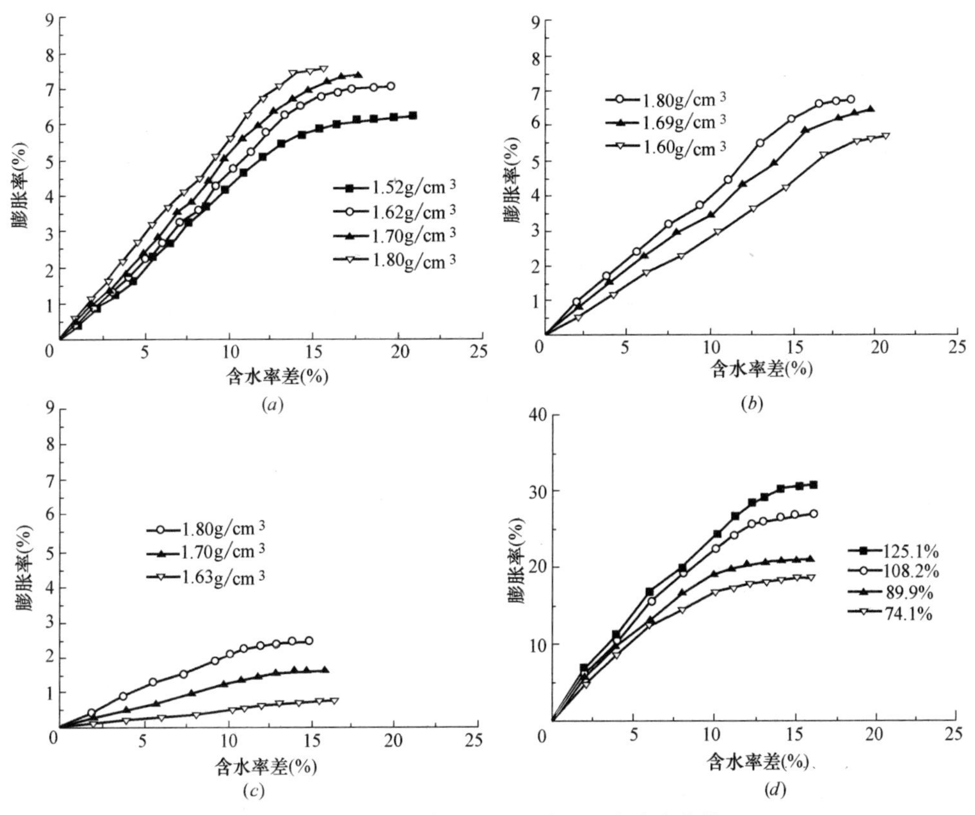

图 3-13　不同初始状态下的分级浸水膨胀曲线

（a）b-1～b-4（w_0=5.61%）；（b）b-5～b-7（w_0=8.03%）；
（c）b-8～b-10；（w_0=13.76%）；（d）b-11～b-14（w_0=5.53%，ρ_d=1.66g/cm³）

$$\delta_p = \alpha_p \Delta w \times 100 \tag{3-31}$$

式中：δ_p 为膨胀率；Δw 为含水率差；α_p 为膨胀系数。

分级浸水膨胀曲线拟合结果　　**表 3-5**

编号	最终膨胀率(%)	膨胀系数 α_p	编号	最终膨胀率(%)	膨胀系数 α_p
b-1	7.595	0.0056	b-8	2.455	0.0019
b-2	7.385	0.0050	b-9	1.605	0.0011
b-3	7.065	0.0046	b-10	0.765	0.0005
b-4	6.235	0.0042	b-11	18.751	1.0083
b-5	6.770	0.0042	b-12	21.093	0.0206
b-6	6.460	0.0036	b-13	26.980	0.0231
b-7	5.730	0.0029	b-14	30.892	0.0250

图 3-14 分别为不同初始状态下含水率差与线缩率的关系，其中每组中又包含不同初始干密度的试样。可以看出，含水率差与收缩率关系曲线可以近似分为双折线：初始线性段和后期线性段，前者称为快速收缩阶段，后者称为稳定收缩阶段。两线性段交点处所对应的含水率值称为土体的缩限。初始干密度越大，初始含水率越小，则初始曲线斜率越小，收缩系数越小，最终收缩率和体缩率也越小，曲线出现拐点所对应的含水率越小。在体积一定的情况下，初始干密度大的孔隙比小，试样本身所含的水分越少，而初始含水率小的试样所含水分也少，因此能够丧失的水分也少，试样能够产生收缩变形的能力也越小，试样越早进入稳定收缩阶段，土体几乎不产生变形。

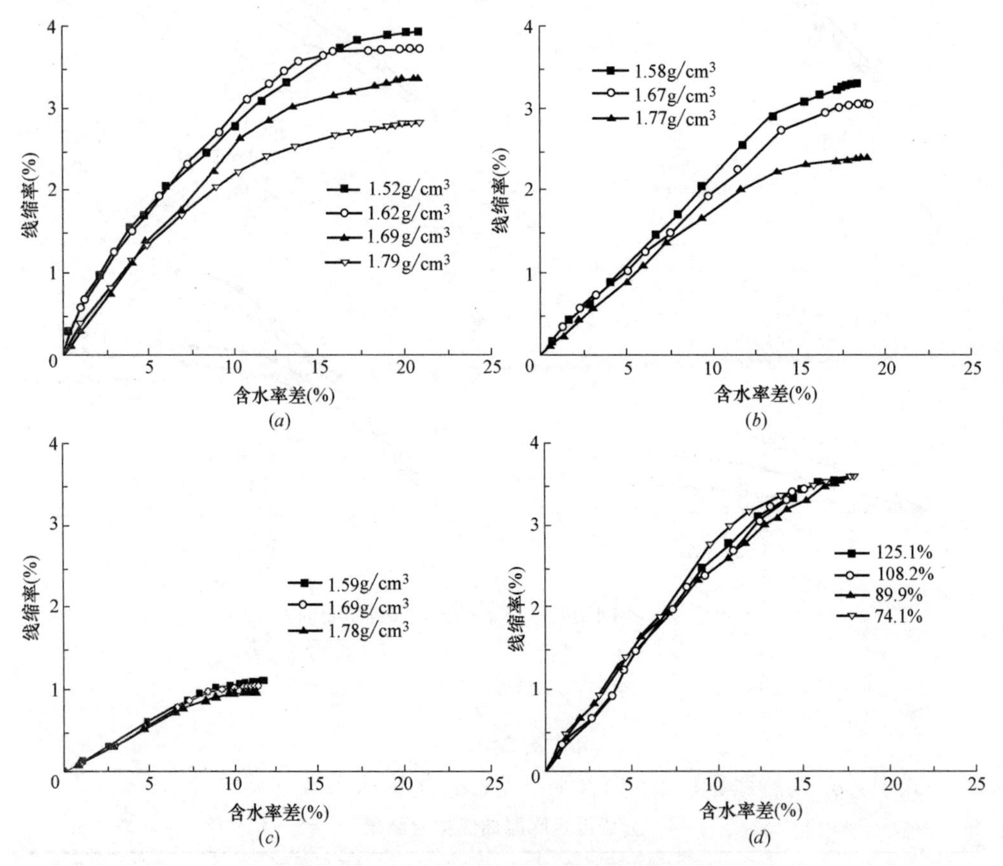

图 3-14 不同初始状态下的收缩曲线

(*a*) c-1～c-4；(*b*) c-5～c-7；(*c*) c-8～c-10；(*d*) c-11～c-14

根据收缩系数的定义，对含水率差与收缩率关系曲线中的快速收缩阶段采用式（3-32）进行拟合：

$$\delta_{s}=\alpha_{s}\Delta w\times 100 \tag{3-32}$$

式中：δ_s 为线缩率（%）；Δw 为含水率差（%）；α_s 为收缩系数。拟合结果见表 3-6。可以看出，随着初始干密度的增加及含水率的降低，最终线缩率和收缩系数逐渐减小；随着膨润土掺量的增加，收缩系数逐渐增大，但最终线缩率基本相同。可以看出，土体的最终线缩率仅由土样的初始干密度及含水率决定，与土的成分性质无关，但收缩系数仍与土的成分性质有关，且随着自由膨胀率的增大而增大。

收缩曲线拟合结果　　表 3-6

编号	最终线缩率(%)	最终体缩率(%)	收缩系数 α_s	编号	最终线缩率(%)	最终体缩率(%)	收缩系数 α_s
c-1	2.824	4.02	0.0022	c-8	0.975	3.54	0.0011
c-2	3.376	4.36	0.0025	c-9	1.050	3.75	0.0019
c-3	3.724	4.86	0.0027	c-10	1.116	3.89	0.0012
c-4	3.944	5.44	0.0028	c-11	3.585	3.83	0.0026
c-5	2.391	3.87	0.0018	c-12	3.589	3.94	0.0027
c-6	3.055	4.05	0.0021	c-13	3.551	4.01	0.0028
c-7	3.279	4.22	0.0022	c-14	3.555	4.02	0.0029

3.4.3 变湿和变湿分布系数

变湿 Δw 表现为土体初始含水率与某时刻含水率之差，变湿分布系数 n 反映了水分在土体中运移的快慢程度，与土体的渗透性能和排水条件等密切相关。为获得蒸发条件下变湿在深度方向的分布特征，笔者进行了相应的室内试验。试验模型见第 2 章，采用钻孔取样测量不同深度的土体含水率。试验结果见表 3-7。可以看出，随着深度的增加，变湿逐渐增大（变湿为负）。表层处的土体蒸发作用强烈，水分丧失较快，越向深处水分丧失越慢。根据试验结果，采用式（3-33）对试验数据进行拟合，该方程即为变湿曲线方程，拟合结果见表 3-8。

$$\Delta w = \Delta w_{max} e^{-nz} + F \tag{3-33}$$

可以看出，对于相同状态的土体，不同历时的 n 值相差甚小，取其平均值为 $n=0.5$。另外由拟合结果可知，常数 F 对后续计算没有影响，且其值与 Δw_{max} 相比可忽略，故将变湿曲线方程简写为式（3-34），参数物理意义不变。

$$\Delta w = \Delta w_{max} e^{-nz} \tag{3-34}$$

蒸发条件下不同深度的含水率及变湿　　表 3-7

深度(m)	第 1 天		第 3 天		第 5 天		第 7 天	
	含水率	变湿	含水率	变湿	含水率	变湿	含水率	变湿
0.03	21.65	−2.05	20.24	−3.46	18.61	−5.09	16.24	−7.46
0.08	21.49	−2.21	20.16	−3.54	18.57	−5.13	16.47	−7.23
0.15	21.83	−1.87	20.55	−3.15	18.48	−5.22	16.65	−7.05
0.23	21.71	−1.99	20.57	−3.13	18.89	−4.81	17.04	−6.66
0.28	21.75	−1.95	20.49	−3.21	18.97	−4.73	17.19	−6.51

变湿与深度关系拟合结果　　**表 3-8**

	第 1 天	第 3 天	第 5 天	第 7 天
n	0.55	0.48	0.52	0.51
Δw_{max}	−2.15	−3.45	−5.38	−7.56
F	0.02	0.03	0.02	0.01

Konrad 和 Ayad 在加拿大魁北克省的圣劳伦斯河谷对 Saint Alban 黏性土进行了现场蒸发条件下的裂隙发育试验，试样初始含水率为 103%，蒸发速率控制为 0.018mm/h。试验过程中采用时域反射技术测量了土体在不同时刻、不同深度的含水率，试验结果见图 3-15。试验结果表明，随着蒸发过程的进行，表层土体水分首先丧失。18 小时后，表层含水率从 103%降至 94%，而埋深超过 30cm 的土体含水率基本保持不变。随后深部土体的水分也逐渐丧失，丧失速率与表层土的相比要小。试验完成时（241 小时），埋深 2cm、40cm 和 69cm 的含水率分别为 25%、82%和 92%，与初始状态相比均有不同程度的减小，越深处水分丧失得越慢。

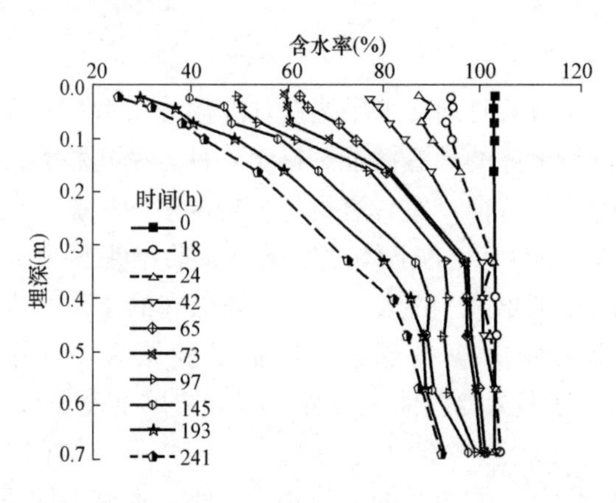

图 3-15　蒸发条件下不同时刻的含水率分布（Konrad & Ayad，1997）

我们仅将 241h 和 145h 的变湿（该时刻含水率与初始含水率之差）与埋深的关系绘于图 3-16，同时仍采用式（3-33）对数据进行拟合，拟合结果列于图中。可以看出，采用上述变湿曲线方程能很好地拟合试验结果，这再一次说明了该方程用来描述蒸发条件下变湿随深度分布的规律是合理的。另外，对于不同的试验深度，n 值的结果不尽相同。这表明 n 还与试验深度密切相关。试验深度越大，n 越大，深部土体的水分越难丧失。笔者建议实际工程中的试验深度可取大气影响深度来进行分析。

3.4.4　抗剪强度参数

抗剪强度参数对土体的开裂性能有显著影响。饱和土体即将开裂时，土体内部仍可视为饱和状态。由式（3-24）可知，土体的开裂间距受裂隙底部水平面处抗剪强度的影响。抗剪强度指标有不固结不排水剪、固结不排水剪和固结排水剪等三类。一方面，我们研究的是土体蒸发收缩时的状态，此时裂隙底部水平面处的水平应变近似为零，不产生水平位移。由于土颗粒之间不产生相对滑移，因此摩擦力并未发挥，内摩擦角的影响可忽略，此时抗剪强度的贡献主要由土体凝聚力提供。另一方面，土体失水至二次裂隙即将产生的过程中，整体处于不断收缩的状态，负孔隙水压力逐渐增大。由于土体总应力保持不变，根据有效应力原理，作用在裂隙底部水平面处的有效应力不断增大，表明此时该处土体仍在固结，尚未达到固结完成状态。综上考虑，此时的抗剪强度指标宜采用不固结不排水剪指标。今后可考虑开发测定失水收缩过程中某一界面处抗剪强度的仪器设备，为模型的推广应用提供技术支持。

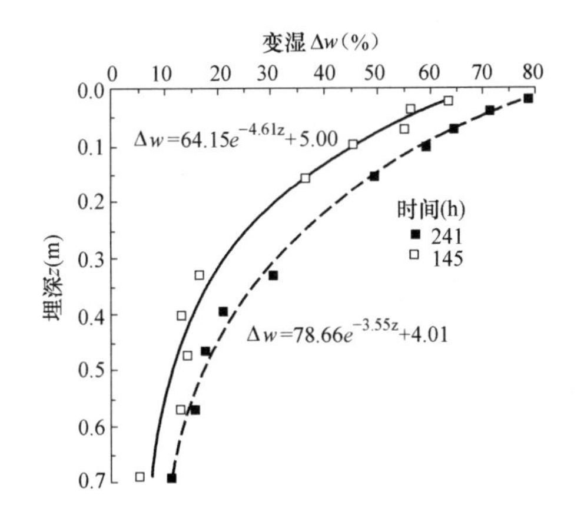

图 3-16　蒸发条件下变湿分布及拟合结果

3.5　模型有限元拓展

上述模型的建立及求解是在满足圣维南原理的前提下进行的，模型形状及边界条件较单一，适用范围受到限制，具有一定的局限性。有限元作为一种成熟的数值计算方法，由于其计算精度高、适应复杂边界条件等优点，已在岩土工程各领域得到广泛应用。本节利用有限元法对上述模型实现了程序化，能够解决复杂边界条件下的变湿应力求解及初始开裂问题。

3.5.1　基本方程

从平衡微分方程出发，用伽辽金法进行变分计算，从而导出有限元基本方程。令式（3-3）中 $i=x$，利用加权余量法和格林公式改写为：

$$\iint_{D}\left(\sigma_{x}\frac{\partial W_{l}}{\partial x}+\tau_{yx}\frac{\partial W_{l}}{\partial y}-XW_{l}\right)\mathrm{d}x\mathrm{d}y-\int_{\Gamma}W_{l}(\sigma_{x}dy-\tau_{yx}\mathrm{d}x)=0\quad(l=i,j,k,m)\tag{3-35}$$

边界 Γ 上有：$\mathrm{d}x=-\mathrm{d}s\cdot\cos(n,\hat{y})$，$\mathrm{d}y=\mathrm{d}s\cdot\cos(n,\hat{x})$。根据应力边界条件形式，有：

$$\iint_{D}\left(\sigma_{x}\frac{\partial W_{l}}{\partial x}+\tau_{yx}\frac{\partial W_{l}}{\partial y}-XW_{l}\right)\mathrm{d}x\mathrm{d}y-\int_{\Gamma}W_{l}Q_{x}\mathrm{d}s=0\quad(l=i,j,k,m)\tag{3-36}$$

同理有：

$$\iint_{D}\left(\sigma_{y}\frac{\partial W_{l}}{\partial y}+\tau_{xy}\frac{\partial W_{l}}{\partial x}-YW_{l}\right)dxdy-\int_{\Gamma}W_{l}Q_{y}ds=0\quad(l=i,j,k,m)\tag{3-37}$$

式中：D 为积分区域；W_l 为加权函数，这里取 $W_l=H_l=\frac{(1+\xi_l\xi)(1+\eta_l\eta)}{4}$，$H_l$ 为形函数，ξ_l、η_l 为相对坐标值，ξ、η 为高斯积分坐标值；X、Y 为体力在 x，y 方向的分量；Q_x，Q_y 为边界上面力均布荷载在 x，y 方向的分量；Γ 为边界区域；i，j，k，m 为单元四个节点按逆时针顺序的编号。

将本构方程（式（3-2））、几何方程（式（3-4））分别代入式（3-34）和式（3-35），并分别对 u_l、v_l 作变分，整理得：

$$\left\{\frac{\partial J^{e}}{\partial \delta}\right\}_{8\times1}=[K]^{e}_{8\times8}\{\delta\}^{e}_{8\times1}-\{F\}^{e}_{8\times1}-\{L\}^{e}_{8\times1}-\{Q\}^{e}_{8\times1}-\{R\}^{e}_{8\times1}\tag{3-38}$$

式中：$\left\{\frac{\partial J^{e}}{\partial\delta}\right\}_{8\times1}=\left\{\frac{\partial J^{e}}{\partial u_i}\ \frac{\partial J^{e}}{\partial v_i}\ \frac{\partial J^{e}}{\partial u_j}\ \frac{\partial J^{e}}{\partial v_j}\ \frac{\partial J^{e}}{\partial u_k}\ \frac{\partial J^{e}}{\partial v_k}\ \frac{\partial J^{e}}{\partial u_m}\ \frac{\partial J^{e}}{\partial v_m}\right\}^{T}$，泛函变分符号；

$[K]^{e}_{8\times8}=\begin{bmatrix}[K_{ii}] & [K_{ij}] & [K_{ik}] & [K_{im}]\\ [K_{ji}] & [K_{jj}] & [K_{jk}] & [K_{jm}]\\ [K_{ki}] & [K_{kj}] & [K_{kk}] & [K_{km}]\\ [K_{mi}] & [K_{mj}] & [K_{mk}] & [K_{mm}]\end{bmatrix}$，单元劲度矩阵，其中子矩阵表达式为：

$[K_{ln}]=\frac{E}{16(1-\mu^{2})}\begin{bmatrix}H_{11} & H_{12}\\ H_{21} & H_{22}\end{bmatrix}_{ln}$，$(l,\ n=i,\ j,\ k,\ m)$。这里：

$$\left.\begin{aligned}(H_{11})_{ln}&=\int_{-1}^{1}\int_{-1}^{1}\frac{1}{|J|}\left(F_lF_n+\frac{1-\mu}{2}E_lE_n\right)d\xi d\eta\\(H_{12})_{ln}&=\int_{-1}^{1}\int_{-1}^{1}\frac{1}{|J|}\left(\mu F_lE_n+\frac{1-\mu}{2}E_lF_n\right)d\xi d\eta\\(H_{21})_{ln}&=\int_{-1}^{1}\int_{-1}^{1}\frac{1}{|J|}\left(\mu E_lF_n+\frac{1-\mu}{2}F_lE_n\right)d\xi d\eta\\(H_{22})_{ln}&=\int_{-1}^{1}\int_{-1}^{1}\frac{1}{|J|}\left(E_lE_n+\frac{1-\mu}{2}F_lF_n\right)d\xi d\eta\end{aligned}\right\};$$

$\{\delta\}^{e}_{8\times1}=[u_i\quad v_i\quad u_j\quad v_j\quad u_k\quad v_k\quad u_m\quad v_m]^{T}$，单元位移列阵；

$\{F\}^{e}_{8\times1}=[F_{ui}\quad F_{vi}\quad F_{uj}\quad F_{vj}\quad F_{uk}\quad F_{vk}\quad F_{um}\quad F_{vm}]^{T}$，单元体积力载荷列阵。其中：

$F_{ul}=\int_{-1}^{1}\int_{-1}^{1}X|J|H_l d\xi d\eta, F_{vl}=\int_{-1}^{1}\int_{-1}^{1}Y|J|H_l d\xi d\eta$，$|J|$ 为单元雅可比行

列式；

$\{L\}_{8\times1}^{e}=[L_{ui}\quad L_{vi}\quad L_{uj}\quad L_{vj}\quad L_{uk}\quad L_{vk}\quad L_{um}\quad L_{vm}]^{T}$，单元变湿载荷列阵。其中：

$L_{ul}=\int_{-1}^{1}\int_{-1}^{1}\frac{E\alpha\Delta W}{4(1-\mu)}F_l\mathrm{d}\xi\mathrm{d}\eta, L_{vl}=\int_{-1}^{1}\int_{-1}^{1}\frac{E\alpha\Delta W}{4(1-\mu)}E_l\mathrm{d}\xi\mathrm{d}\eta$，$E$ 为模量，α 为湿胀缩系数，Δw 为变湿，μ 为泊松比，$F_l=4\left(J_{22}\frac{\partial H_l}{\partial\xi}-J_{12}\frac{\partial H_l}{\partial\eta}\right)$，$E_l=4\left(J_{11}\frac{\partial H_l}{\partial\eta}-J_{21}\frac{\partial H_l}{\partial\xi}\right)$，$J_{rs}$为雅可比矩阵［$J$］中第 r 行、s 列的值，r，s=1，2；

$\{Q\}_{8\times1}^{e}$为边界面力载荷列阵；$\{R\}_{8\times1}^{e}$为边界集中力载荷列阵。

将所有单元的积分值累加起来，可得到总体区域的积分：

$$\frac{\partial J^{D}}{\partial u_l}=\sum_{e=1}^{n}\frac{\partial J^{e}}{\partial u_l}=0,\frac{\partial J^{D}}{\partial v_l}=\sum_{e=1}^{n}\frac{\partial J^{e}}{\partial v_l}=0\quad(l=i,j,k,m)\tag{3-39}$$

式中，n 为单元数。根据上述原理，由位移边界条件可求得不同节点的位移值，进而可获得单元的应变值，从而求出单元的应力。单元应力可由下式得出：

$$\{\sigma\}=[D](\{\varepsilon\}-\{\varepsilon_0\})\tag{3-40}$$

式中：$\{\sigma\}$ 为变湿应力；［D］为平面条件下的弹性矩阵；$\{\varepsilon\}$ 为土体总应变，即由位移值计算所得的应变值；$\{\varepsilon_0\}$ 为初应变，即无任何约束状态下变湿在土体内产生的应变。这样即可以求得由于变湿的作用而引起的应力。

3.5.2 算例分析

基于上述思想，编制了平面条件下四节点的有限元程序。该程序可获得土体脱湿作用时产生的应力变形，并能够与传统荷载作用产生的应力变形进行叠加。平面应力条件下，分别建立三种模型进行分析。模型尺寸分别为 8m×2m、8m×8m和 2m×8m。根据上述理论模型的边界条件特征，考虑到对称性，将计算模型的左边设为水平约束，底部为竖向约束，其余为自由边界。计算基本参数见表 3-2。

图 3-17 为不同边界条件下，采用该程序计算得到的变湿应力等值线图。可以看出，模型 1 左右两侧的边界条件符合圣维南原理，在靠近模型的中间位置处，应力分布与理论模型的计算结果较一致。模型 2 和模型 3 的边界形态不满足圣维南原理的要求，用式（3-17）将得不到合理的解答。离左侧约束边界越近的位置，其等值线梯度与自由边界附近的相比要大，越靠近约束边界附近的变湿应力，其变化幅度越明显。这表明，对于模型 2 与模型 3 的情况，采用理论模型所得的计算结果不能真实反映边界位置附近的应力状态。而利用有限元可获得复杂边界条件下的变湿应力分布，拓展了该模型的应用范围。此外，若计算模型中存

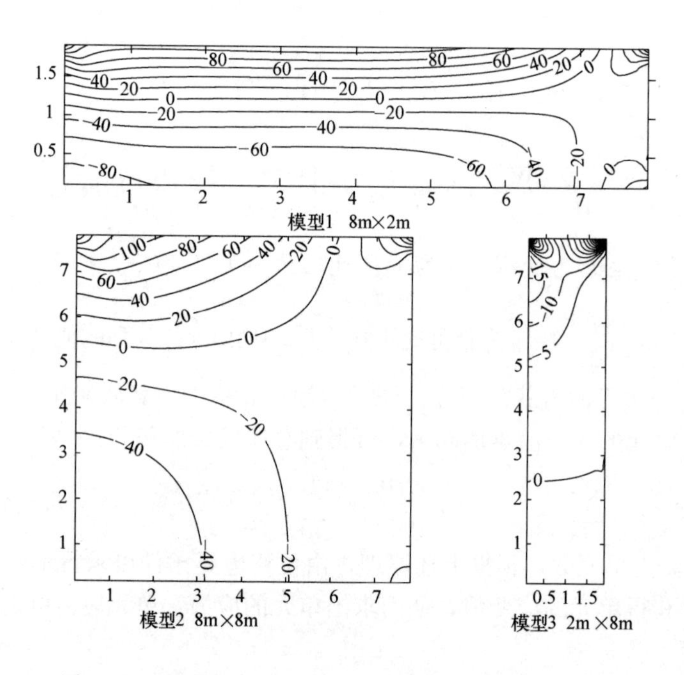

图 3-17 不同边界形态下模型的变湿应力（单位：kPa）

在体力、面力、集中力等外荷载作用，只需在程序中添加相应的荷载列阵，将其与变湿的计算结果叠加即可。计算结果进一步论证了脱湿作用下膨胀土的开裂机理，同时模型的应用范围得到进一步推广。

参 考 文 献

[1] 郑少河，金剑亮，姚海林等. 地表蒸发条件下的膨胀土初始开裂分析 [J]. 岩土力学，2006，27 (12)：2229-2233.

[2] 王年香，顾荣伟，章为民等. 膨胀土中单桩性状的模型试验研究 [J]. 岩土工程学报，2008，30 (1)：56-60.

[3] YY Tay，D I Stewart，T W Cousens. Shrinkage and desiccation cracking in bentonite-sand landfill liners [J]. Engineering Geology，2001，60：263-274.

[4] 姚海林. 基于收缩试验的膨胀土地基变形预测方法 [J]. 岩土力学，2004，25 (11)：1688-1692.

[5] 张华. 用收缩试验资料间接估算压力板试验中的体积含水量 [J]. 岩土力学，1999，20 (2)：22-26.

[6] Konrad J M，Ayad R. An idealized framework for the analysis of cohesive soils undergoing desiccation [J]. Canadian Geotechnical Journal，1997，34：477-488.

[7] 李广信，陈轮，郑继勤等. 纤维加筋黏性土的试验研究 [J]. 水利学报，1995，(6)：31-36.

［8］ 马芹永. 人工冻土单轴抗拉、抗压强度的试验研究［J］. 岩土力学，1996，17（3）：76-81.

［9］ 党进谦，李靖，张伯平. 黄土单轴拉裂特性研究［J］. 水力发电学报，2001，(4)：44-48.

［10］ 朱俊高，梁彬，陈秀鸣等. 击实土单轴抗拉强度试验研究［J］. 河海大学学报（自然科学版），2007，35（2）：186-190.

［11］ Konrad J M，Ayad R. Desiccation of a sensitive clay：Field experimental observations［J］. Canadian Geotechnical Journal，1997，34：929-942.

第4章 裂隙性膨胀土持水性能与强度特性

前面章节研究了脱湿作用下的膨胀土开裂机理，建立了相应的初始开裂模型，提出了防止干缩裂隙开展的技术方法。实际工程中，干湿循环产生的裂隙不可避免地会出现。已有成果研究了干湿循环产生的裂隙对膨胀土抗剪强度的影响，但不同裂隙发育程度对土体抗剪强度的影响不尽相同。裂隙越发育，土体结构越破碎松散，抗剪强度越低。因此有必要深入开展裂隙性膨胀土体抗剪强度特性研究。

土水特征曲线（SWCC）是土体基质势与饱和度的关系曲线，表示土体水的能量与数量之间的关系，反映了土体的持水能力。SWCC对研究非饱和土的强度、变形、渗流等性质有着重要的作用。基质吸力决定了非饱和膨胀土的抗剪强度特性，因此许多岩土工作者基于非饱和土的理论和强度准则对膨胀土的强度特性进行了研究，主要有Bishop的有效应力强度理论，Fredlund的双应力变量强度理论，徐永福的结构性强度理论，缪林昌的吸力强度理论和俞茂宏的统一强度理论等。这些理论并未考虑膨胀土受干湿循环影响后强度衰减的特殊性，因此无法直接应用到膨胀土的强度特性研究中。除上述理论外，不少学者根据相关试验成果提出了关于确定非饱和土强度的实用和经验方法，如建立膨胀力与非饱和膨胀土抗剪强度的关系，根据不同干湿循环次数所得的试样得出不同裂隙发育程度的膨胀土抗剪强度等。有研究表明，试样含水率较低时，随含水率增加土的抗剪强度也增加，此时含水率并不是唯一控制土体强度的参数。土体在受力变形过程中，含水率和饱和度并不是唯一对应的：由于含水率是质量比，饱和度是体积比，当含水率一定时，饱和度可能发生变化，而饱和度一定时，含水率又可能改变。因此含水率和饱和度并不适宜作为一个独立变量来反映非饱和土的抗剪性能，土体结构的变化对强度的影响不可忽略。饱和度和土体结构的改变，本质上是土体内部中的土颗粒与水分接触形态发生了改变，从而导致基质吸力发生了改变，影响了土体的抗剪强度。因此采用基质吸力来分析非饱和土的抗剪强度特性更为合适。

目前要研究裂隙性膨胀土体抗剪强度的变化规律，主要从两个方面去入手：第一，通过量化不同裂隙的形态，结合相应的抗剪强度试验结果，建立“裂隙量化指标-抗剪强度”的强度模型；第二，撇开裂隙形态，通过定量测定不同状态下土体的基质吸力，结合相应的抗剪强度试验结果，建立“基质吸力-抗剪强度”的强度模型。第一种模型是从实用化角度出发，采用数理统计的方法结合大量重复性试验结果建立起来的，是一种经验模型，但理论基础不足；第二种模型是基于非饱和土强度理论出发，是一种物理模型，有较好的理论支撑，但需要更精确更复杂的试验条件去实现。如果能够确定不同形态的裂隙与相应抗剪强度指标之间的一般规律，就可以快速测定裂隙膨胀土的抗剪强度指标。本章首先介绍了非饱和土抗剪强度理论和常见土体吸力测量方法；然后提出了干湿循环作用下裂隙试样的室内生成方法，开展了裂隙性膨胀土的剪切试验，获得了裂隙膨胀土强度的一般规律；采用图像灰度熵的概念，结合抗剪强度试验结果建立了考虑裂隙的抗剪强度模型；同时采用滤纸法获得了剪切试样的平均基质吸力，结合抗剪强度试验结果建立了考虑基质吸力的抗剪强度模型。无论哪种模型，都可为裂隙性膨胀土抗剪强度特性的深入研究提供参考。

4.1 非饱和土抗剪强度理论

土体的抗剪强度指标是土体稳定性计算分析中最重要的计算参数，计算结果的可靠性很大程度上取决于指标的准确性。对于非饱和土，越来越多的成果表明需采用两个独立的应力状态变量来确定非饱和土的应力状态和抗剪强度。Fredlund 和 Morgenstern 通过试验和理论分析，建议采用（$\sigma-u_a$）和（u_a-u_w）这两个独立的应力变量来建立非饱和土的抗剪强度公式，认为非饱和土的抗剪强度是由有效黏聚力 c'、净法向应力（$\sigma-u_a$）引起的强度、基质吸力（u_a-u_w）引起的强度共同组成：

$$\tau_{ff}=c'+(\sigma_f-u_a)_f\tan\varphi'+(u_a-u_w)_f\tan\varphi^b \tag{4-1}$$

式（4-1）为非饱和土的双应力变量抗剪强度公式，又称为延伸的摩尔库仑强度公式。式中：τ_{ff}为峰值抗剪强度（kPa）；c'为有效黏聚力（kPa）；$(\sigma_f-u_a)_f$为破坏时在破坏面上的净法向应力（kPa）；φ'为有效内摩擦角（°）；u_{af}为破坏时在破坏面上的孔隙气压力（kPa）；（u_a-u_w）$_f$ 为破坏时破坏面上的基质吸力（kPa）；u_{wf}为破坏时的孔隙水压力（kPa）；φ^b 表示为抗剪强度随基质吸力增加而增加的速率（°）。

在常规直剪仪中，试样与大气相通，有 $u_a=0$，式（4-1）改写为：

$$\tau_f=c+\sigma_v\tan\varphi+u_s\tan\varphi^b \tag{4-2}$$

式中：τ_f 为峰值抗剪强度（kPa）；σ_v 为上覆压力（kPa）；u_s 为破坏时的基质吸力（kPa）；c 为总黏聚力（kPa）；φ 为内摩擦角（°）。

在 τ^p-σ 平面上，式（4-2）通常表现为线性关系。因此又可改写为：

$$\tau_f=c_{app}+\sigma_v\tan\varphi \tag{4-3}$$

式中：c_{app}为表观黏聚力（kPa），饱和度相同时为常数。由下式决定：

$$c_{app}=c+u_s\tan\varphi^b \tag{4-4}$$

式（4-1）中的 φ^b 在低基质吸力范围内，通常表现为常数，即相同的基质吸力变化产生相同的抗剪强度变化。当吸力值较大时，φ^b 不再表现为常数，此时非饱和土的抗剪强度与基质吸力之间的关系是非线性的。

图 4-1 表示为一典型、非线性的基质吸力破坏包线。可以看出，在低基质吸力下，φ^b 约等于 φ'，但在高基质吸力下有所降低。假设试样初始饱和，在垂直法向压力下变形稳定，并维持基质吸力为零。此时土体的抗剪强度等于饱和抗剪强度，为 $c'+(\sigma-u_a)\tan\varphi'$。此时试样初始状态用 A 点表示。

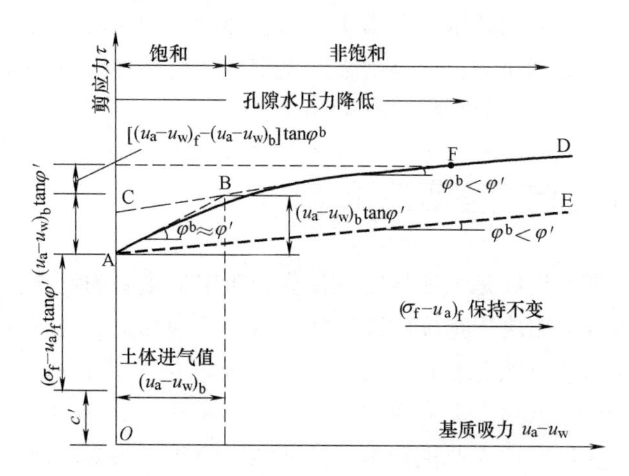

图 4-1　基质吸力与剪应力破坏包线的非线性

现在在维持净法向应力不变的情况下，增加孔隙气压力以产生正的基质吸力。低基质吸力下，少许水分排出，试样体积收缩，但仍处于饱和状态。此时，孔隙水压力和总法向应力对抗剪强度的影响取决于内摩擦角 φ'，抗剪强度随基质吸力增加而增加的程度仍由 φ'决定。只要试样一直处于饱和状态，剪应力与基质吸力的破坏包线的倾角 φ^b 仍等于 φ'，见图 4-1 中的 AB 段，其中 B 点对应的基质吸力值约为试样的进气值。这表明只要土体是饱和的，即使孔隙水压力为负值，饱和土的抗剪强度公式仍然适用。

假定土在不同净围压下的进气值是相同的。当基质吸力超过土体的进气值时，空气进入土中，孔隙水部分排出，试样处于非饱和状态。由于只有部分孔隙水被排出，因此基质吸力的增加而引起的抗剪强度的增加，不如净法向应力的增加引起的抗剪强度增加的多。图 4-1 表明，当基质吸力增大到超过 B 点所对应的值时，φ^b 减小到低于 φ'。此时宜采用净法向应力（$\sigma-u_a$）和基质吸力（u_a-u_w）来描述它们对非饱和土抗剪强度的影响。

为解决剪应力与基质吸力破坏包线的非线性问题，常用的方法是将破坏包线分成两个线性部分。图 4-1 中的破坏包线可采用直线 AB 和 BD 来近似代替原始曲线。当基质吸力小于（u_a-u_w）$_b$时，破坏包线的倾角为 φ'，交纵坐标于 A 点；当基质吸力大于（u_a-u_w）$_b$时，破坏包线的倾角为 φ^b，交纵坐标于 C 点。若从 A 点作一条倾角为 φ^b 的直线 AE。可以看出，若直接采用 BD 段的倾角作为 φ^b，求得的抗剪强度偏低，此时估算的抗剪强度是偏于保守的。

根据上述分析，我们可以通过非饱和裂隙性膨胀土的直剪试验成果及基质吸力测定结果，建立相应的抗剪强度模型，获得不同裂隙形态下非饱和膨胀土的一般抗剪强度规律。

4.2 非饱和土吸力理论与毛细作用

4.2.1 非饱和土吸力理论

非饱和土抗剪强度理论中，需要获得试验时试样的吸力。通常认为，土中吸力是反映土中水的自由能状态，水的自由能可用土中部分蒸气压来表示。研究表明，土中吸力与孔隙水的部分蒸气压之间的热动力学关系可用式表示：

$$\psi=-\frac{RT}{\nu_{w0}\omega_v}\ln\left(\frac{\bar{u}_v}{\bar{u}_{v0}}\right) \tag{4-5}$$

式中：ψ——土的吸力或总吸力（kPa）；

R——通用气体常数［8.31432，J/(mol K)］；

T—绝对温度［$T=273.16+t$，(K)］；

t——温度（℃）；

ν_{w0}——水密度的倒数（m^3/kg）；

ω_v——水蒸气的分子量（18.016，kg/kmol）；

$\bar{u}_v$——孔隙水的部分蒸气压（kPa）；

$\bar{u}_{v0}$——同一温度下，纯水平面上方的饱和蒸气压（kPa）。

式（4-5）表明，吸力的定量是以纯水平面上方的蒸气压作为基准的。式（4-5）中括号内的比值称为相对湿度 RH（%）。如果选择 20℃作为温度基准，式（4-5）中的常数项为 135022kPa，则式（4-5）可改为：

$$\psi=-135022\ln\left(\frac{\bar{u}_v}{\bar{u}_{v0}}\right) \tag{4-6}$$

可以看出，当相对湿度为 100%时，土中吸力为零；当相对湿度小于 100%时，土中有吸力存在。对岩土工程而言，我们关心的是相对湿度较高的吸力范围，因为在这范围内的吸力变化对土体工程性质有显著的影响。

1. 土中吸力的组成

根据相对湿度确定的土中吸力通常称为总吸力，它有两个组成部分：基质吸力和渗透吸力。各自定义分别如下：

总吸力为土中水的自由能：它是通过量测与土中水处于平衡的部分蒸气压（相对于与自由纯水处于平衡的部分蒸气压）而确定的等值吸力。

基质吸力为土中水自由能的毛细部分：它是通过量测与土中水处于平衡的部分蒸气压（相对于与溶液处于平衡的部分蒸气压）而确定的等值吸力。

渗透吸力为土中水自由能的溶质部分：它是通过量测与溶液（具有与土中水相同成分）处于平衡的部分蒸气压（相对于与自由纯水处于平衡的部分蒸气压）而确定的等值吸力。

上述定义清楚表明，总吸力相当于土中水的自由能，而基质吸力和渗透吸力是自由能的组成部分，可用式（4-7）表示如下：

$$\psi=(u_a-u_w)+\pi \tag{4-7}$$

式中：(u_a-u_w) 为基质吸力；u_a 为孔隙气压力；u_w 为孔隙水压力；π 为渗透吸力。

表 4-1 为加拿大萨斯喀彻温省用作路基的两种填土的基质吸力、渗透吸力和总吸力典型值。Regina 黏土是一种高塑性无机黏土，液限为 78%，塑限为 31%。冰碛土的液限为 34%，塑限为 17%。上述两种土按标准压实后的吸力值见表 4-1，其中总吸力及其组成部分是分开量测的，结果表明基质吸力与渗透吸力之和等于土的总吸力。

Regina 黏土的典型吸力值（Krahn & Fredlund，1972） **表 4-1**

土的种类	含水率(%)	基质吸力 (u_a-u_w)(kPa)	渗透吸力 π(kPa)	总吸力 ψ(kPa)
Regina 黏土	30.6(最优)	273	187	460
	28.6	354	202	556
冰碛土	15.6(最优)	310	290	600
	13.6	556	293	849

2. 吸力量测设备

常见的量测基质吸力、渗透吸力及总吸力的试验设备列于表 4-2。每种设备的测试原理和应用范围将在后续章节详细说明。

土中吸力量测设备 **表 4-2**

设备名称	量测吸力名称	范围(kPa)	备注
湿度计	总吸力	100～8000	恒温环境
滤纸法	总吸力、基质吸力	全范围	与湿土良好接触时可测基质吸力，不接触时测总吸力
张力计	负孔隙水压力或基质吸力（孔隙气压力为一个大气压）	0～90	注意气蚀现象和通过陶瓷头的空气扩散问题

续表

设备名称	量测吸力名称	范围(kPa)	备注
零位型压力板仪	基质吸力	0～1500	轴平移技术，量测范围与陶瓷进气值有关
热传导传感器	基质吸力	0～400＋	使用不同孔隙尺寸陶瓷传感器的间接量测方法
挤液器	渗透吸力	全范围	同时使用张力计或量测导电率

4.2.2 毛细作用

毛细作用与总吸力中的基质吸力部分密切相关，基质吸力对土体的工程性质影响显著。水的上升高度和水面的曲率半径与土的含水率-基质吸力关系（土水特征曲线，SWCC）有直接联系。这种联系对于曲线的脱湿与吸湿阶段是不完全相同的，这种不同的现象可用毛细作用模型解释。

1. 毛细上升高度

考虑在大气中将一细小玻璃插入水中的情况，玻璃管直径用来模拟土中孔隙的平均大小（图 4-2）。由于收缩膜上的表面张力及水要浸湿玻璃管表面的趋势，水将沿着毛细管上升。这种毛细现象可用于弯液面周边的表面张力 T_s 分析。表面张力 T_s 的作用方向与垂直面成 θ 角度，称为接触角，其大小取决于收缩膜分析与毛细管材料之间的黏着程度。

由于重力作用，毛细水的上升高度有限。当上升高度部分的水柱重量与表面张力的垂直分量相等时，毛细水停止上升，达到平衡状态。上升高度可由式（4-8）求得：

$$2\pi r T_s \cos\theta = \pi r^2 h_c \rho_w g \tag{4-8}$$

式中：r 为毛细管的半径；T_s 为水的表面张力；θ 为接触角，即 T_s 与毛细上升方向的夹角；h_c 为毛细上升高度；g 为重力加速度。

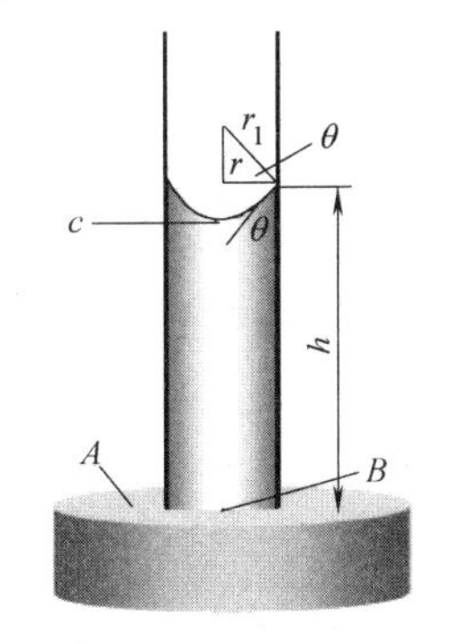

图 4-2　毛细作用现象及其物理模型

将式（4-8）整理可得水在毛细管中的最大上升高度 h_c 为：

$$h_c = \frac{2T_s}{\rho_w g}\frac{\cos\theta}{r} \tag{4-9}$$

玻璃管的半径相当于土中孔隙的半径。式（4-9）表明，土中的孔隙半径越小，毛细上升高度越大。实际土中由于孔隙分布不均匀，毛细上升高度与计算值有所差异。

2. 毛细压力

图 4-2 所示毛细作用系统中的 A、B、C 点均处于静水平衡状态。在 A 点与

B 点，水压力等于大气压力，取 A 点和 B 点处的水面作为基准面，则 A 点与 B 点处的总水头亦为零；C 点位于基准面以上 h_c 高度处，由于 C 点的总水头亦要为零，因此 C 点的压力水头等于其位置水头的负值，即 C 点的水压力为：

$$u_w = -\rho_w g h_c \tag{4-10}$$

毛细管中 A 点以上的水压力为负值，这表明，毛细管中的水是处于张拉状态。另一方面，在静水压力作用下，A 点（即水面）以下的水压为正值。在 C 点，空气压力等于大气压力（即 $u_a=0$），水压力为负值。因此 C 点处的吸力表示为：

$$u_a - u_w = \rho_w g h_c \tag{4-11}$$

将式（4-9）代入式（4-11）中，可根据表面张力计算得到基质吸力：

$$u_a - u_w = \frac{2T_s\cos\theta}{r} \tag{4-12}$$

上述研究表明，毛细管中的表面张力具有支撑一定高度水柱的能力。收缩膜上的表面张力在毛细管壁上产生反作用力。反作用力的垂直分力在管壁上产生压应力。换言之，水柱的重量通过收缩膜传递到毛细管上。对土体来说，在毛细区（非饱和区），收缩膜使土结构内的压应力增加，因此非饱和土中的基质吸力会使土的抗剪强度增大。

3. 毛细上升高度及半径效应

毛细上升高度及曲率半径对毛细作用的影响见图 4-3。在半径为 r 的洁净毛细管中，纯水的最大毛细上升高度为 h_c，见图 4-3（*a*）。但是水在毛细管的上升可能受管的长度限制，见图 4-3（*b*）。毛细上升高度的减小将导致接触角增加。管径对毛细上升作用有显著影响，分别见图 4-3（*c*）和图 4-3（*d*）。在这两种情况中，管子其中一段的半径比原管径要大。在毛细上升高度的半中腰若有扩径现象，则水在扩径段的底面停止上升（图 4-3*c*）。非均匀的毛细管径可能使毛细上升作用无法充分发挥。另一方面，如果将毛细管的扩径部分浸没水下，使其充满水后再提出水面，则毛细上升作用可得到充分发挥（图 4-3*d*）。

土中的毛细上升作用也会受孔隙大小分布的影响，如图 4-3（*e*）所示。土中的水面能够通过土中不大于半径 r 的连续孔隙上升到毛细高度 h_c。如果土柱的高度延长，也有可能出现大于 h_c 的毛细上升高度。这出现在孔隙半径小于 r 的情况。但在土柱的中间部分有大孔隙时，水面就不能继续上升。

上述毛细管模型也适用于解释天然土体中的毛细上升作用。土中孔隙大小的不均匀分布会导致土水特征曲线出现滞后现象。在浸湿和干燥过程中，对应于同一基质吸力的含水率是不同的，如图 4-3（*c*）和图 4-3（*d*）的情况。此外，浸湿过程中向前推进界面的接触角与干燥过程中的倒退界面的接触角是不一样的。上述因素以及土中可能存在的封闭气泡是造成土水特征曲线产生滞后的主要原因。

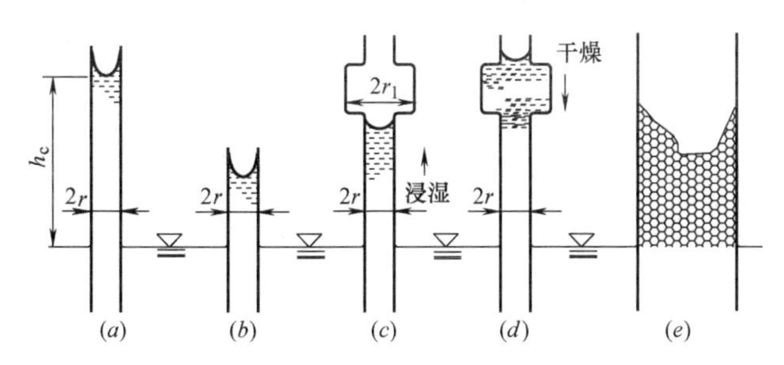

图 4-3　毛细管高度及半径对毛细作用的影响

4.3　吸力量测原理与方法

环境及外荷载的改变会使土体含水率发生变化。渗透吸力对含水率的变化不是很敏感，因此总吸力的变化主要反映基质吸力的变化，它的量测很重要。土中水的自由能（即总吸力）可根据测得土中水的蒸气压或土中的相对湿度来确定。因此，总吸力可用湿度计直接量测土中的相对湿度；或者采用滤纸间接测定土中的相对湿度，让滤纸与土中的吸力相平衡。基质吸力的测量方法主要包括轴平移装置、张力计、热传导传感器等。

4.3.1　湿度计法

热电偶湿度计可用于量测土的总吸力，实际上是量测土孔隙中的气体或土附近空气的相对湿度。相对湿度与总吸力的关系见式（4-5）。热电偶湿度计有两种基本类型，一种是湿环型，另一种是 Peltier 型。两类湿度计的工作原理都是测出无蒸发面和有蒸发面之间的温差，这两个面的温差与相对湿度有直接关系。它们的主要区别是为了增加蒸发量而采用的加湿蒸发接点的方式不同。湿环型湿度计中，蒸发接点是靠向小银环中注入一滴水来进行加湿的；而在 Peltier 型湿度计中，蒸发是靠 Peltier 电流通过蒸发接点来引起的。Peltier 电流将接点冷却到凝点以下，使微量水在接点上凝结。Peltier 型湿度计在岩土工程中是最常用的，其主要工作原理是 Seeback 效应和 Peltier 效应。湿度计适用于量测土中的高吸力，且由于量测条件要求恒温，因此一般不宜使用湿度计在现场量测总吸力，可将原状土样取回试验室在控温环境中量测。

湿度计的率定，就是要确定湿度计中的热电偶电压输出值与已知总吸力值之间的函数关系。率定时，应将湿度计悬挂于已知渗透吸力的盐溶液上方。率定过程应在密闭容器中进行。盐溶液通常置于容器底部，化学成分为 NaCl 或 KCl 溶液。NaCl 或 KCl 溶液在不同浓度和温度下的渗透吸力值见表 4-3 和表4-4。

NaCl 溶液的渗透吸力（Lange，1967） 表 4-3

摩尔浓度(mol·L^{-1})	0℃	7.5℃	15℃	25℃	35℃
0	0.0	0.0	0.0	0.0	0.0
0.2	836	860	884	915	946
0.5	2070	2136	2200	2281	2362
0.7	2901	2998	3091	3210	3328
1.0	4169	4318	4459	4640	4815
1.5	6359	6606	6837	7134	7411
1.7	7260	7550	7820	8170	8490
1.8	7730	8035	8330	8700	9040
1.9	8190	8530	8840	9240	9600
2.0	8670	9025	9360	9780	10160

KCl 溶液的渗透吸力（Campbell & Cardner，1971） 表 4-4

摩尔浓度(mol·L^{-1})	0℃	10℃	15℃	20℃	25℃	30℃	35℃
0	0.0	0.0	0.0	0.0	0.0	0.0	0.0
0.1	421	436	444	452	459	467	474
0.2	827	859	874	890	905	920	935
0.3	1229	1277	1300	1324	1347	1370	1392
0.4	1628	1693	1724	1757	1788	1819	1849
0.5	2025	2108	2148	2190	2230	2268	2306
0.6	2420	2523	2572	2623	2672	2719	2765
0.7	2814	2938	2996	3057	3116	3171	3226
0.8	3208	3353	3421	3492	3561	3625	3688
0.9	3601	3769	3846	3928	4007	4080	4153
1.0	3993	4185	4272	4366	4455	4538	4620

4.3.2 滤纸法

量测土中吸力的滤纸法是在土壤学领域的基础上发展起来的，长期在农业土壤学方面广泛应用。该方法遵循热力学相关原理，当土体-滤纸-水蒸气达到平衡时，由滤纸的平衡含水率来反映土体的吸力值。从理论上说，滤纸法可用于测定土中的总吸力或基质吸力。滤纸是作为一种传感介质来使用的，属于测定土中吸力的间接法。当干的滤纸放在土样上并与土样直接接触时，土中水分便流向滤纸并达到平衡；当干的滤纸悬置于土样上方时，水蒸气将从土中进入滤纸并达到平衡。量测达到平衡时滤纸的含水率，结合率定曲线便可求得相应的土体吸力值。

换言之，当滤纸与土体直接接触时，滤纸的平衡含水率相当于土体的基质吸力；当滤纸与土体不直接接触时，滤纸的平衡含水率相当于土体的总吸力（图 4-4）。

滤纸的量测与率定技术并无统一标准，可参照美国材料试验学会（ASTM）的标准执行。滤纸必须是无灰尘的定量分析滤纸，常用的两种滤纸是 Whatman No. 42 型和 Schleicher No. 589 型，其典型尺寸为 55mm 直径圆状。滤纸法使用的主要设备包括密封容器、绝缘箱、高精度天平、烘箱及干燥器等。试验时将土样与滤纸放在密封容器中若干天以达到平衡，并将密封容器放置于绝缘箱中。绝缘箱必须保持恒温。

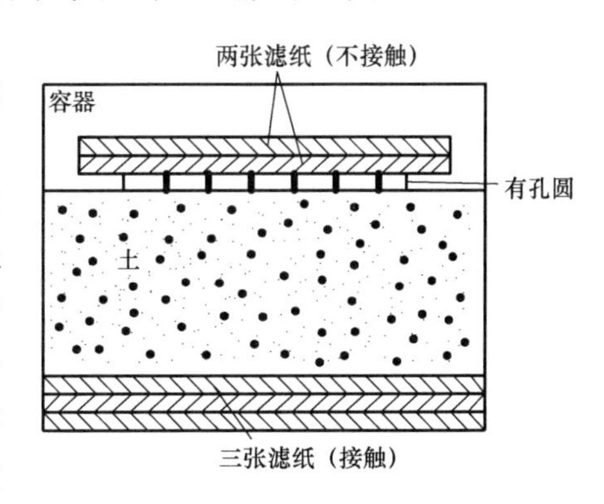

图 4-4　滤纸法测定土体基质吸力与总吸力示意图

采用滤纸法量测土体吸力时，滤纸的初始状态应为完全干燥。这是因为目前已知的率定曲线都里用起始状态为完全干燥的滤纸进行率定的，如果滤纸初始状态为湿，那么需要采用起始为湿的滤纸重新建立率定曲线。因此无特殊要求的话，滤纸都要先放烘箱里烘烤若干小时，然后将烘干后的滤纸冷却后放干燥器中储存。为减小平衡所需时间，土样要基本装满容器。采用“不接触”法时，将两张干滤纸放在带孔的有机玻璃圆盘上，圆盘置于土样上方（图 4-4）；采用“接触”法时，将三张滤纸叠放在一起放在土样上，与土样直接接触（图 4-4）。中间滤纸用于量测吸力，外层两张滤纸主要用于保护中间滤纸不受土体的污染。

滤纸和土样放置完成后，应立即将容器密封并置于恒温箱中。通常情况下，滤纸中的吸力需要至少 7 天才能达到平衡。试验完成后，需采用镊子等设备将滤纸迅速取出，放于小容器中盖紧称重。随后将滤纸烘干再称重，即可求得滤纸含水率。需要注意的是，称重时间必须快速，以减少滤纸水分的变化。

滤纸的率定曲线可根据滤纸同已知渗透吸力的盐溶液达到平衡时的含水率来确定。从原理上看，滤纸的率定与前述湿度计的率定方法相同。滤纸应悬挂在不小于 50cm^3 的盐溶液正上方，目的是保证达到平衡和量测含水率的方法与量测土中吸力时采用的方法相同。将不同的滤纸含水率与相应的渗透吸力点绘在一起，即可获得率定曲线，见图 4-5。可以看出，Whatman No. 42 型（Fawcett & Collis George，1967）和 Schleicher & Schuell No. 589 型（McQueen & Miller，1968）滤纸的率定曲线方程均分别由两个直线段组成，分别见式（4-13）和式（4-14）。有了相应的率定曲线方程，根据滤纸平衡含水率即可求得土体的平衡吸力值。

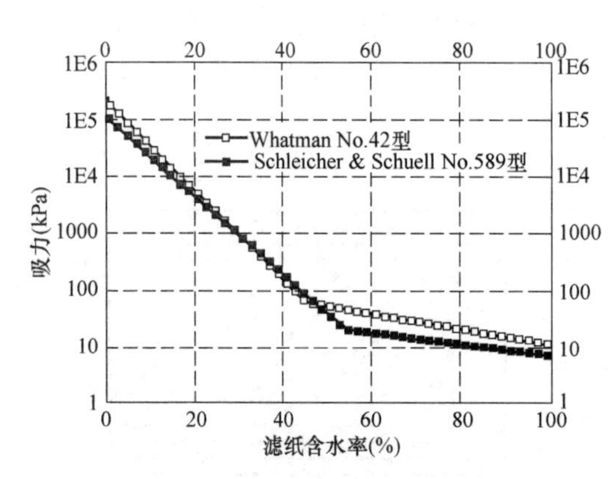

图 4-5　Whatman No. 42 型和 Schleicher No. 589 型滤纸的率定曲线

$$\lg(u_s)=\begin{cases}5.327-0.0779w & w\leqslant 45.3\% \\ 2.412-0.0135w & w>45.3\%\end{cases} \tag{4-13}$$

$$\lg(u_s)=\begin{cases}5.506-0.0688w & w\leqslant 53.8\% \\ 1.882-0.0102w & w>53.8\%\end{cases} \tag{4-14}$$

4.3.3　轴平移技术

进行非饱和土相关试验时，如果孔隙水压力接近负一个大气压力（－101.3kPa）时，量测系统中的水压力将会出现气蚀现象，导致量测系统中充满气体。此时量测系统中的水会被迫进入土中，量测过程无法正常开展。为避免量测低于零绝对压力的孔隙水压力，此时需采用轴平移技术来解决。

轴平移技术的原理是：将基准压力（孔隙气压力）平移，使孔隙水压力能以正的空气作为量测基准。在非饱和土试样中施加不同的外部空气压力，使土内孔隙气压力等于外加空气压力。其结果会使得试样内的孔隙水压力与外加空气压力产生相同的变化，也就是将孔隙水压力与孔隙气压力同时增大一定值（即平移的概念），但土中吸力仍保持不变。由于孔隙水压力被增加到正值，因此能够在没有气蚀现象出现的情况下对其进行测量。

轴平移技术的核心是：必须能够控制孔隙气压力，并且能够控制或量测孔隙水压力。目前常见的做法是借助于封闭在仪器底座的高进气值陶瓷板来控制孔隙水压力。高进气值陶瓷板是一种人工多孔陶瓷板，具有许多均匀小孔，这些小孔能够在空气和水之间起隔膜作用（图 4-6）。使用前需将陶瓷板充水饱和，在孔隙水压力和孔隙气压力的作用下，在陶瓷板内部形成收缩膜。收缩膜将陶瓷板表面众多小孔（假设半径为 R_s）联结起来。收缩膜上方的空气压力与收缩膜下方水压力之间的差值即定义为基质吸力。陶瓷板所能保持的最大基质吸力称为进气值，可用 Kelvin 公式表示：

$$(u_a-u_w)_d=\frac{2T_s}{R_s} \tag{4-15}$$

式中：$(u_a-u_w)_d$ 为高进气值陶瓷板的进气值；T_s 为收缩膜或水-气分界面的表面张力（20℃时，72.75mN/m）；R_s 为收缩膜的曲率半径或最大孔隙的半径。

研究表明，表面张力 T_s 随温度变化很小，因此进气值主要取决于最大孔隙的半径。半径越小，进气值越大。若土中的基质吸力不超过陶瓷板的进气值时，此时空气不能正常通过陶瓷板，而水可以流动。一旦土中基质吸力超过陶瓷板的进气值，那么空气就会穿过陶瓷板而进入到量测系统，导致孔隙水压力量测出现误差。

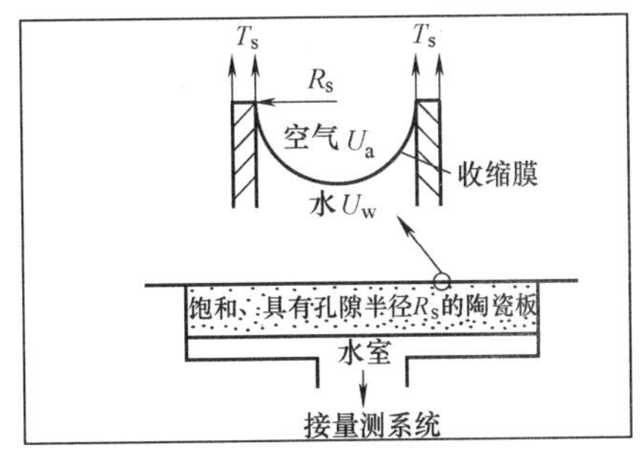

图 4-6　Kelvin 毛细作用模型下的高进气值陶瓷板工作原理

图 4-7 和图 4-8 分别为 Saskatchwan 大学和 Olson & Langfelder（1965）研制的基于轴平移技术的压力板仪。这两种压力板仪能够控制压力室内的气压与高进气值陶瓷板底部的水压，进而可以控制试样的基质吸力。一般情况下，轴平移技术在试验室内能够相当精确地测出负孔隙水压力，这种技术最适用于具有连续气相土体的基质吸力测量。如果存在封闭气泡，测得的基质吸力值会偏高。此外，通过高进气值陶瓷板的空气扩散，会使测得的基质吸力偏低。

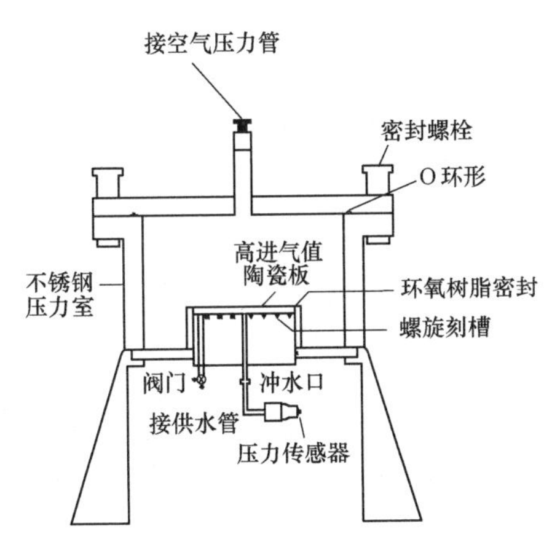

图 4-7　压力板仪（Saskatchwan 大学）

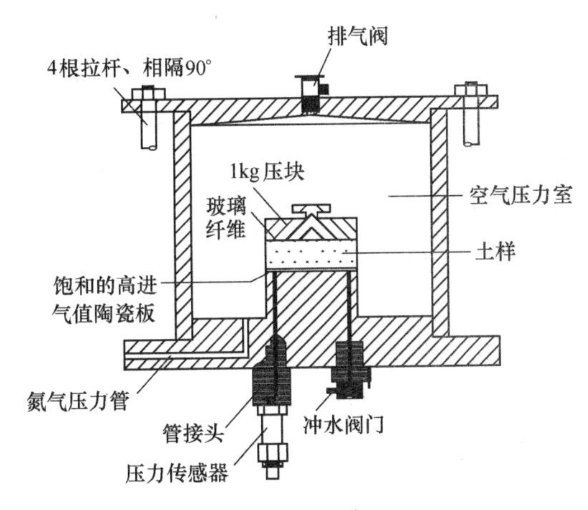

图 4-8　压力板仪（Olson & Langfelder）

4.3.4　张力计法

张力计可用于直接量测土中的负孔隙水压力。图 4-9 为常规张力计的三种类型。张力计由高进气值多孔陶瓷头与压力量测装置组成。两者用一根透明硬质小管相连，具有导热性低、稳定性好、不腐蚀等特点。小管和陶瓷头用去除空气的蒸馏水充满，同时陶瓷头也要饱和。使用时将饱和好的陶瓷头插入到预先挖好的孔中并与土体接触良好。

当土和量测系统之间达到动态平衡时，张力计中的水将与土中孔隙水具有相同的负压力。自然条件下张力计能测定的孔隙水压力极限值为－90kPa，这是因

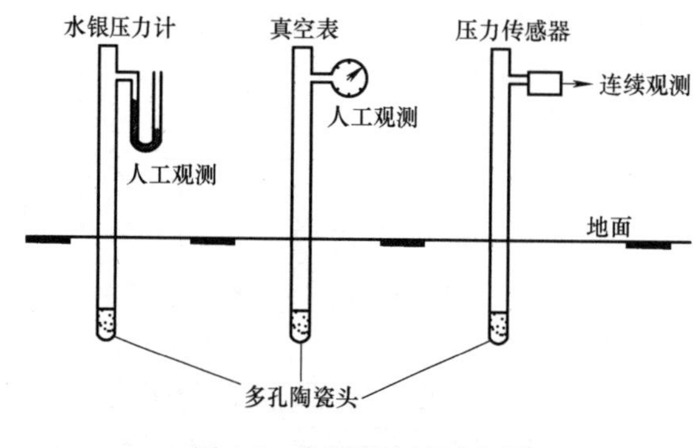

图 4-9　常规张力计示意图

为张力计中的水易出现气蚀现象。当孔隙气压力等于大气压力时，测得的负孔隙水压力在数值上与基质吸力相等；当孔隙气压力大于大气压力时，张力计的读数与周围孔隙气压力相加才等于土体基质吸力。要量测的基质吸力不得大于陶瓷头的进气值。另外，由于可溶性盐能够自由进出陶瓷头，因此张力计不能量测土体的渗透吸力。

张力计直接测得的负孔隙水压力读数并不是土体的基质吸力，还与张力计的陶瓷头与读数装置位置之间的距离有关，这个距离可近似用管子长度来表示。管子越长，修正的数值越大。例如，管长为 1.5m 的修正压力为 15kPa。此时若实际读数为 50kPa，那么土体的真实基质吸力应为 65kPa。

张力计的维护和使用可参见相关文献。张力计读数的正确与否，关键在于装置内是否存在气泡、陶瓷头是否饱和、陶瓷头与土体接触是否良好、土体水分范围是否超过张力计量程等问题。由于管中水易出现气蚀现象，这极大地限制了张力计的使用范围，因此张力计适用于基质吸力较低（通常小于 90kPa）的土体。目前常见的张力计包括喷射注入式张力计、小插头式张力计、快拔型张力计等。

4.3.5　热传导法

由热力学原理可知，导热是依靠物质微粒的热振动而实现的。产生导热的必要条件是物体的内部存在温度差，即热量由高温部分向低温部分传递。土的导热特性同土中含水率密切相关，而与土体中盐分含量几乎没有关系。水的导热性能比空气要好，因此土的热传导性能随着含水率的增加而增加。另一方面，含水率对应于土体的孔隙水压力（非饱和状态时为基质吸力），因此可根据土体的热传导性能间接获得土体的基质吸力。根据上述原理，诸多研究团队研发了热传导传感器来开展土体基质吸力的测量，已经呈现市场化。现有市场的热传导传感器出厂前已经完成率定，可根据使用说明直接用于现场土体基质吸力的测定。

图 4-10 为 AGWA-2 型热传导传感器示意图。热传导传感器由微型加热器和温感元件的多孔陶瓷探头组成。多孔陶瓷探头的热传导随陶瓷探头含水率的变化而变化，而陶瓷探头的含水率取决于周围土体施加给探头的基质吸力。使用前要率定多孔陶瓷探头的热传导与施加的基质吸力的关系，率定关系确定后便可用于

量测基质吸力。使用时，将传感器放置于土中，使其与土中孔隙水压力达到平衡，根据率定关系和实测的热传导即可求出土中的基质吸力。

热传导量测的是多孔陶瓷探头内部的热扩散程度。在陶瓷探头中心部位安置微型加热器，可产生一定热量。此热量的一部分将扩散到探头的各个部位，扩散量与扩散速率等与陶瓷探头内部水分有关，陶瓷探头的含水率越大，热扩散的越多；剩余未扩散的热量将使陶瓷探头中心部位的温度上升。经过一定时间后的温度上升值可由温敏元件测定，其大小与陶瓷探头的含水率成反比。温度上升值由电压信号输出，经过校正转换后可获得陶瓷探头的含水率，进而求得土中的基质吸力。

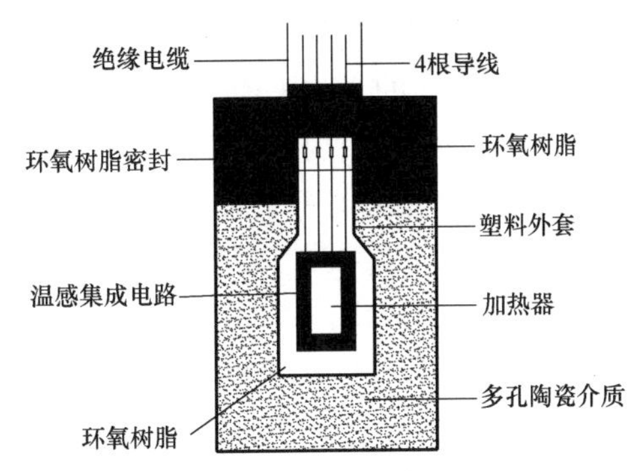

图 4-10　AGWA-2 型热传导传感器的断面图（Phene，1971）

4.4　裂隙膨胀土试样制备及吸力量测

4.4.1　制备方法

试样尺寸对干湿循环作用效果有较大影响。若试样过小，受尺寸的影响，蒸发条件下的裂隙不易生成；试样过大，则又会存在制样不均、工作量大等困难。为寻求合适的试样尺寸，首先进行了不同尺寸试样的干湿循环试验，以期获得不同尺寸下对裂隙发育的影响程度。通常情况下，边坡工程中膨胀土除了土体自重外并无其他外荷载作用，仅考虑了干湿循环对膨胀土性能的影响；另外本节的重塑样颗粒均过 2mm 筛，采用轻型击实仪制备的试样，既可以较好反映干湿循环引起的试样结构变化，又能显著减小制样的工作量。试样制备过程如下：

（1）将土样碾碎后过 2mm 筛并烘干，然后按要求加水至指定含水率后混合均匀，置于密封箱内不少于 24 小时。

（2）采用轻型击实仪制大圆状试样，击实高度 40mm。击实结束后将试样取出整平饱和。然后将试样置于室内恒温（25℃）环境下，并采用微型电风扇吹试样表面以加速蒸发。转面与试样表面平行。试验过程中定期称量试样质量，当其基本保持不变时认为一个脱湿过程完成。

（3）由于试样尺寸较小（ϕ102mm×60mm），剪切试样是在大样上切取而得，切取部位位于大样正中间，同时将上下部分多余土体均匀切削，因此可认为剪切试样内部水分均匀分布。对于吸湿过程，有研究采用试样失水稳定后再饱和的方法来模拟。实际雨水通常只从土体上表面渗入，侧面及底面为排气界面，此时土体并不一定达到完全饱和状态，上述方法存在一定局限性。本文采用加湿器喷雾至试样表面的方法来模拟自然降雨，当试样质量保持不变时认为吸湿过程完成，然后置于密封箱内不少于 24 小时。至此一个干湿循环完成。

图 4-11 为经历了若干次干湿循环后试样表面形态。可以看出，随着干湿循环次数的增加，主裂隙首先生成，形态特征明显；当循环至一定次数后，主裂隙边缘土颗粒剥落，形态逐渐模糊，并有新的小裂隙生成，土体表面破碎程度加剧，这与实际情况下的裂隙发育过程较一致。因此采用上述方法能很好地模拟实际情况下土体受干湿循环作用而产生的裂隙。

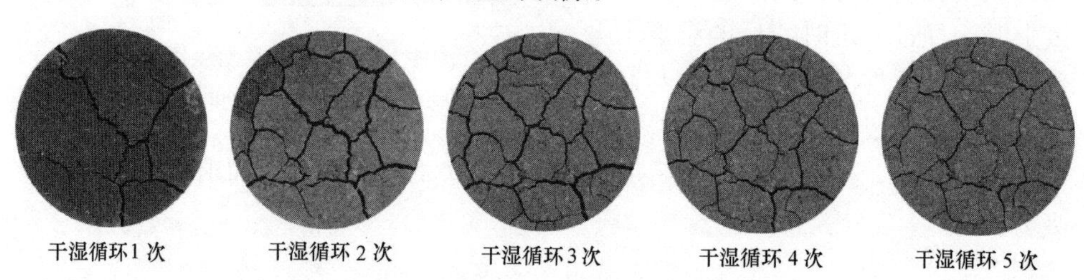

图 4-11　干湿循环下膨胀土裂隙发育过程

4.4.2　吸力量测方法—滤纸法

目前大部分吸力测定仪所测得的吸力值，反映的是相同初始状态试样在不同饱和度下的结果，试验过程中水分变化导致土体结构变化这一因素未能考虑，而土体基质吸力与水分及内部结构形态密切相关，传统仪器的测定结果与实际情况有较大差异。试样是在失水至不同含水率的条件下获得的，并且伴随着裂隙的开展，也就是说不同含水率的试样，裂隙的发育程度也不一样。采用常规吸力测试设备测得的是初始状态相同的试样的一系列试验点，而此处不同时刻的试样，含水率和裂隙形态均不相同，即初始状态并不相同。若采用常规试验仪器进行测量，一方面试样受到限制难以形成裂隙，不能完全地反映干湿循环产生的裂隙特征；另一方面，若直接采用裂隙试样进行试验，试验结果只能大致反映初始试样的特征，并不能获得由于含水率变化会引起裂隙形态变化这一特征对基质吸力的影响。事实上，随着试样含水率的降低，裂隙逐渐开展，吸力受含水率及裂隙形态的共同影响。

滤纸法可获得任意状态下土体的总吸力和基质吸力，测试原理清晰，测试设备简单，不干扰土体的状态，适用于大批量的作业。采用滤纸法测土样的基质吸力，首先要获得滤纸的率定曲线，即滤纸含水率与对应吸力之间的定量关系。美国材料试验学会（ASTM）推荐使用 Whatman No. 42 型无灰级定量滤纸来测定土体的基质吸力，其率定关系见式（4-13）。有了率定关系，就可以利用滤纸法来间接获得不同裂隙试样的基质吸力。本节采用 ASTM 的推荐公式进行计算，试样也分别量测实际体积和质量，得平均体积含水率，从而可获得试样的土水特征曲线。

4.5 裂隙膨胀土强度试验

目前测定土体抗剪强度的室内试验方法主要有直剪试验和三轴试验。Fredlund 提出了可利用直剪试验来确定不同含水率试样的抗剪强度。直剪试验适用于各种土质，试样用量少，操作简单，边界条件易控制，对大批量的试验尤为合适。对非饱和土来讲，由于其排水路径短，达到破坏所需的时间比三轴试验要短得多，因此本节采用室内直剪仪进行了不排水剪试验，研究不同裂隙形态对膨胀土抗剪强度的影响规律。

4.5.1 试验方案

本节主要考虑了不同的试验含水率、初始干密度、干湿循环次数等试验方案。试验方案见表 4-5，其中试样在脱湿状态下取得。由于干湿循环引起试样结构破碎松散，试验开始前的试样干密度与初始值有所差异。因此在完成滤纸法试验后，笔者采用蜡封法测定了不同试样的干密度，并测定了相应的含水率。结果表明，试验完成后不同试样的干密度基本相同（表 4-5），比初始干密度有所增大，平均值为 1.7g/cm^3，故本节认为不同试样的初始状态相同。

直剪试验方案 **表 4-5**

干密度(g·cm^{-3})		孔隙比	含水率(%)	饱和度(%)	干湿循环次数
试验前	试验后	试验后	试验后		
1.68	1.74	0.563	8.09	38.7	1
	1.72	0.581	13.52	63.3	
	1.72	0.581	17.34	81.1	
	1.7	0.600	20.72	93.9	
	1.68	0.619	22.75	饱和	
	1.73	0.572	8.23	39.1	2
	1.71	0.591	13.65	62.9	
	1.7	0.600	17.62	79.9	
	1.69	0.609	20.11	89.7	
	1.67	0.629	22.93	饱和	
	1.71	0.591	8.35	38.5	3
	1.7	0.600	13.77	62.4	
	1.69	0.609	17.81	79.5	
	1.67	0.629	20.26	87.6	
	1.65	0.648	23.75	饱和	

4.5.2 试验步骤

（1）制样。根据前述裂隙试样生成方法制得了含裂隙的大试样。当试样含水率达到试验指定要求时，首先利用拍照法获取相应的裂隙图像，计算得出相应的裂隙图像灰度熵。当土体含水率满足试验要求时，用螺旋式千斤顶缓慢地将环刀压入试样约 30mm。压入速率不宜过大，尤其对于含水率低的试样，其表现出较高硬度和较大脆性，压入速率过快易使试样产生脆性断裂。对此笔者开展了不同压入速率的取样试验，结果表明对于含水率低的试样，压入速率不宜超过 0.3mm/s；对于含水率高的试样，压入速率不宜超过 0.8mm/s。压入指定深度后，将上部环刀移开，削去下部环刀外侧土样测含水率。环刀及内部试样进行称重，由实测含水率可获得试验土样的初始干密度，进而可获得初始饱和度。

（2）装样剪切。试验装置为南京土壤仪器厂生产的电动应变控制式直剪仪，位移计量程 10mm，最小刻度 0.01mm。将取好的试样放置于直剪仪中，施加上覆荷载直至变形稳定后，以恒定剪切速率（0.013mm/s）进行不排水快剪，保证试样在 3～5min 内完成剪切。

（3）基质吸力测定。由于基质吸力存在滞后效应，在该时间段内基质吸力不断变化，想要精确测定某时刻的吸力很困难。假定试验完成后采用滤纸法测定的剪切面处基质吸力值即为试样剪切过程中的平均基质吸力，即试样基质吸力在剪切过程中近似不变。整个试验过程采用有机玻璃板代替透水石，同时在储水槽内填满湿棉，以保证试样水分保持恒定。由于直剪试验结果反映的是土体固定剪切面处的抗剪性能，因此需要获得土体该处的基质吸力。直剪试验完成后，利用切土刀沿着剪切面将试样均匀切开，将三张滤纸（中间直径为 45mm，上下两张直径为 55mm）叠好放置在试样切开面处并与两部分切开样紧密接触后，用隔水薄膜将整体密封，置于密封箱内不少于一周（图 4-12）。由于试样是重塑膨胀土样，其塑性性能较好，同时滤纸也是可变形的材料，因此对于部分试样剪切面稍有凸凹不平的，可采用滤纸紧贴某剪切面，然后将另一半土样贴紧轻压的方法尽量保证试样与滤纸紧密接触。然后将中间滤纸迅速称重烘干测定其含水率，即可求得试样剪切面处的基质吸力；同时测定试样最终含水率；结合不排水直剪试验结果，即可获得干湿循环下非饱和膨胀土基质吸力对抗剪强度的影响规律。此外，为了更好地研究干湿循环下膨胀土饱和抗剪强

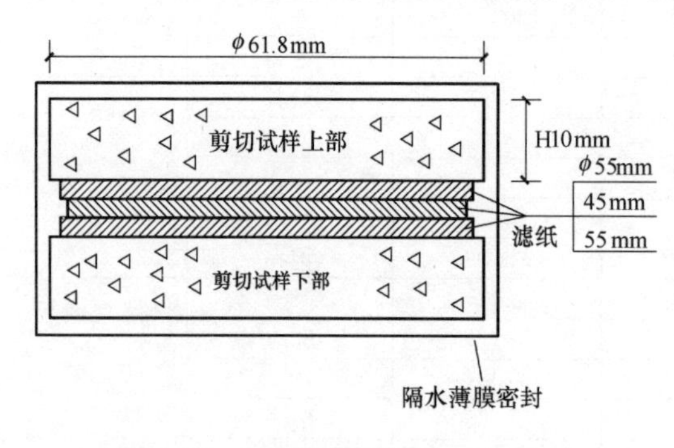

图 4-12　滤纸法测基质吸力示意图

度的变化特征及其与非饱和抗剪强度指标的关系，笔者还进行了不同干湿循环次数下饱和试样的排水慢剪试验，此时试样是在高含水率状态下取出并饱和而成。

4.5.3 试验结果与分析

1. 饱和抗剪强度

不同干湿循环次数下饱和试样的抗剪强度与法向应力关系见图 4-13，抗剪强度与法向应力呈较好的线性关系，计算求得饱和试样的抗剪强度指标见表4-6。可以看出，随着干湿循环次数的增加，试样有效黏聚力和内摩擦角不断减小。经历三次干湿循环后的试样，其黏聚力比初始试样的降低了 44%，内摩擦角降低了 11.6%。这表明，干湿循环会降低土体的抗剪强度，其中对土体黏聚力的削弱程度远大于对内摩擦角的削弱程度。黏聚力可看作是粒间粘结或胶结引起的剪阻力，在土颗粒之间尚未产生相对位移时所发挥的主要抗剪能力，与外加法向应力无关。内摩擦角可看作是颗粒间的咬合及摩擦作用产生的摩擦力的代表性参数，与剪切面上的法向应力正相关。黏聚力是控制边坡稳定性的第一要素，一旦边坡产生变形，黏聚力会迅速丧失，此时主要由内摩擦角来提供抗剪能力。

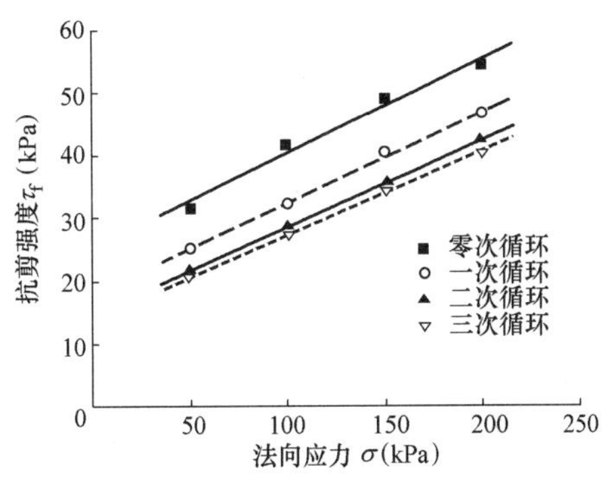

图 4-13 饱和试样抗剪强度与法向应力关系

饱和试样抗剪强度参数 **表 4-6**

抗剪强度指标	干湿循环次数			
	$n=0$	$n=1$	$n=2$	$n=3$
c'(kPa)	25.2	18.2	14.8	14.1
φ'(°)	8.6	8.2	7.8	7.6

2. 考虑基质吸力的抗剪强度模型

由于非饱和抗剪强度是研究重点，故将经历不同干湿循环次数下试样的抗剪强度与上覆压力关系绘于图 4-14，由于非饱和试样进行的是不排水剪，故此时求得的抗剪强度指标为总应力强度指标。试验结果表明，试样的抗剪强度与上覆压力可近似为线性关系，干湿循环次数相同时，随着含水率的降低，抗剪强度逐渐增大；随着干湿循环次数的增加，抗剪强度又逐渐减小。干湿循环作用导致土体结构松散和裂隙发育，破坏了土体的完整性。脱湿条件下，土体水分丧失引起收缩，土颗粒接触更紧密，摩擦强度得到提高；另一方面，土体结构破碎松散又会降低抗剪强度。可以看出，干湿循环引起土体结构破碎松散而导致抗剪强度降低，而土体水分丧失引起饱和度降低，这又会提高土体的抗剪强度。因此土体在经历干湿循环后，其抗剪强度受到土体结构性及饱和度两个因素的共同影响，采用单一因素都不能真实反映土体抗剪强度的变化特征。而这本质上是土体基质吸力产生了变化，进而影响了土体的抗剪强度。

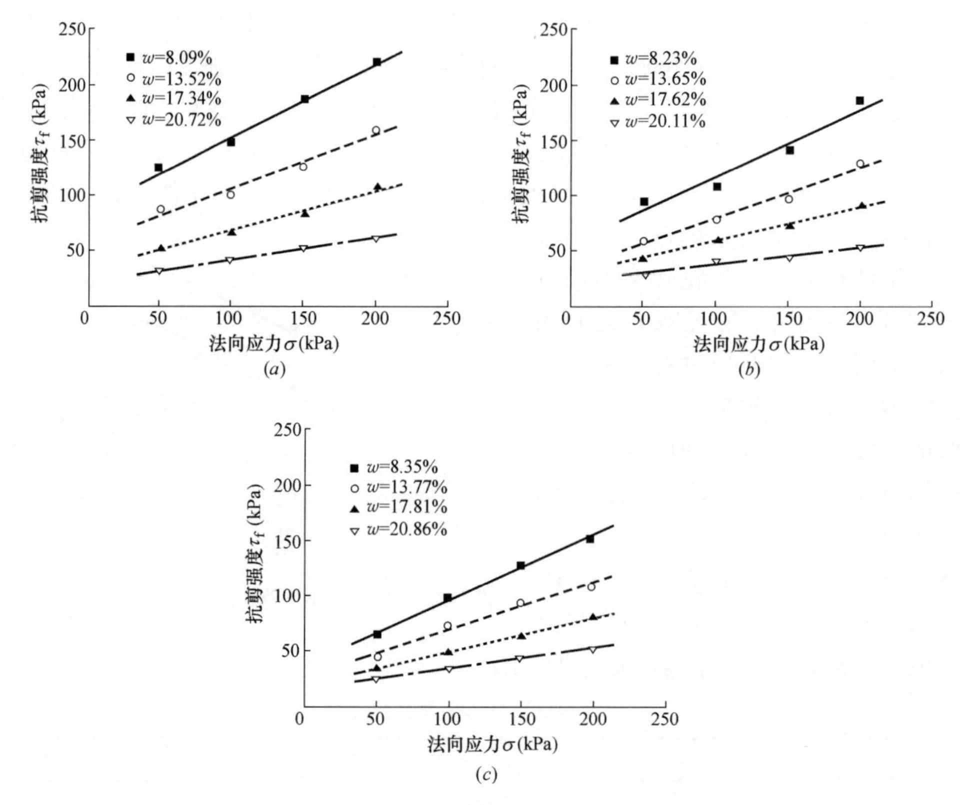

图 4-14　不同含水率试样的抗剪强度与上覆压力关系

(a) 干湿循环 1 次；(b) 干湿循环 2 次；(c) 干湿循环 3 次

根据前述方法，作者对非饱和剪切破坏试样进行了滤纸法测定基质吸力试验，并将不同干湿循环次数下膨胀土的基质吸力与抗剪强度指标关系绘于图4-15中。可以看出，抗剪强度指标的对数值与基质吸力呈现较好的线性关系，拟合结果列于图 4-15 中。这表明，土体抗剪强度随着基质吸力的增加而非线性增大，增大速率逐渐减小。当基质吸力超过一定值时，其对抗剪强度的贡献保持不变。本节取土体的残余基质吸力作为对抗剪强度影响的上限值，即当土体的基质吸力超过残余基质吸力时，基质吸力的增大对抗剪强度没有影响。此外有研究表明，土体从饱和状态开始失水产生基质吸力，引起土体收缩和水分排出，但此时仍处于饱和状态。只要土体是饱和的，低基质吸力对土体的抗剪强度几乎没有贡献，饱和土的抗剪强度公式仍然适用。综上所述，可得在全吸力范围内非饱和膨胀土抗剪强度模型为：

$$\tau_f=\begin{cases} c'+\sigma\tan\varphi' & u_s\leqslant u_{sb} \\ (a_1+b_1\lg u_s)+\sigma\tan(a_2+b_2\lg u_s) & u_{sb}<u_s<u_r \\ (a_1+b_1\lg u_r)+\sigma\tan(a_2+b_2\lg u_r) & u_s\geqslant u_r \end{cases} \tag{4-16}$$

式中：u_{sb}为土体的基质吸力进气值，u_r 为基质吸力残余值（kPa）；a_1、a_2、b_1、b_2 分别为 c_{ap}、φ_{ap}与基质吸力的拟合参数。由式（4-16）可以计算出全吸力范围下非饱和膨胀土的抗剪强度。

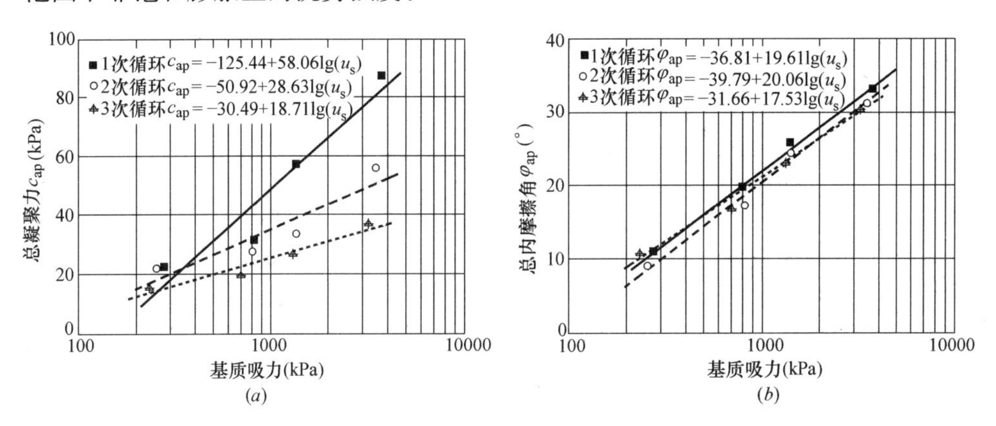

图 4-15 非饱和抗剪强度指标与基质吸力关系

（a）总凝聚力；（b）总内摩擦角

3. 考虑裂隙的抗剪强度模型

研究表明，灰度熵较低时，裂隙发育不明显，此时饱和度较高，土体强度主要受饱和度的影响，强度值较低。灰度熵逐渐增加时，饱和度逐渐降低，而裂隙不断开展。饱和度的降低（基质吸力增加）会提高土体的强度，而此时会带来裂隙的开展，其会破坏土体的完整性。裂隙发育初期，由于裂隙规模不大，对强度的影响有限，此时饱和度仍然是影响强度的主要因素，实际强度仍在增大，只是增大趋势趋缓。随着灰度熵的继续增加，裂隙规模不断扩大，土体破碎形态进一步加剧，虽然饱和度仍在降低，但此时土体强度主要受到结构性的影响，且当饱和度降低到一定程度时，仅有的水分在土颗粒之间形成的液桥作用面积非常小，虽然表面张力很大，但连接颗粒之间的作用力非常小，不能有效地提高土体的强度。此时强度并不随着饱和度的降低而继续增加，而是逐渐稳定，加上裂隙破坏了土体的结构性，实际强度达到某一峰值后开始下降。

可以看出，裂隙随着饱和度的降低而开展，且随干湿循环的进行裂隙规模不断扩大。试样表面最终形态与初始形态相比有明显的变化，试样结构松散破碎，表面裂隙的面积不断增大，因而灰度熵随着裂隙的开展而增大。试验结果发现，峰值抗剪强度并不一定随着裂隙的开展而降低，也不一定随着饱和度的降低而增加，而是与两者共同作用有关。根据图 4-14 试验结果，将峰值抗剪强度指标与相应的灰度熵、饱和度关系一并绘于图 4-16 中。结果表明：不同试样饱和度的变化对灰度熵的影响规律较为一致，即饱和度的降低会带来灰度熵的增加，表现为一种单调特征；随着灰度熵的不断增加，试样的抗剪强度呈现出先增大后降低的一般规律，尤其以黏聚力更为明显。这表明，单独采用灰度熵或饱和度来反映非饱和裂隙膨胀土抗剪强度的规律存在不足。

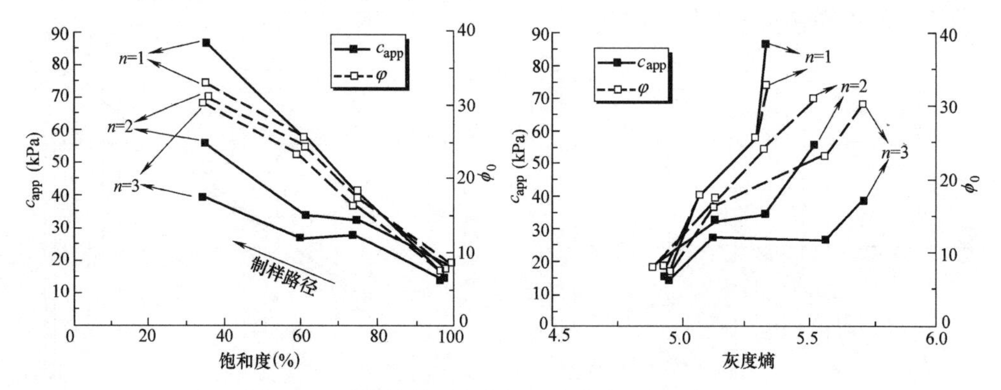

图 4-16　峰值抗剪强度指标与饱和度、灰度熵关系

通过分析比较，建议采用如下公式进行拟合，建立适用于描述裂隙膨胀土强度的经验表达式：

$$f(D_f,S_r)_i=x_i+a_iD_f+b_iD_f^2+c_ie^{-S_r} \tag{4-17}$$

式中：$f(D_f, S_r)_i$ 为峰值黏聚力（$i=1$）或峰值内摩擦角（$i=2$）；x_i、a_i、b_i 和 c_i 为拟合参数；S_r 为饱和度；D_f 为灰度熵。拟合结果如下：

$$c_u^{peak}=-1168.43+399.77D_f+(-42.68)D_f^2+205.19e^{-S_r} \tag{4-18}$$

$$\varphi_u^{peak}=-690.92+243.91D_f+(-22.82)D_f^2+59.64e^{-S_r} \tag{4-19}$$

实测值与计算值关系见图 4-17。可以看出，采用式（4-17）来描述强度指标与灰度熵、饱和度之间的关系是合适的。由试验结果可以看出，土体的抗剪强度指标与灰度熵表现为先增加后减小的趋势，故采用二次函数来表征灰度熵对强度的影响，当 $b_i<0$ 时存在极大值。这表明随着灰度熵的增加，抗剪强度先增大后减小，存在一极大值。当灰度熵逐渐增大时，若灰度熵小于该极大值，此时饱和度是影响强度的主要因素，裂隙影响不明显，抗剪强度逐渐增大，但增大幅度变缓。随着裂隙的开展，灰度熵继续增加，裂隙对强度的影响越来越明显，逐渐抵消部分由于饱和度的降低而增加的强度。当灰度熵超过该值时，裂隙开始起主导作用，饱和度的影响位居次要，抗剪强度反而逐渐降低。因此在分析非饱和裂隙

膨胀土的强度特性时，应同时考虑裂隙和饱和度的共同影响，根据裂隙的不同形态和饱和度来初步判断土体的强度，并区分影响土体强度的主要因素和次要因素，即此时土体强度主要是受裂隙的控制还是饱和度的控制。只有区分了影响土体强度的主要因素，才能在实际工程中确定合理的施工方法，提高施工效率。

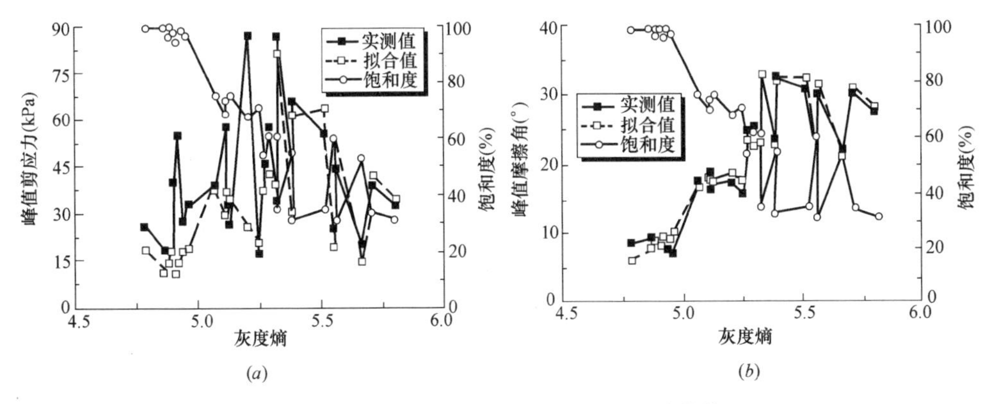

图 4-17　峰值抗剪强度指标实测值与计算值

(a) c_u^{peak}；(b) φ_u^{peak}

参 考 文 献

[1] Khattab S A A, AI Taie, L KH I. SWCC for lime treated expansive soil from Mosul City [J]. Geotechnical Special Publication, 2006, 1671-1682.

[2] Puppala A J, Punthutaecha K, Vanapalli S K. Soil-water characteristic curves of stabilized expansive soils [J]. Journal of Geotechnical and Geoenvironmental Engineering, 2006, 132 (6): 736-751.

[3] Fredlund M D, Wilson G W, Fredlund D G. Use of the grain-size distribution for estimation of the SWCC [J]. Canadian Geotechnical Journal, 2002, 39: 1103-1117.

[4] Simms P H, Yanful E K. Predicting SWCC of compacted plastic soils from measured pore-size distributions [J]. Geotechnique, 2002, 4: 269-278.

[5] Kong L W, Tan L R. A simple method of determining the SWCC indirectly [J]. Unsaturated Soils for Asia, 2000, 341-345.

[6] Aubertin M, Mbonimpa M, Bussiere B etc. A model to predict the water retention curve from basic geotechnical properties [J]. Canadian Geotechnical Journal, 2003, 40: 1104-1122.

[7] 龚壁卫，周小文，周武华. 干湿循环过程中吸力与强度关系研究 [J]. 岩土工程学报，2006，28 (2)：207-209.

[8] Fredlund D G, Morgenstern N R, Widger R A. The shear strength of unsaturated soils [J]. Canadian Geotechnical Journal, 1978, 15: 313-321.

［9］ 徐永福. 非饱和土强度理论及其工程应用［M］. 南京：东南大学出版社，1999.

［10］ MIU Lin-chang. Research of soil-water characteristics and shear strength features of Nanyang expansive soil［J］. Engineering Geology，2002，65：261-267.

［11］ 缪林昌，殷宗泽. 非饱和土的剪切强度［J］. 岩土力学，1999，20（3）：1-6.

［12］ 俞茂宏. 线性和非线性的统一强度理论［J］. 岩石力学与工程学报，2007，26（4）：662-669.

［13］ 卢肇钧，吴肖茗，孙玉珍等. 膨胀力在非饱和土强度理论中的应用［J］. 岩土工程学报，1997，19（5）：20-27.

［14］ 刘华强. 膨胀土边坡稳定的影响因素及分析方法研究［D］. 南京：河海大学，2008.

［15］ Vanapalli S K，Fredlund D G，Pufahl D E. Model for the prediction of shear strength with respect to soil suction［J］. Canadian Geotechnical Journal，1996，33：379-392.

［16］ 詹良通，吴宏伟. 非饱和膨胀土变形和强度特性的三轴试验研究［J］. 岩土工程学报，2006，28（2）：196-201.

［17］ Williams A，Jennings JE. The in-situ shear behavior of fissured soil［C］. Proc. 9th IC-SM FE，Tokyo，1977.

［18］ Adachi T. Soil-water coupling analysis of progressive of cut slope using a strain softening model［J］. Slope Stability Engineering，1999，333-338.

［19］ 黄琨，万军伟，陈刚等. 非饱和土的抗剪强度与含水率关系的试验研究［J］. 岩土力学，2012，33（9）：2600-2604.

［20］ 张家俊. 干湿循环条件下裂隙、体变与渗透特性研究［D］. 广州：华南理工大学，2010.

［21］ 徐彬，殷宗泽，刘述丽. 膨胀土强度影响因素与规律的试验研究［J］. 岩土力学，2011，32（1）：44-50.

［22］ 吕海波，曾召田，赵艳林，卢浩. 膨胀土强度干湿循环试验研究［J］. 岩土力学，2009，30（12）：3797-3802.

［23］ Oloo S Y，Fredlund D G. A method for determination of b for statically compacted soils［J］. Canadian Geotechnical Journal，1996，33（2）：272-280.

［24］ Fredlund D G，Rahardjo H. Soil Mechanics for Unsaturated Soils［M］. Beijing：China Building Industry Press，1997.

［25］ WUJunhua，YUAN Junping，Ng C W W. Theoretical and experimental study of initial cracking mechanism of an expansive soil due to moisture-change［J］. Journal of Central South University，2012，19（5）：1437-1446.

［26］ Houston S L，Houston W N，Wagner A M. Laboratory filter paper suction measurements［J］. Geotechnical Testing Journal，1994，17（2）：185-194.

［27］ 白福青，刘斯宏，袁骄. 滤纸法测定南阳中膨胀土土水特征曲线试验研究［J］. 岩土工程学报，2011，33（6）：928-933.

［28］ Sposito G. The thermodynamics of soil solutions［M］. New York：Oxford University Press，1981.

[29] Leong E C, He L, Rahardjo H. Factors affecting the filter paper method for total and matric suction measurements [J]. Geotechnical Testing Journal, 2002, 25 (3): 322-333.

[30] ASTM D5298-03. Standard Test Method for Measurement of Soil Potential (Suction) Using Filter Paper [S], 2007, WestConshohocken, ASTM International.

[31] Chandler R J, Crilly M S. A low cost method of assessing clay desiccation for low-rise buildings [M]. Proc. Inst. Civ. Engrs., 1992.

[32] Marinho, Fernando A M, Oliveira, Orlando M. The filter paper method revisited [J]. Geotechnical Testing Journal, 2006, 29 (3): 250-258.

第5章　裂隙性膨胀土边坡稳定计算方法

在工程建设中经常会遇到边坡稳定性问题，如路堑边坡开挖、路堤边坡填筑、基坑开挖等均会涉及稳定性问题。土坡由于丧失原有稳定性而滑动，称为滑坡。滑坡是一种常见的工程现象，一旦出现后果很严重，因此有必要开展土质边坡的稳定性研究，必要时采用适当的工程措施。膨胀土属于黏性土，因此黏性土边坡稳定计算方法同样适用于膨胀土边坡。然而膨胀土是一种特殊性黏土，具有多裂隙性、强烈胀缩性和超固结性等特殊性质。由于膨胀土中裂隙的存在，导致雨水入渗通道增多，入渗深度增加，渗流力增大，吸力降低，土体软化，导致抗剪强度降低；另一方面，在干湿循环作用下，裂隙规模不断扩大，土体破碎程度加剧，深部土体受水分长期浸泡后强度降低；另外，裂隙面作为潜在的软弱滑动面，其强度明显低于土体强度。可以看出，裂隙对膨胀土的强度、变形、渗流等性质有着重要的影响，也正是由于裂隙的存在，产生了一系列特殊的膨胀土工程问题，如膨胀土滑坡的浅层性、牵引性。因此研究裂隙对膨胀土边坡稳定性的影响具有重要的理论价值。

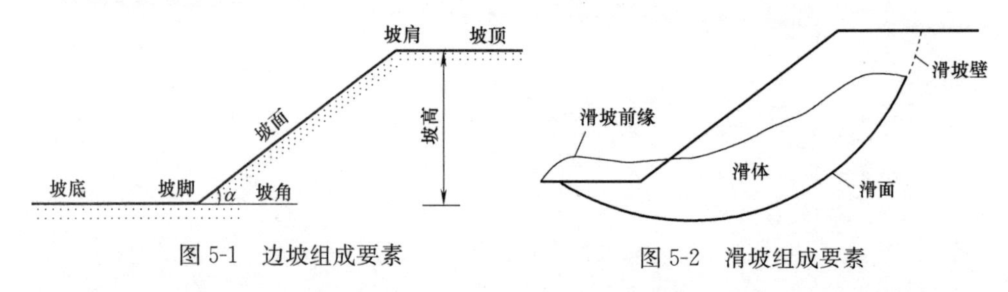

图 5-1　边坡组成要素　　图 5-2　滑坡组成要素

图 5-1 和图 5-2 分别为边坡组成要素和滑坡组成要素。土质边坡滑动失稳的主要原因有以下两种情况：

(1) 土坡外部因素的变化。作用在土坡上的力的变化破坏了土体内部原来的应力平衡状态。如路堑或基坑的开挖，是由于土体自身重力的变化而导致土体原来应力平衡状态的改变；路堤的填筑或坡面上有荷载作用时，土坡内部的应力状态也会变化；地震力、渗流力及人工动力等作用也会破坏土体原有的应力平衡状态，最终导致边坡坍塌。

(2) 土坡内部因素的变化。这里主要是指土体抗剪强度受外界各种因素的影响而降低，导致土坡失稳破坏。如干湿循环作用导致土体裂隙发育、结构松散，抗剪强度降低；土坡内部受雨水入渗或地下水位上升等使土体含水率增大，抗剪强度降低；土坡附近受人为震动（打桩、爆破等）和自然震动（地震等）引起土体液化，抗剪强度降低。

通常膨胀土滑坡具有浅层性、牵引性、平缓性等特殊性，干湿循环作用形成的裂隙、反复湿胀干缩形成的强超固结性是产生上述特殊性的重要诱因。例如坡比 1∶6 的膨胀土边坡仍然会产生滑动；也有一些膨胀土边坡，坡比 1∶2 至 1∶2.5，历经数十年却仍保持稳定状态。此外，换填非膨胀性土的方法是一种相当有效处理膨胀土边坡的方法，但加固后计算的危险滑动面基本上仍处于膨胀土内，用传统方法计算获得的安全系数并无显著提高。不同坡比下的膨胀土边坡，其干湿循环影响范围不尽相同。膨胀土边坡坡面在无裂隙发育的情况下，坡比越大，越有利于雨水的排泄，避免土体长期受雨水浸泡导致强度、变形和渗透性能的改变；但坡比越大，自身的稳定性亦在降低。这表明，对于膨胀土边坡，既不能太陡，也不能太缓。寻找出合适的边坡坡比，既能保证自身稳定性较高，同时又能很好的排泄地表水，避免受雨水长期浸泡致强度降低。传统的边坡稳定分析方法难以解决膨胀土边坡的稳定性问题，究其原因在于遭受有计算方法尚未完全考虑膨胀土的主要特点。因此以稳定安全系数作为边坡稳定性判断依据的传统稳定分析方法，并不完全适用于膨胀土边坡，亟须寻找更合适的参数来分析和评价膨胀土边坡的稳定性。裂隙发育的膨胀土边坡，降雨时雨水沿着裂隙向土体深部下渗聚集，雨水经过的土体体积膨胀软化，强度降低；同时水分由坡顶向坡底渗流过程中产生渗流力，增大了下滑力，边坡稳定系数降低。同时膨胀土具有明显的超固结性，一旦产生较大剪切变形，土体抗剪强度迅速衰减，这会进一步加速滑坡的产生。可见裂隙对膨胀土边坡稳定的影响非常重要，也正是由于裂隙的存在，导致膨胀土滑坡具有浅层性和牵引性等一般黏性土滑坡所不具备的特点。因此膨胀土边坡稳定性分析应考虑裂隙的影响。

目前成熟的边坡稳定计算方法有三种：统计比较判别法、极限平衡分析法和数值分析法。统计比较判别法是一种经验方法，对已有相似工程地质条件下的边坡进行数学统计和归纳，以求得边坡稳定所需的经验参数，可用于要求不高的中小边坡设计中。本章重点介绍极限平衡分析法和数值分析法在膨胀土边坡稳定研究中的应用，提出适用于膨胀土边坡失稳评判体系与指标，更好地服务于膨胀土边坡工程问题。

5.1 边坡失稳评判标准和稳定计算方法

5.1.1 失稳评判标准

5.1.1.1 安全系数法

对边坡土体进行受力分析，根据假定滑动面上滑体的静力平衡条件和莫尔-

库伦破坏准则，结合一系列假定条件，分别计算出滑体的下滑力（力矩）和抗滑力（力矩），并将安全系数定义为抗滑力（力矩）与下滑力（力矩）的比值。由静力学理论可知，当安全系数大于1时，滑体保持稳定；当安全系数小于1时，滑体将沿滑动面滑动；当安全系数等于1时，滑体处于极限状态。实际工程中考虑到各种因素的影响，通常要求边坡安全系数均大于1，一般取1.1～1.5。由此提出的典型稳定计算方法称为极限平衡分析法。

安全系数法的基本原理就是边坡的下滑力（力矩）大于抗滑力（力矩）时边坡就会失稳。但是边坡的下滑力（力矩）和抗滑力（力矩）很难准确获得，原因是边坡地质情况复杂、外部施工条件多变等，比如滑动面的位置、变形和力学参数、施工荷载大小和施工方式，地下水活动情况等均存在较大变数，所以从这一方向去提出边坡失稳判据是比较困难的。

5.1.1.2 变形控制法

上述边坡稳定分析方法是以安全系数来衡量边坡的稳定性，认为抗滑力小于下滑力导致边坡失稳，而且在分析过程中强度参数恒为常数。实际工程中，经常会遇到坡比1∶5～1∶6的膨胀土边坡仍会产生滑动，通过反分析计算得到的土体强度比现场取样测得的土体强度要小，说明采用安全系数来判断边坡的稳定并不一定完全适用于膨胀土边坡。我国相关部门颁布的边坡支护标准中，均要求对边坡位移进行监测，根据边坡位移的变化规律来评价边坡状态。这表明，变形可作为衡量边坡是否失稳的可靠指标。如果变形量较大，即使安全系数满足相关要求，仍可认为边坡已经失稳破坏，这与常规三轴试验中判断试样破坏的标准是相似的。但采用何处变形、什么变形参数作为评价指标，多大变形量是边坡失稳的判断标准，目前尚无系统研究。一旦引入变形作为边坡失稳的判断指标，就必须考虑强度-变形的耦合效应。另外，不同边坡的坡比、地质条件、岩土性、地下水、有无支护结构等的不同，对边坡失稳的影响也大不相同，不确定因素和无法量化的原因使失稳判据很难统一和量化。基于此，不同地区、不同行业、不同工程等针对各自特点提出了相应的行业规范。

《建筑边坡工程技术规范》GB 50330—2013中对边坡变形的控制提出了一般要求。规范指出：工程行为引发的边坡过量变形和地下水的变化不应造成坡顶建（构）筑物开裂及其基础沉降差超过允许值；支护结构基础置于土层地基时，地基变形不应造成邻近建（构）筑物开裂和影响基础的正常使用；应考虑施工因素对支护结构变形的影响，变形产生的附加应力不得危及支护结构安全。此外，我国相关部门颁布的边坡支护标准中，虽然均要求对边坡位移进行监测，但对监测点的布置、边坡位移监测时的位移预警值均未作明确规定，以致部分边坡支护工程在施工过程中，虽进行了边坡位移监测，但由于位移预警值尚无统一标准，导致施工人员未能及时采取有效措施进行控制，致使边坡变形持续增大，造成坡顶建（构）筑物开裂、倾斜等，影响建筑（构）筑物的正常使用，甚至出现重大工程事故。

目前部分地方和行业部门针对边坡中的一种特殊情况，即基坑的允许位移值做出了规定，这些规定主要集中在以下两类：(1) 一种是规定的基坑变形允许值与开挖深度有关，如《基坑土钉支护技术规程》JGJ 120—2012 和《深圳市深基坑支护技术规范》SJG 05—2011，其对深度大的基坑允许有较大变形；(2) 另一种是直接规定了基坑变形的允许值，如《上海市基坑工程技术规范》DGTJ 08—61—2010 和《广州地区建筑基坑支护技术规定》GJB 02—98，其变形预警值与开挖深度无关，而与开挖形式、支护结构等相关。以上两种规定各有适用范围，前一种强调的是边坡的整体稳定安全，即边坡位移在该允许变形范围内时，边坡整体稳定性能够得到保障。但如边坡高度较大，按此标准将允许其形成较大的边坡位移，此时可能对坡顶建（构）筑物及地下管线造成较大破坏；后一种则主要强调的是对坡顶建（构）筑物的保护，即在该允许边坡变形范围内，一般不会对坡顶的建（构）筑物产生较大破坏，若边坡位移接近预警值，其也可能处于临界状态，需要重点关注。

5.1.1.3　评判标准的选择

安全系数是衡量边坡是否稳定的核心指标，若计算求得的安全系数小于设计要求，则边坡处于不稳定状态，需要加固处治；若计算求得的安全系数大于设计要求，此时边坡是否稳定还需要结合位移控制法来评判。正如前节所述，坡比 1∶6 的膨胀土边坡仍会产生滑坡，此时计算求得的安全系数虽满足工程要求，但由于边坡产生了较大的变形，已不能满足工程的正常使用，因此对此滑坡的评判标准宜采用变形控制。目前现有的行业及地方标准规定的边坡允许位移除数值上有差异外，类型也不尽相同。不同类型各有优点，但也存在局限性。在边坡支护设计及施工过程中，坡顶若无需要保护的建（构）筑物或地下管线，可取坡高比例要求的边坡变形允许值作为预警值；坡顶若有需要保护的建（构）筑物和地下管线，除应提出按坡高比例要求的边坡变形允许值外，尚需提出直接的边坡变形允许值，两者取小值作为边坡变形预警值。这样才能有效保证边坡及坡顶建（构）筑物的安全。参考不同地方规范对边坡允许变形值以及《建筑边坡工程技术规范》GB 50330—2013、《建筑变形测量规范》JGJ 8—2007 和《建筑基坑支护技术规程》JGJ 120—2012 中的若干规定，一般情况下边坡位移预警值可按表 5-1 确定。若设计对边坡位移预警值另有规定时，按设计要求实施。在边坡支护施工过程中，如边坡位移量接近或超过预警值时，应暂缓开挖，查明边坡位移过大的原因，采取措施处理后再进行下一步的施工。

边坡位移建议预警值（单位：mm） **表 5-1**

安全等级	坡顶水平位移	坡顶竖向位移	围护结构位移
一级	$(0.003h)30$	$(0.003h)30$	50
二级	$(0.006h)60$	$(0.006h)60$	80
三级	$(0.008h)80$	$(0.008h)80$	100

注：h 为边坡高度，mm；括号内表示按坡高比例要求的边坡变形允许值；建议预警值取括号内、外数值的较小者。

5.1.2 极限平衡分析法

由摩尔-库仑强度理论可知，土的抗剪强度与法向应力 σ_n 有关。假定滑动面上各点的 σ_n 是未知数，为此将滑动土体划分成若干土条，采用近似方法求得土条底面平均 σ_n 和 τ，这就是"条分法"的来源。其基本思路：假定滑坡体和滑面以下土体均为刚体，滑面为连续面。滑面上各点的法向应力，采用如图 5-3（a）所示的条分法获得。每一土条 i 上的作用力见图 5-3（b）。

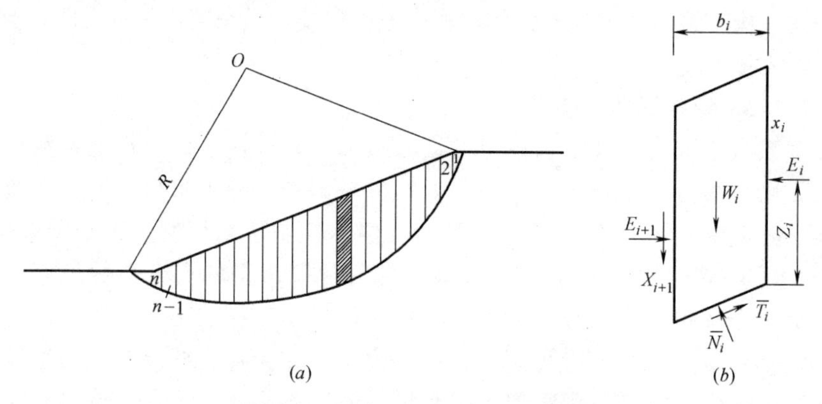

图 5-3　条分法及其土条受力分析

设在滑动体内土条总数为 n，任一土条 i 上的作用力和未知数如下：

（1）重力 W_i。$W_i=\gamma_i b_i h_i$，γ_i、b_i、h_i 分别为土条 i 的重度、宽度和高度；

（2）土条底面上的法向反力 N_i 和切向反力 T_i。假设 N_i 作用在土条底面中点，T_i 作用线平行于土条 i 的底面。n 个土条有 $2n$ 个未知数。按摩尔-库仑强度理论，N_i 和 T_i 有如下关系：

$$T_i=(c_i l_i+N_i\tan\varphi_i)/F_s \quad (i=1, n) \tag{5-1}$$

式中：F_s 为边坡安全系数。

式（5-1）表明抗剪强度的发挥程度与剪应力处于平衡状态。法向反力 N_i 和切向反力 T_i 在安全系数 F_s 与土体抗剪强度指标确定的条件下线性相关，n 个土条有 n 个独立未知量；

(3) 土条间法向作用力 E_i。n 个土条间接触面上的法向力大小、作用点均为未知量。对入坡土条的右侧面（图 5-3a 中土条 1）和出坡土条的左侧面（图5-3a 中土条 n）作用力为零或已知的外力，因此共有 $2n-2$ 个未知数；

(4) 土条间切向作用力 X_i。n 个土条间接触面上的切向力大小为未知量，无作用点。对入坡土条的右侧面（图 5-3a 中土条 1）和出坡土条的左侧面（图 5-3a中土条 n）作用力为零或已知的外力，因此共有 $n-1$ 个未知数；

(5) 安全系数 F_s。当滑面位置、土体抗剪强度指标和外力均能确定时，滑面上各点的剪应力和抗剪强度即为确定值，按式（5-1）可得滑面上各点的安全系数。我们假定整个滑面上各点的安全系数相同，则安全系数 F_s 为 1 个未知数。

由上可知，n 个土条在静力平衡条件下共有 $4n-2$ 个未知数，见表 5-2。将边坡稳定分析作为平面问题，对每个土条可分别列两个正交方向（如竖直方向和水平方向）的静力平衡方程和一个力矩平衡方程。n 个土条共计可列 $3n$ 个独立的方程。因此，未知数个数比方程数多 $n-2$ 个，只要土条数多于两条，边坡稳定分析问题即为超静定问题。此时需要增加方程个数或减少未知数个数，才可将该问题转变为静定问题。增加方程个数需要引入土的本构关系，由于考虑问题边界条件的复杂性，只能采用数值解法。对于极限平衡分析方法不考虑土的变形特性，只考虑土的静力平衡。这时需要引入附加假设条件，减少未知数，使方程数不少于未知数。附加的假设条件不同，将得到不同的稳定分析方法。应该指出，同一问题采用不同方法计算的安全系数也不同。当引入的假设条件多于 $n-2$ 个，使未知数的个数少于 $3n$ 个，解得的各土条上的作用力不能满足全部的 $3n$ 个静力平衡条件，这时称该法为近似方法；当引入的假设条件刚好等于 $n-2$ 个，使未知数的个数刚好等于 $3n$ 个，解得的各土条上的力能满足全部的 $3n$ 个静力平衡条件，这时称该法为“严格”方法。实际上所谓的“严格”方法仅满足了静力平衡条件，不满足土的变形协调条件，因此仍是近似计算方法。

条分法未知数统计 **表 5-2**

未知量	未知数个数
底面法向应力 N_i 和抗剪力 T_i	n
法向条间力 E_i 大小、作用点	$2n-2$
切向条间力 X_i	$n-1$
安全系数 F_s	1
共计	$4n-2$

下面简要介绍瑞典条分法、毕肖普条分法和简布条分法。

1. 瑞典条分法

瑞典条分法假设滑动面为圆弧面（图 5-4），不考虑条间力，即 $E_i=X_i=0$，减少 $2n-2$ 个未知数。则任一土条上的作用力包括土条自重 W_i，滑面上的抗剪力 T_i 和法向力 N_i。

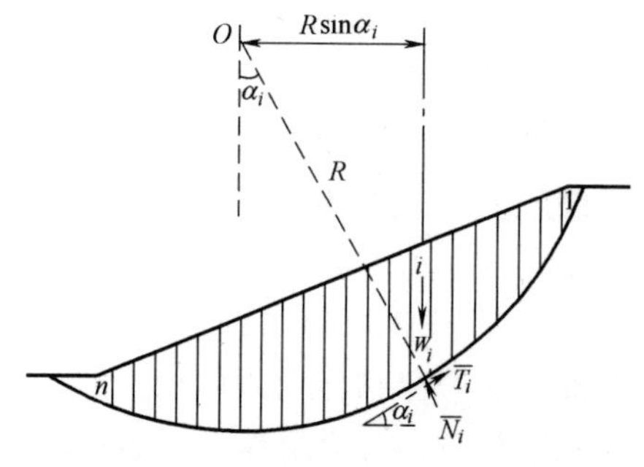

图 5-4 瑞典条分法受力分析

根据土条 i 的静力平衡条件有：

$$N_i = W_i \cos\alpha_i \tag{5-2}$$

设安全系数为 F_s，据库仑强度理论有：

$$T_i = \frac{1}{F_s} \times T_{fi} = \frac{c_i l_i + N_i \tan\varphi_i}{F_s} \tag{5-3}$$

整个滑动土体对圆心 O 取力矩平衡得：

$$\sum(W_i R \times \sin\alpha_i - T_i R_i) = 0 \tag{5-4}$$

将式（5-2）代入式（5-3）后再代入式（5-4），可得瑞典条分法计算公式：

$$F_s = \frac{\sum(c_i l_i + W_i \cos\alpha_i \tan\varphi_i)}{W_i \sin\alpha_i} \tag{5-5}$$

瑞典条分法是最古老而又最简单的方法，我国规范中建议边坡稳定分析采用该法，多年的计算也积累了大量的经验。该法由于忽略了条间力的作用，不能满足所有静力平衡条件，安全系数一般比其他较严格的方法偏低10%～20%，偏于保守。

2. 毕肖普条分法

毕肖普条分法也假定滑动面为圆弧面，它考虑了土条侧面的作用力，并假定各土条底部滑动面上的抗滑安全系数均相同，即等于滑动面的平均安全系数。毕肖普采用有效应力方法推导了边坡稳定计算公式。

任取一土条 i，其上的作用力有土条自重 W_i；作用于土条底面的切向抗剪力 T_i、有效法向反力 N'_i、孔隙水压力 $u_i l_i$；在土条两侧分别作用有法向力 E_i 和 E_{i+1} 及切向力 X_i 和 X_{i+1}，并令 $\Delta Xi = X_{i+1} - X_i$，如图 5-5 所示。图 5-5（$a$）为毕肖普条公法示意图，图 5-5（$b$）为第 i 个土条上的受力情况。

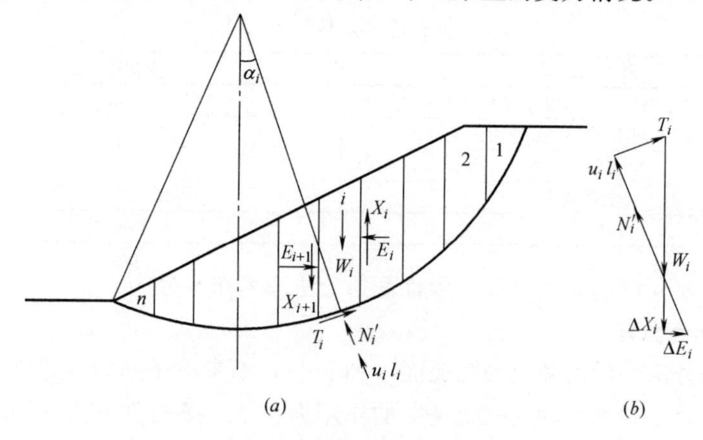

图 5-5 毕肖普条分法受力分析

当安全系数为 F_s 时，切向抗剪力 T_i 和法向反力 N_i 关系如下：

$$T_i=\frac{1}{F_s}(c'_i l_i+N'_i\tan\varphi_i) \tag{5-6}$$

取土条 i 竖直方向力的平衡，有：

$$W_i+\Delta X_i-T_i\sin\alpha_i-N'_i\cos\alpha_i-u_i l_i=0 \tag{5-7}$$

将式（5-6）代入式（5-7）得：

$$N'_i=\frac{1}{m_{\alpha_i}}(W_i+\Delta X_i-u_i b_i-\frac{1}{F_s}c'_i l_i\sin\alpha_i) \tag{5-8}$$

$$m_{\alpha_i}=\cos\alpha_i+\frac{\tan\varphi'_i}{F_s}\sin\alpha_i \tag{5-9}$$

整个滑动土体对圆心 O 求力矩平衡，此时相邻土条之间侧壁作用力的力矩将互相抵消，而各土条滑面上法向力 N_i 的作用线通过圆心，故有：

$$\sum W_i x_i-\sum T_i R=\sum W_i R\sin\alpha_i-\sum T_i R=0 \tag{5-10}$$

将式（5-8）代入式（5-6）后，再代入式（5-10），得：

$$F_s=\frac{\sum\frac{1}{m_{\alpha i}}[c'_i b_i+(W_i-u_i b_i+\Delta X_i)\tan\varphi'_i]}{\sum W_i\sin\alpha_i} \tag{5-11}$$

式（5-11）是毕肖普条分法计算边坡稳定安全系数的公式。式中 ΔX_i 仍是未知的。为使问题得解，毕肖普假设 $\Delta X_i=0$，而且研究表明这种简化对安全系数的影响仅为1%。因此，令 $\Delta X_i=0$，得到简化毕肖普条分法公式：

$$F_s=\frac{\sum\frac{1}{m_{\alpha i}}[c'_i b_i+(W_i-u_i b_i)\tan\varphi'_i]}{\sum W_i\sin\alpha_i} \tag{5-12}$$

用简化毕肖普条分法公式计算时，因公式右侧 $m_{\alpha i}$ 中也有安全系数 F_s，所以需要进行迭代计算。计算时先假定 F_s 等于1计算 $m_{\alpha i}$，再按式（5-12）求得到新的 F_s；如果算出的 F_s 不等于1，则用此 F_s 求出新的 $m_{\alpha i}$ 及 F_s。如此反复迭代，直至前后两次 F_s 非常接近为止。通常只要迭代4次即可获得满足精度的解，而且迭代通常总是收敛的。

3. 简布条分法

图5-6（a）为一任意已知滑动面的边坡，划分土条后，简布假定条间力合力作用点位置为已知，这样可减少 $n-1$ 个未知量。研究表明，条间力作用点的位置对边坡稳定安全系数影响不大，一般可假定其作用于土条底面以上1/3高度处，这些作用点连线称为推力线。取任一土条，其上作用力如图5-6（b）所示，图中 h_{ti} 为条间力作用点的位置，α_{ti} 为推力线与水平线的夹角，这些都是已知参数。

对每一土条取竖直方向力的平衡，有：

$$\overline{N_i}\cos\alpha_i=W_i+\Delta X_i-\overline{T_i}\sin\alpha_i \tag{5-13}$$

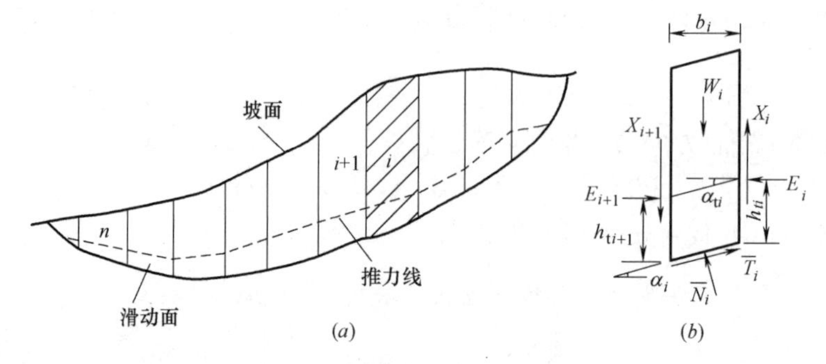

图 5-6 简布条分法受力分析

再取水平方向力的平衡，得：

$$\Delta E_i=\overline{N_i}\sin\alpha_i-\overline{T_i}\cos\alpha_i \tag{5-14}$$

将式（5-13）代入式（5-14），得：

$$\Delta E_i=(W_i+\Delta X_i)\tan\alpha_i-\overline{T_i}\sec\alpha_i \tag{5-15}$$

再对土条中点取力矩平衡，得：

$$E_{i+1}\left(h_{\mathrm{t}i+1}-\frac{b_i}{2}\tan\alpha_{\mathrm{t}i}\right)=X_{i+1}\frac{b_i}{2}+X_i\frac{b_i}{2}+E_i\left(h_{\mathrm{t}i}+\frac{b_i}{2}\tan\alpha_{\mathrm{t}i}\right) \tag{5-16}$$

根据 $h_{\mathrm{t}i+1}=h_{\mathrm{t}i}+\Delta h_{ti}$，$X_{i+1}=X_i+\Delta X_i$，$E_{i+1}=E_i+\Delta E_i$，得：

$$E_{i+1}(h_{\mathrm{t}i}+\Delta h_{\mathrm{t}i})-E_ih_{\mathrm{t}i}=\frac{b_i}{2}\tan\alpha_{\mathrm{t}i}(2E_i+\Delta E_i)+\frac{b_i}{2}(2X_i+\Delta X_i) \tag{5-17}$$

略去高阶项并整理，得：

$$X_i=-E_i\tan a_{\mathrm{t}i}+h_{\mathrm{t}i}\frac{\Delta E_i}{b_i} \tag{5-18}$$

由边界条件：$\sum\Delta E_i=0$，从由式（5-18）可得：

$$\sum(W_i+\Delta X_i)\tan\alpha_i-\sum\overline{T}_i\sec\alpha_i=0 \tag{5-19}$$

根据安全系数的定义和摩尔-库伦破坏准则，有：

$$\overline{T_i}=\frac{\tau_{\mathrm{f}i}l_i}{F_{\mathrm{s}}}=\frac{c_ib_i\sec\alpha_i+\overline{N}_i\tan\varphi_i}{F_{\mathrm{s}}} \tag{5-20}$$

联合求解式（5-13）及式（5-20），得：

$$\overline{T_i}=\frac{1}{F_{\mathrm{s}}}[c_ib_i+(W_i+\Delta X_i)\tan\varphi_i]\frac{1}{m_{\alpha_i}} \tag{5-21}$$

$$m_{a_i}=\cos\alpha_i+\frac{\sin\alpha_i\tan\varphi_i}{F_{\mathrm{s}}} \tag{5-22}$$

再以式（5-21）代入式（5-19），得到简布法安全系数计算公式：

$$F_{\mathrm{s}}=\frac{\sum[c_ib_i+(W_i+\Delta X_i)\tan\varphi_i]\frac{1}{\cos\alpha_im_{\mathrm{a}_i}}}{\sum(W_i+\Delta X_i)\tan\alpha_i} \tag{5-23}$$

简布条分法也需要通过迭代的方式求解安全系数，该法基本可以满足所有的静力平衡条件，所以是“严格”方法之一，但其推力线的假定必需符合条间力的合理性（即土条间不产生拉力和不产生剪切破坏）。目前国内外有关边坡稳定的电算程序，大多包含有简布条分法。

4. 计算实例

1987 年澳大利亚计算机协会（Australian Computer Society，ACS）为检验某一边坡稳定性分析程序的可靠性，对如下算例开展了大量的调查研究工作。由于调查工作规模大，获取数据真实，计算结果可靠。这个例子所采用的稳定分析方法是毕肖普法。ACS 根据大量分析结果认为，该边坡的稳定安全系数为 1.0。

该算例基本信息如下：均质土坡，土体重度为 $20kN/m^3$，黏聚力为 3kPa，内摩擦角为 19.4°，弹性模量为 6MPa，泊松比为 0.33。边坡基本形态见图 5-7。

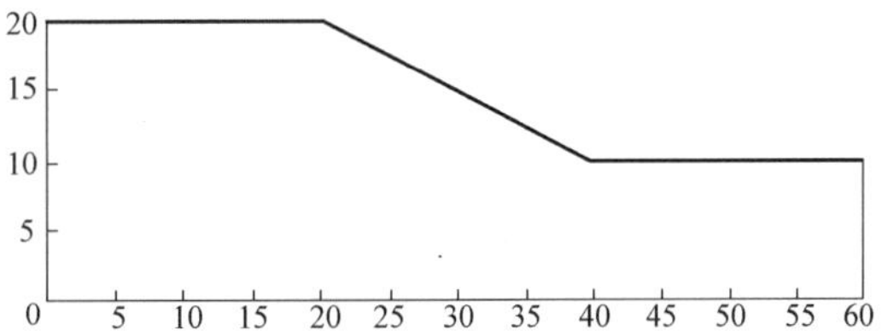

图 5-7 计算边坡基本尺寸（单位：m）

为对比分析不同极限平衡分析方法之间的差异，本节将毕肖普条分法、瑞典条分法和简布条分法的计算结果一并绘于图 5-8 中。可以看出，瑞典条分法和简布条分法求得的安全系数要比毕肖普条分法的要低，这是由于计算过程中假定条件决定的。另外，三种条分法求得的最危险滑弧位置基本相同。相比而言，瑞典条分法和简布条分法偏于保守，毕肖普条分法更偏于实际情况。

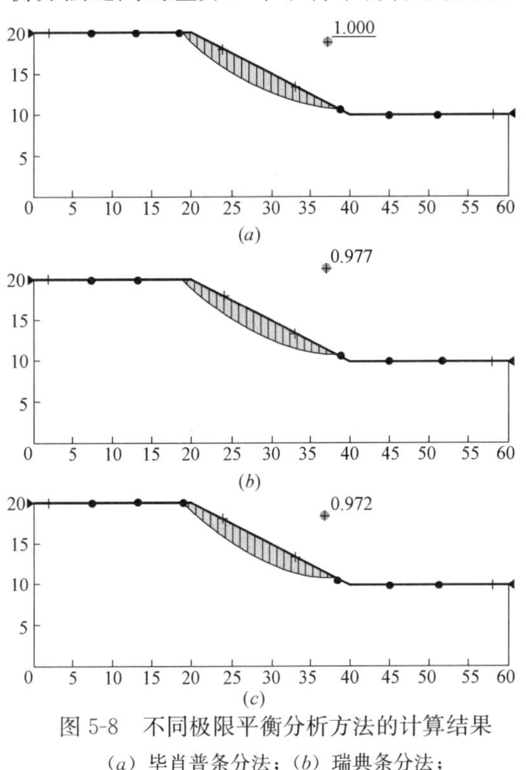

图 5-8 不同极限平衡分析方法的计算结果

(*a*) 毕肖普条分法；(*b*) 瑞典条分法；(*c*) 简布条分法

5.1.3 数值分析法

数值分析法是目前流行的计算方法，主要包括有限差分法和有限元法。由于计算过程中考虑了土体的应力应变及变形协调关系，并且可以考虑复杂的边界条件和受力情况，结合强度折减法等进行分析，已在商业软件ANSYS、ABAQUS、MIDAS、$FLAC^{3D}$等中得到广泛应用。数值分析法应用于边坡稳定性的计算时，主要是以计算是否收敛（最大不平衡力是否趋于稳定）、变形量是否存在突变等作为判断其失稳的标准。这类判据可归类基于变形控制法的边坡失稳判据。由于变形控制的标准尚未完全统一，因此目前采用数值分析法在开展边坡稳定性计算时具有理论基础不够、失稳判据标准不统一等问题。

5.1.3.1 强度折减法

采用数值分析方法研究边坡稳定性时，由于无法直接获得下滑力（矩）与抗滑力（矩）的关系，因此安全系数无法直接获得。近年来，许多学者将强度折减法引入至数值分析方法中，开展了相应的边坡稳定性分析。

强度折减系数定义为：在外荷载保持不变的情况下，边坡内土体所发挥的最大抗剪强度与外荷载在边坡内所产生的实际剪应力之比。当假定边坡内所有土体抗剪强度发挥程度相同时，这种抗剪强度折减系数定义为边坡的稳定系数。这里定义的强度折减系数，与极限平衡分析中所定义的土坡安全系数在本质上是一致的。

将土体的饱和抗剪强度指标 c 和 φ，分别采用折减系数 F_s，按式（5-24）的形式进行折减，然后用折减后的虚拟抗剪强度指标 c_r 和 φ_r 代替原来的抗剪强度指标，获得折减后的抗剪强度 τ_{rf}，见式（5-25）。

$$c_r = c/F_s ; \varphi_r = \tan^{-1}(\tan\varphi/F_s) \tag{5-24}$$

$$\tau_{rf} = c_r + \sigma\tan\varphi_r \tag{5-25}$$

折减系数 F_s 的初始值取得足够小，以保证计算开始时是一个近似弹性问题，获得计算结束时边坡的应力应变分布。通过增加 F_s，那么土体的抗剪强度指标逐步减小，直到在某一折减系数条件下整个土坡发生失稳，那么在发生整体失稳之前的那个折减系数值，即为土坡的稳定安全系数。

强度折减法的计算过程主要分为以下三个步骤：

（1）建立边坡的数值分析模型，赋予土体单元材料属性和边界条件，计算边坡的初始应力场，获得荷载作用下边坡土体的应力和应变，综合分析边坡的稳定性；

（2）按一定的折减规律逐渐增加边坡的安全系数（即土体抗剪强度的折减系数）F_s，将折减后的抗剪强度参数赋给计算模型并重新计算；

（3）重复第（2）步，如前所述，不断增加 F_s，减少土体的抗剪强度参数，直至计算不收敛或满足规定的破坏准则，此时边坡产生失稳破坏。此时上一步的 F_s 就可认为是边坡的安全系数。

强度折减法在岩土工程计算中应用广泛，具有如下优点：（1）能够对具有复杂地形地貌的边坡进行稳定性计算；（2）考虑了土体的本构关系，更符合实际情况；（3）能够模拟土坡的滑坡过程及潜在滑移面特征（通常由剪应变增量或者位移增量确定滑移面的形状和位置)；(4) 能够模拟土体与支护结构共同作用的稳定性问题；(5) 可同时考虑渗流、外荷载等作用；(6) 对安全系数不明确的工程稳定性问题亦可求解（如地基承载特性问题)。

5.1.3.2 数值分析软件——FLAC^{3D}

FLAC^{3D}（3D Fast Lagrangian Analysis Code，三维快速拉格朗日分析）是目前公认的适用于岩土工程分析的商业软件，由美国 ITASCA 公司开发。三维快速拉格朗日法是一种基于三维显式有限差分法的数值计算方法，它可以模拟岩土或其他材料的三维力学特性。如果单元应力使得材料屈服或产生塑性流动，那么单元网格可随材料的变形而变形。由于采用了显式有限差分格式来求解计算场的控制微分方程，并应用了混合单元离散模型，因此可以准确地模拟材料的屈服、塑性流动、软化直至大变形，这在岩土工程领域是非常适用的。该软件能较好地模拟岩土材料在达到强度极限或屈服极限时发生的破坏或塑性流动的力学特性，特别适用于分析渐进式破坏失稳及大变形问题。FLAC^{3D}包含 11 种弹塑性本构模型，同时可根据需求自定义本构模型。计算模型包括静力、动力、蠕变、渗流、温度等 5 种模式，各种模式间可以互相耦合。同时还提供了多种结构形式，可模拟土体与各种结构之间的相互作用问题。另外程序还提供了强大的内嵌语言 Fish，可根据需要定义新的变量或函数，获得满足要求的计算结果。

与有限元相比，FLAC^{3D}具有如下优点：

(1) FLAC^{3D}采用了混合离散方法来模拟材料的屈服或塑性流动特性，这比有限元中采用的降阶积分更为合理；

(2) FLAC^{3D}利用动态的运动方程求解（静力问题亦是采用运动方程求解)，可模拟动态问题，如振动、失稳和大变形等；

(3) FLAC^{3D}采用显式方法进行求解，这导致非线性本构关系与线性本构关系并无算法上的差别。对于已知的应变增量，可快速求出应力增量并得到平衡力。而且它不需要存储刚度矩阵，采用中等容量的内存可以求解多单元结构模拟问题，计算时间并没有大大增加。

当然 FLAC^{3D}亦存在如下缺陷：

(1) 对于线性问题，FLAC^{3D}要比相应的有限元花费更多计算时间。因此，该软件更适用于模拟非线性问题、大变形问题或动态问题等。对于岩土工程而言，大多数情况下都需要考虑材料、荷载等的非线性，该缺陷不用考虑；

(2) FLAC^{3D}的收敛速度取决于系统的最大固有周期与最小固有周期的比值，这使得它对某些问题的模拟效率非常低，例如单元尺寸或材料弹性模型相差很大的情况。因此在建模过程中，尽量避免出现上述情况，保证计算效率。

本章采用 FLAC^{3D}软件，结合强度折减法，同时考虑膨胀土的应变软化效应和裂隙效应，重点研究了裂隙性膨胀土边坡的稳定性，提出了适用于裂隙性膨胀土边坡的失稳判据和稳定计算方法。研究成果可为膨胀土边坡的设计提供参考。

5.2 常规膨胀土边坡稳定性分析

5.2.1 摩尔-库伦本构模型

摩尔-库伦本构模型是一种经典的弹塑性本构模型，它采用摩尔-库伦破坏准则（剪切屈服函数）和张拉破坏准则（张拉屈服函数）来描述材料的破坏包线。模型采用非相关联流动法则来描述剪切破坏，采用相关联的流动法则来描述张拉破坏。破坏准则见图5-9，其剪切破坏函数和张拉破坏函数分别见式（5-26）和式（5-27）。塑性势函数见式（5-28）和式（5-29）。硬化参数采用塑性剪应变偏量的第二不变量增量的平方根形式，见式（5-30）。

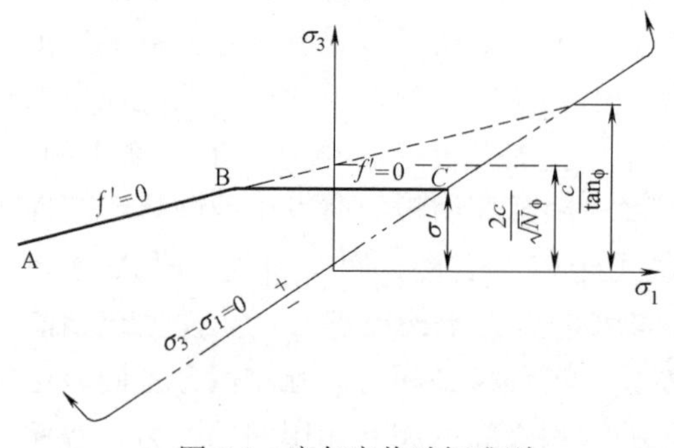

图 5-9　摩尔库伦破坏准则

$$f_s=\sigma_1-\sigma_3 N_{\varphi}+2c\sqrt{N_{\varphi}};N_{\varphi}=\frac{1+\sin\varphi}{1-\sin\varphi} \tag{5-26}$$

$$f_{\mathrm{t}}=\sigma_3-\sigma_{\mathrm{t}} \tag{5-27}$$

$$g_{\mathrm{s}}=\sigma_1-\sigma_3 N_{\varphi};N_{\varphi}=\frac{1+\sin\varphi}{1-\sin\varphi} \tag{5-28}$$

$$g_t=-\sigma_3 \tag{5-29}$$

$$\Delta\kappa_{\mathrm{m}}^{\mathrm{s}}=\frac{1}{\sqrt{2}}\sqrt{(\Delta\varepsilon_1^{\mathrm{ps}}-\Delta\varepsilon_{\mathrm{m}}^{\mathrm{ps}})^2+(\Delta\varepsilon_{\mathrm{m}}^{\mathrm{ps}})^2+(\Delta\varepsilon_3^{\mathrm{ps}}-\Delta\varepsilon_{\mathrm{m}}^{\mathrm{ps}})} \tag{5-30}$$

式中：f_{s}、f_{t} 为剪切破坏函数和张拉破坏函数；σ_1、σ_3 为大、小主应力；c、φ 为材料凝聚力和内摩擦角；σ_{t} 为材料抗拉强度；g_{s}、g_{t} 为材料剪切塑性势函数和张拉塑性势函数；ψ 为材料剪胀角；$\Delta\kappa_{\mathrm{m}}^{\mathrm{s}}$ 为材料硬化参数；$\Delta\varepsilon_{\mathrm{m}}^{\mathrm{ps}}$ 为土体单元的体积塑性剪应变增量；$\Delta\varepsilon_1^{\mathrm{ps}}$、$\Delta\varepsilon_3^{\mathrm{ps}}$ 为土体单元的塑性剪应变增量。

5.2.2 计算方案与结果分析

为检验强度折减法应用于 FLAC^{3D} 中的可行性，本节仍采用上一节中的经典算例进行边坡稳定性分析。该边坡网格划分见图 5-10。平面应变问题，其中边坡左侧和右侧为水平位移约束，底部为水平竖向位移约束，其余边界为自由边界。为消除边界效应的影响，边坡尺寸相应地扩大。

图 5-11 是采用强度折减法计算求得的边坡土体剪应变增量分布图。计算结果清晰地表明了滑弧形态(为剪应变增量较大的区域)。当边坡失稳时，会产生明显的局部化剪切变形。这种局部化剪切变形一旦发生，变形将相对集中在局部化变形区域内，而区域外的变形相当于卸载后的刚体运动，滑坡体将沿最危险滑动面滑出。滑动面两侧土体的位移差十分明显，存在较大的变形梯度。可以看出，采用强度折减法计算得到的边坡稳定安全系数为 1.06。这表明，采用 FLAC^{3D}软件及强度折减法应用于边坡稳定性的计算分析是可行的，同时采用剪应变增量的分布情况来判断边坡整体变形及稳定性是可靠的。

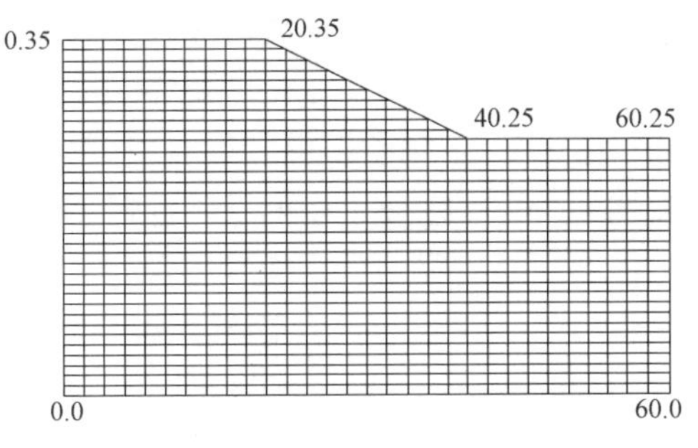

图 5-10 计算边坡基本模型（单位：m）

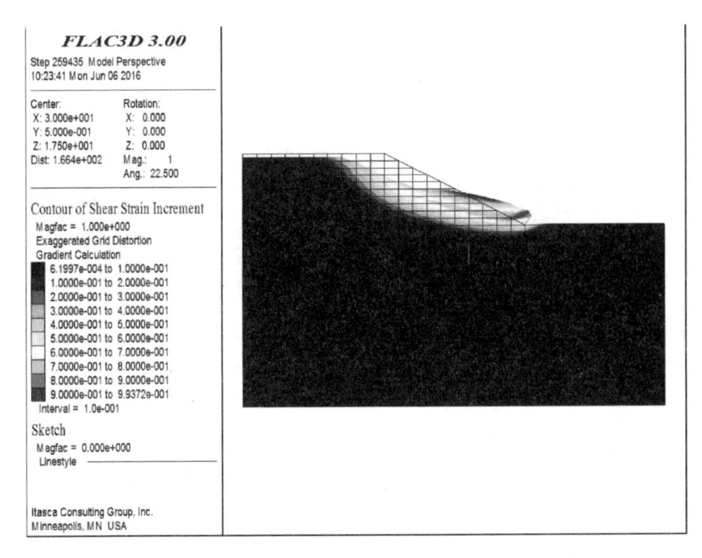

图 5-11 边坡土体剪应变增量分布及滑动示意图

设想在坡体内布置若干位移监测点，通过计算获得这些点的位移与折减系数的关系，来提出基于变形控制的边坡失稳判据。本节通过编写 Fish 程序，获得了相应点位移随折减系数的变化规律，得到了边坡失稳判据和相应的安全系数。

研究表明，边坡失稳时常常发生于强度软弱带或应力集中区，该部位土体单元将产生不同程度的塑性变形，而塑性剪应变是塑性变形的一种形式，从本质上能够描述土体的屈服或破坏过程，用其来评判土体的失稳破坏是合理的。理想弹塑性材料构成的边坡进入极限状态时，其中一部分岩土材料相对于另一部分将产生明显的滑移，这部分滑移主要是塑性变形。因此塑性剪应变作为评价边坡变形程度的重要参数，也是研究边坡稳定性的重要指标。在 FLAC^{3D}程序中，并无直接输出塑性剪应变的命令，因此本节也编写了 Fish 程序，获得了最大塑性剪应变随折减系数的变化规律，并与位移判据进行对比，提出了综合评价膨胀土边坡稳定性的指标。需要说明的是，此时采用的本构模型为应变硬化/软化模型，该本构模型中的屈服函数、塑性势函数、流动法则及应力修正函数与摩尔-库伦本构模型中的一致，不同的是该本构模型可以考虑单元体屈服后其强度参数随着塑性剪应变的变化而变化，塑性剪应变可直接由命令获得。若设置强度参数不变，则该模型与摩尔-库伦本构模型完全一致。

如图 5-10 所示，取边坡坡顶点（20，35）和坡脚点（40，25）作为研究对象，分别提取不同折减系数条件下求得的坡顶点和坡脚点的水平和竖向位移，根据位移与折减系数的关系来研究边坡的稳定性及安全系数。计算结果见图 5-12。可以看出，坡顶点的水平和竖向位移随折减系数的增大均存在明显突变现象，突变处的稳定安全系数为 1.06；坡脚点的水平和竖向位移并无明显改变，与前述结果完全一致。因此可采用坡顶点位移与折减系数关系曲线中突变点对应的折减系数作为边坡稳定安全系数。

图 5-13 是最大塑性剪应变与折减系数关系。和图 5-12 类似，该曲线亦有一明显突变点，相应的折减系数也为 1.06。众所周知，土坡失稳破坏时会发生显著的塑性变形，由此可以推测曲线上拐点的出现意味着土坡产生了较大的塑性变形，而且变形在不断发展。一旦折减系数超过该突变点时，边坡土体的塑性变形会迅速增大，整个边坡产生失稳破坏。因此也可采用边坡土体最大塑性剪应变与折减系数关系曲线中突变点对应的折减系数作为边坡稳定安全系数。就本例而言，采用位移突变与塑性剪应变突变的结果是一致的。

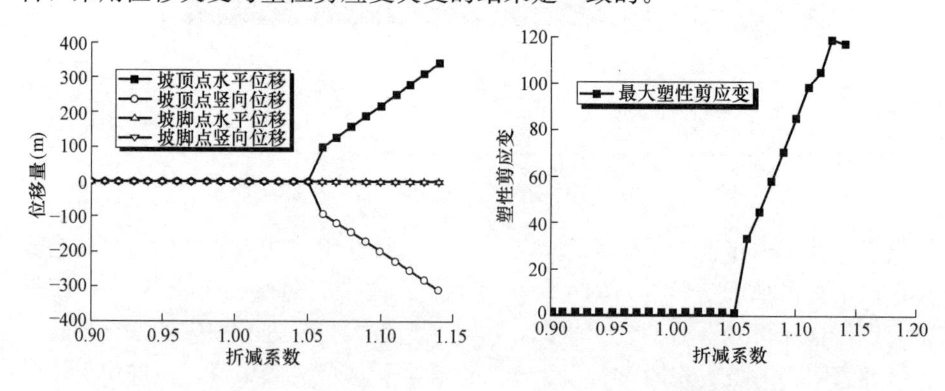

图 5-12　坡点位移与折减系数的关系

图 5-13　土体单元最大塑性剪应变与折减系数关系

附:土体最大塑性剪应变与折减系数关系命令流

file1='水平竖向位移和最大塑性剪应变 .dat'

```
array buf1(1)
buf1(1)=string(ks)+' '
p01=gp_near(xtop, ytop, ztop);---------坡顶点坐标
p02=gp_near(xbase, ybase, zbase);-----坡脚点坐标
;-------------------坡顶点位移分量
x1=gp_xdisp(p01)
y1=gp_ydisp(p01)
z1=gp_zdisp(p01)
;-------------------坡脚点位移分量
x2=gp_xdisp(p02)
y2=gp_ydisp(p02)
z2=gp_zdisp(p02)
buf1(1)=buf1(1)+'  '+string(x1)+'  '+string(z1)+'  '+string(x2)
+'  '+string(z2)+'  '
;---------寻找塑性剪应变的最大值和单元坐标
ssi_pmax=0.0
ssi_pmin=0.0
array arr(6) aii(6) s_z(6)
p_z = zone_head
loop while p_z # null
ssi_jp=z_prop(p_z, 'es_plastic')
if ssi_jp > ssi_pmax then
  ssi_pmax=ssi_jp
  s_z(1)=z_xcen(p_z)
  s_z(2)=z_ycen(p_z)
  s_z(3)=z_zcen(p_z)
endif
if ssi_jp < ssi_pmin then
  ssi_pmin=ssi_jp
  s_z(4)=z_xcen(p_z)
  s_z(5)=z_ycen(p_z)
  s_z(6)=z_zcen(p_z)
endif
p_z = z_next(p_z)
endloop
```

```
;;----完成寻找塑性剪应变的最大值和单元坐标
buf1(1)=buf1(1)+string(ssi_pmax)+string(s_z(1))+string(s_z(2))+string(s_z(3))+' '
buf1(1)=buf1(1)+string(ssi_pmin)+string(s_z(4))+string(s_z(5))+string(s_z(6))+' '
status=open(file1, 2, 1)
status=write(buf1, 1)
status=close
```

5.3 考虑膨胀土应变软化效应的边坡稳定性分析

5.3.1 应变硬化/软化本构模型

采用 FLAC^{3D}中的应变硬化/软化本构模型进行分析。该本构模型中的屈服函数、塑性势函数、流动法则及应力修正函数与摩尔库伦本构模型中的一致，不同的是该本构模型可以考虑单元体屈服后其强度参数随着塑性剪应变的变化而变化，即抗剪强度参数在计算过程中是变量。原状膨胀土通常具有超固结特性，其应力-应变关系曲线表现为典型的应变软化特征，即随着剪切应变的增加，土体抗剪强度较快地达到峰值后迅速降低，塑性变形明显增大。膨胀土边坡的失稳，很大程度上是由于剪切变形过大导致土体抗剪强度迅速衰减，加剧了滑坡的发展。此特征正好符合应变硬化/软化本构模型的特点，故笔者采用该本构模型来研究膨胀土边坡的稳定性分析，以更全面地反映膨胀土边坡的特殊性。

应变硬化/软化本构模型中，将土体抗剪强度参数（c 和 φ）看作是和塑性剪应变相关的变量。土体未产生塑性变形时，抗剪强度参数为常量，即为峰值强度指标；一旦土体产生塑性变形，抗剪强度参数为变量，与此时土体单元的塑性剪应变有关。因此，建立抗剪强度参数与塑性剪应变的定量关系，是采用此本构模型开展膨胀土边坡稳定性研究的关键环节。

5.3.2 抗剪强度参数与塑性剪应变关系

计算过程中，当单元未产生塑性变形时，强度参数保持不变；当单元产生塑性变形后，程序会计算出单元的塑性剪应变，根据试验结果计算获得的强度参数与塑性剪应变的函数，自动调整单元体的强度参数，用于下一步的计算，直至最终完成。根据相同轴向应变时，不同围压条件下的主应力差值可求得相应的抗剪强度发挥值 c_{ex}和 φ_{ex}。由于不同围压下的塑性剪应变亦不相同，故将不同围压时，相同轴向应变对应的塑性剪应变进行平均，最终建立发挥强度与塑性剪应变的关系函数，建立了考虑应变软化的膨胀土强度-变形耦合模型。

为获得抗剪强度参数与塑性剪应变的关系，本节采用重塑膨胀土进行了三轴固结排水剪切试验。土体基本参数为：液限 42.7%，塑限 19.2%，塑性指数 24，自由膨胀率 58%，最大干密度 1.8g/cm^3，相对密度 2.74。为保证重塑膨胀土样具备超固结性，试样在固结和剪切过程中的围压不同，超固结比设为 1.5。试样基本参数见表 5-3。

三轴试样基本参数 **表 5-3**

初始干密度(g·cm^{-3})	围压(kPa)	
	固结时	剪切时
1.58	150	100
	300	200
	450	300
	600	400

图 5-14 为三轴固结排水剪切试验的应力应变关系。可以看出，不同围压下的试样均表现出了不同程度的应变软化特征。根据试验结果可求得试样的峰值抗剪强度参数，其中黏聚力 c=24.7kPa，内摩擦角 φ=11.2°。

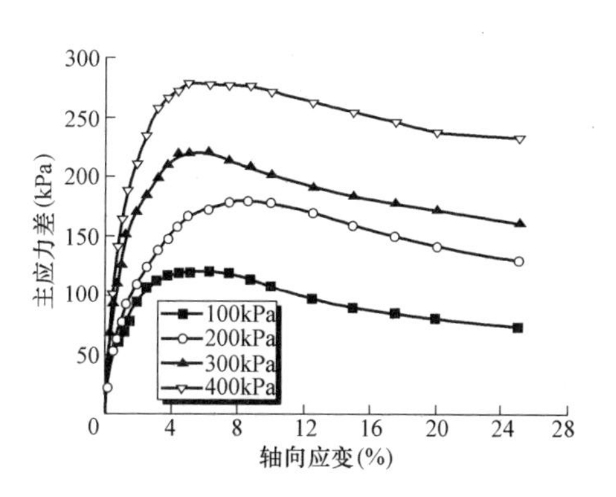

图 5-14 三轴固结排水剪切试验的应力应变关系

塑性剪应变可根据总剪应变与弹性剪应变之差获得，同时将对应的抗剪强度参数一并求出。需要说明的是，此时的抗剪强度参数并不是土体抗剪能力最大值，而是与塑性剪应变有关。为区别已有概念，本节对此时的抗剪强度参数定义为抗剪强度发挥值，用 c_{ex} 和 φ_{ex} 表示。据此，利用最小二乘法原理和试验结果，我们获得了抗剪强度发挥值与塑性剪应变的关系，见图 5-15。可以看出，随着剪切变形的增加，黏聚力发挥值迅速增大至峰值 (24.7kPa)，此时塑性剪应变约为 7.5%；随后试样剪切破坏，黏聚力发挥值迅速降低，最后达到残余值（12.0kPa）。内摩擦角发挥值一开始迅速增大，在塑性剪应变为 12% 基本达到峰值（11.2°）；随后试样内摩擦角发挥值持续增大，试验结束时测得的内摩擦角约为 10.2°。这表明超固结膨胀土在剪切过程中，抗剪强度是逐渐发挥的，并不是一开始就达到峰值，其与塑性剪应变密切相关。超固结膨胀土在剪切破坏之前，由黏聚力和内摩擦角共同提供抗剪能力；当试样破

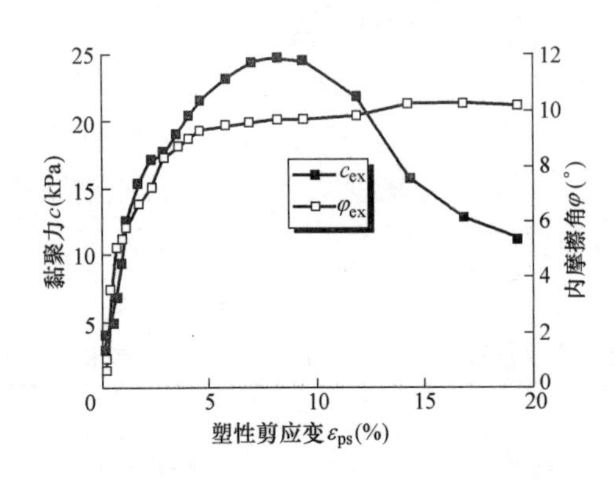

图 5-15　抗剪强度发挥值与塑性剪应变关系

坏后，黏聚力迅速降低，此时主要是由内摩擦角来提供抗剪能力。

根据抗剪强度发挥值和塑性剪应变曲线的形式，本节采用硬化软化型函数（式 5-31）进行拟合，拟合曲线见图 5-16，拟合结果见表 5-4。结果表明，黏聚力发挥值先增大后减小，而内摩擦角发挥值增大到一定值后基本不变。因此在边坡稳定分析时，仅将黏聚力进行衰减，内摩擦角不考虑衰减，即取峰值。

$$c_{ex}, \varphi_{ex} = \frac{\varepsilon_{ps}(a + k\varepsilon_{ps})}{(a + b\varepsilon_{ps})^2} \tag{5-31}$$

式中：a，b，k 为待定常数。

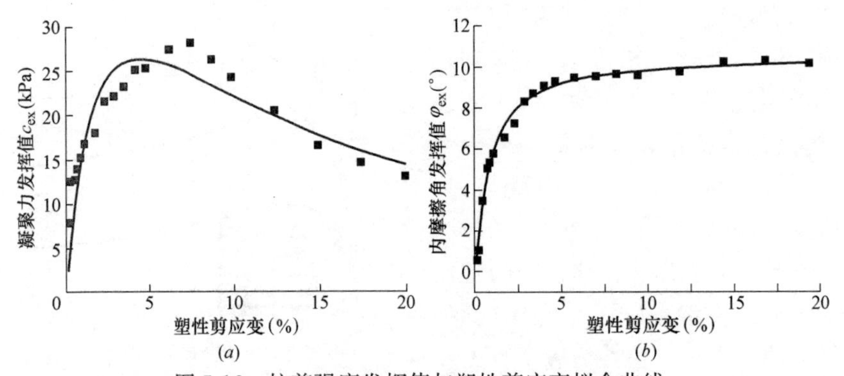

图 5-16　抗剪强度发挥值与塑性剪应变拟合曲线

(a) c_{ex}；(b) φ_{ex}

强度发挥值与塑性剪应变关系拟合结果　　表 5-4

抗剪强度发挥值	拟合参数			
	a	b	k	ε_{psj}(%)
c_{ex}	0.044	0.009	−0.00038	4.51
φ_{ex}	0.582	1.524	24.54	—

为了找出强度峰值对应的塑性剪应变，对式（5-31）求导整理，得：

$$\frac{dc_{ex}}{d\varepsilon_{ps}} = \frac{a(a + 2k\varepsilon_{ps} - b\varepsilon_{ps})}{(a + b\varepsilon_{ps})^3} \tag{5-32}$$

令式（5-32）等于零，得到强度发挥最大值对应的塑性剪应变为：

$$\varepsilon_{psj} = \frac{a}{b-2k} \tag{5-33}$$

当塑性剪应变小于ε_{psj}时，强度参数取峰值计算；当塑性剪应变超过ε_{psj}时，强度参数由式（5-31）获得；当式（5-31）计算出来的强度发挥值小于残余值时，取残余强度。综上分析，建立了考虑应变软化的膨胀土强度-变形耦合模型，见式（5-34）和式（5-35）。

$$c_{ex} = \begin{cases} c' & \varepsilon_{ps} \leqslant \varepsilon_{psjc} \\ \dfrac{\varepsilon_{ps}(a_c + k_c\varepsilon_{ps})}{(a_c + b_c\varepsilon_{ps})^2} & \varepsilon_{psjc} < \varepsilon_{ps} \leqslant \varepsilon_{psrc} \\ c_r & \varepsilon_{ps} > \varepsilon_{psrc} \end{cases} \tag{5-34}$$

$$\varphi_{ex} = \begin{cases} \varphi' & \varepsilon_{ps} \leqslant \varepsilon_{psj\varphi} \\ \dfrac{\varepsilon_{ps}(a_\varphi + k_\varphi\varepsilon_{ps})}{(a_\varphi + b_\varphi\varepsilon_{ps})^2} & \varepsilon_{psj\varphi} < \varepsilon_{ps} \leqslant \varepsilon_{psr\varphi} \\ \varphi_r & \varepsilon_{ps} > \varepsilon_{psr\varphi} \end{cases} \tag{5-35}$$

式中：ε_{psj}为强度发挥最大值对应的塑性剪应变，下标c和φ分别代表黏聚力和内摩擦角（%）；ε_{psr}为强度残余值对应的塑性剪应变（%）；c_r为残余黏聚力（kPa）；φ_r为残余内摩擦角（°）。

5.3.3 计算方案与结果分析

计算模型尺寸仍见图 5-10，计算参数如下：c=24.7kPa，c_{res}=12.0kPa，φ=11.2°，φ_{res}=10.2°，E=6MPa，μ=0.33，其余参数见上节。为了获得土体软化对边坡稳定性的影响，本节进行了土体考虑应变软化、不考虑应变软化以及采用残余强度值等三种计算方案，结合强度折减法求得稳定系数与塑性剪应变分布，具体方案见表 5-5。

稳定分析计算方案 表 5-5

方案编号	具体内容
①-mohr	不考虑土体应变软化
②-ss	考虑土体应变软化
③-res	采用残余强度

图 5-17 为不同计算方案下的塑性剪应变分布情况和安全系数，图 5-18 为不同计算方案下的滑坡形态特征。结果表明，方案①、②和③的安全系数分别为 1.77、1.53 和 1.11。考虑土体软化影响后，塑性剪应变的增大引起强度发挥值的降低，导致边坡安全系数有所降低。不考虑土体软化效应时，边坡滑弧位置

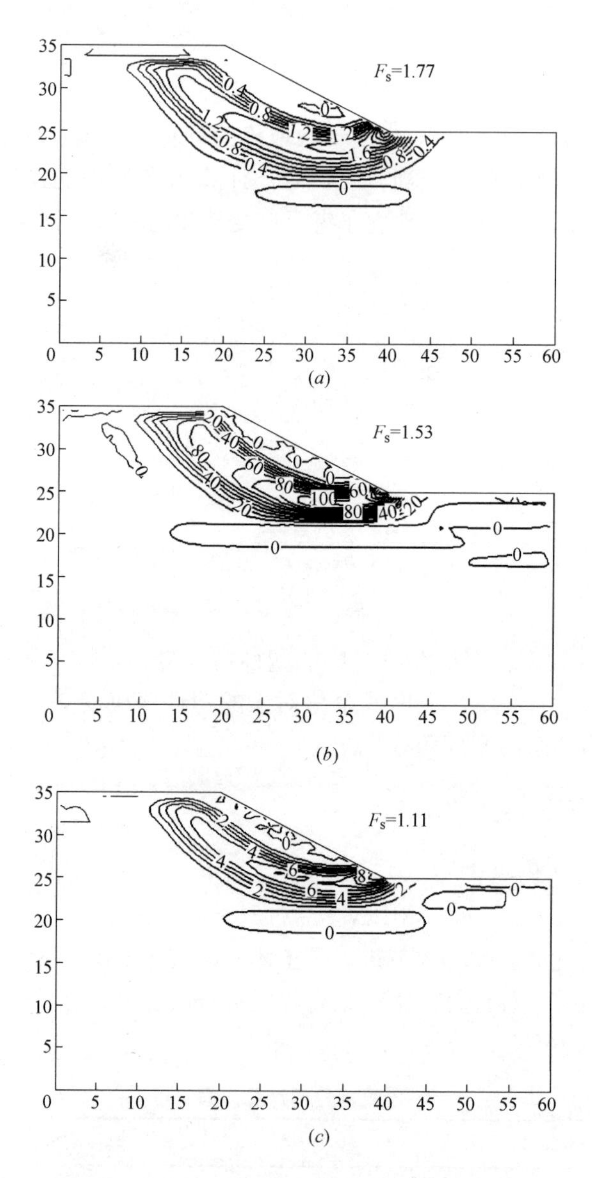

图 5-17　不同计算方案下的塑性剪应变

（a）①-mohr；（b）②-ss；（c）③-res

深，最大塑性剪应变为 2.914，安全系数远大于 1，边坡处于稳定状态；考虑土体软化效应时，最大塑性剪应变达到 173.4，虽然安全系数仍大于 1，但此时边坡塑性变形很大，边坡已经失稳；采用土体残余强度计算时，边坡滑弧位置较浅，最大塑性剪应变为 11.53，安全系数稍大于 1，根据现行规范标准，边坡处于不稳定状态。上述结果表明，仅采用安全系数来评价膨胀土边坡的稳定存在一定缺陷。对于正常固结膨胀土，不出现应变软化特征，强度参数不衰减，塑性剪

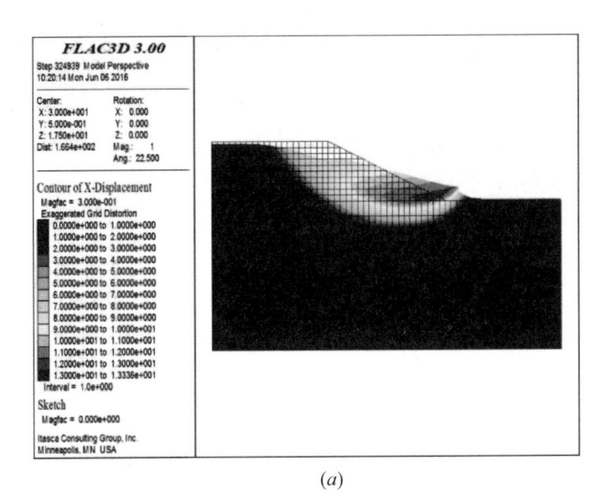

(*a*)

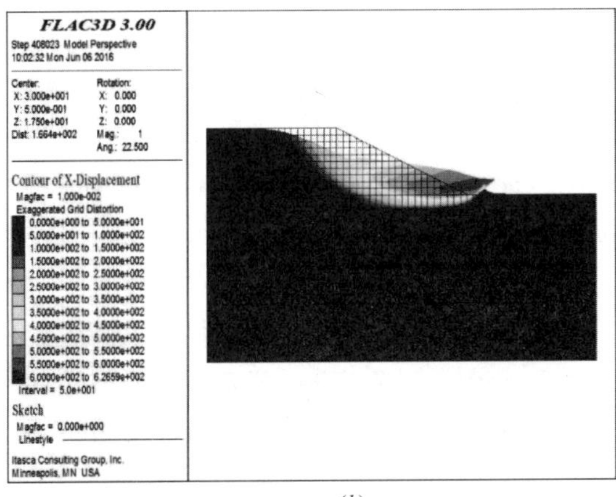

(*b*)

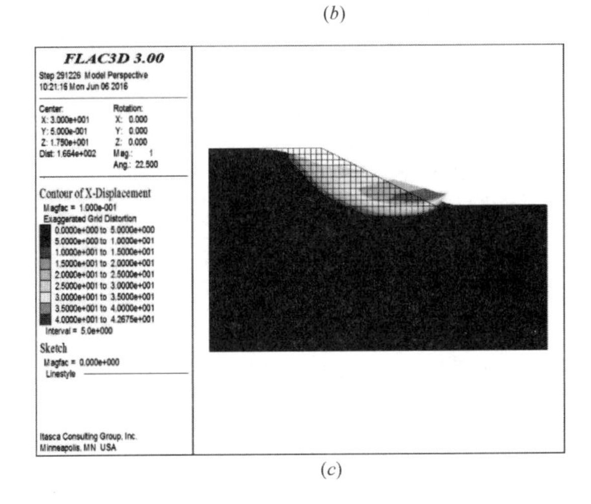

(*c*)

图 5-18　不同计算方案下的滑坡形态

(*a*) ①-mohr；(*b*) ②-ss；(*c*) ③-res

应变很小，可采用安全系数来评价边坡的稳定性；对于超固结膨胀土，易出现应变软化特征，强度参数随塑性变形增大而迅速衰减，此时应采用塑性剪应变和安全系数来综合评价边坡的稳定性。如果塑性变形较大，即使安全系数满足工程要求，此时边坡也可能发生失稳破坏。

附:土体强度参数与塑性剪应变关系赋值命令流

```
ac=0.044
bc=0.009
kc=-0.00038
es_plmax_c=0.01 * ac/(bc-2 * kc)
loop nn (1, 20000)
zp = zone_head
loop while zp # null
  es_pl0 =z_prop(zp, 'es_plastic');;-----es_plastic: 塑性剪应变
  es_pl = es_pl0 * 100.0
  coh1z = es_pl * (ac+kc * es_pl)/((ac+bc * es_pl)^2)
  fri1z =es_pl * (af+kf * es_pl)/((af+bf * es_pl)^2)
  if z_prop(zp, 'es_plastic') < es_plmax_c then
  z_prop(zp, 'cohesion') = cc_m;----未超过 c 的峰值,不折减
  else
    if coh1z < cc_mres;;;;;;;;----------黏聚力不小于残余黏聚力
    coh2z = cc_mres
    else
    coh2z = coh1z
    endif
    z_prop(zp, 'cohesion') = coh2z
    endif
    zp = z_next(zp)
endloop
```

5.4 考虑膨胀土裂隙分布的边坡稳定性分析

5.4.1 遍布节理本构模型

采用 $FLAC^{3D}$中的遍布节理本构模型进行分析。该模型在摩尔-库伦本构模型的基础上，考虑了模型内某指定方向上软弱面性状的影响。软弱面的方位是根

据平面外法线的单位矢量确定的。根据单元体应力状态、软弱面产状及材料性能的不同，屈服可能发生在单元体内或软弱面上，或在两者同时发生。模型能同时考虑单元体和软弱面的物理力学属性，其中剪切破坏采用非关联流动法则，拉伸破坏采用关联流动法则。软弱面破坏准则见图5-19。破坏包络线分为两部分：剪切破坏准则 $f^{s}=0$（AB线）和拉伸破坏准则 $f^{t}=0$（BC线），具体表达式见式（5-36）和式（5-37）。

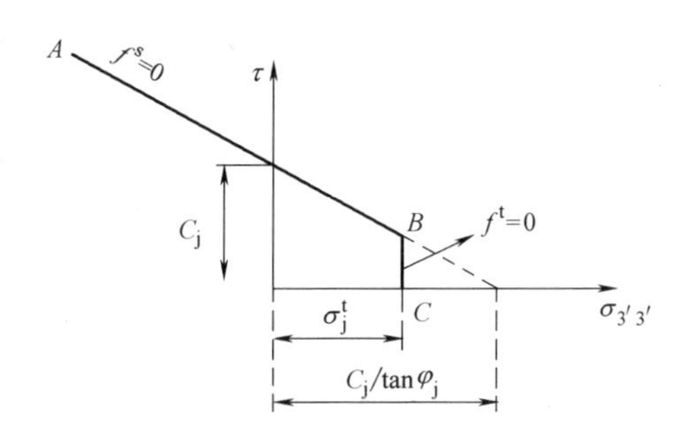

图 5-19 软弱面破坏准则

$$f^{s}=\tau+\sigma_{3'3'}\tan\varphi_{j}-c_{j} \tag{5-36}$$

$$f^{t}=\sigma_{3'3'}-\sigma_{j}^{t} \tag{5-37}$$

式中：φ_j、c_j、σ_j^t分别为软弱面的内摩擦角、黏聚力和抗拉强度。对于 $\varphi_j\neq0$ 的软弱面，抗拉强度最大值 $\sigma_{jmax}^{t}=c_j/\tan\varphi_j$。

模型采用塑性势函数 g^s 和 g^t 来描述软弱面的剪切和拉伸塑性流动规律。其中 g^s对应于非关联流动法则，g^t 对应于相关联流动法则，具体表达式见式（5-38）和式（5-39）。

$$g^{s}=\tau+\sigma_{3'3'}\tan\psi_{j} \tag{5-38}$$

$$g^{t}=\sigma_{3'3'} \tag{5-39}$$

5.4.2 计算方案与结果分析

计算模型尺寸仍见图5-10。计算过程中不考虑土体应变软化的影响，仅考虑不同裂隙面位置对边坡稳定性的影响。软弱面倾角从0°至90°变化，变化梯度为5°，同时考虑裂隙面顺倾向和逆倾向的问题（图5-20）。定义水平向右为 X 正向，则图5-20中不同裂隙面与 X 正向夹角从180°逐渐递减至0°。其余参数与上一致。

图5-21为考虑不同裂隙面位置下，安全系数随裂隙面位置的变化规律。可以看出，与不考虑土体软化与裂隙面存在的结果相比，降低幅度约为9.1%～39.5%。随着裂隙面与 X 正向夹角的减小，安全系数呈现出"增—减—增—减—增"的波形关系，波峰出现在裂隙面与 X 正向夹角为20°和115°的位置，安全系数分别为1.615和1.546，说明这两种裂隙面对边坡的稳定影响较小。波谷出现在裂隙面与 X 正向夹角为80°和160°的位置，安全系数分别为1.076和1.112，

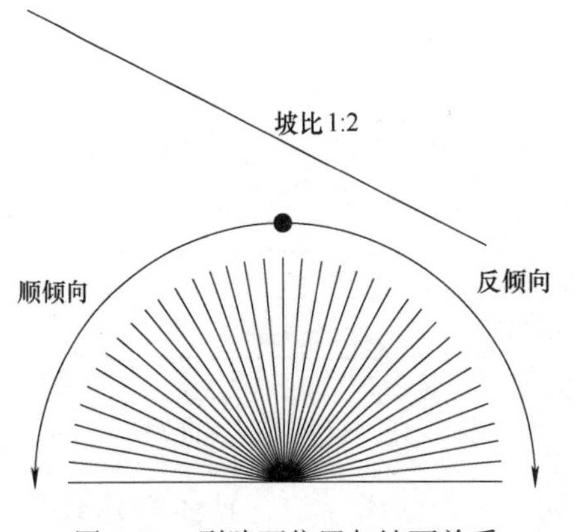

图 5-20　裂隙面位置与坡面关系

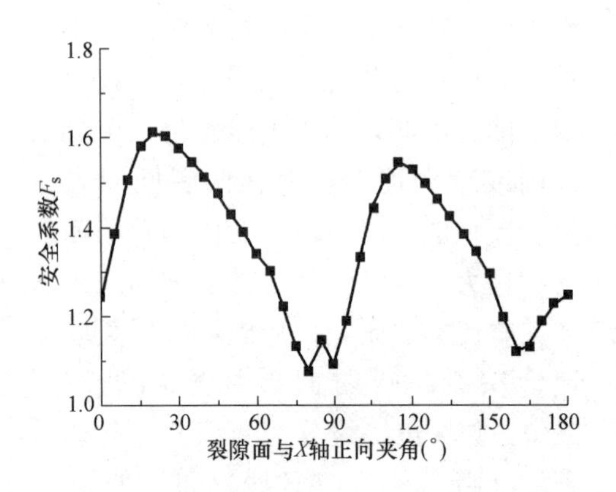

图 5-21　裂隙面与水平面夹角与安全系数关系（不考虑土体软化）

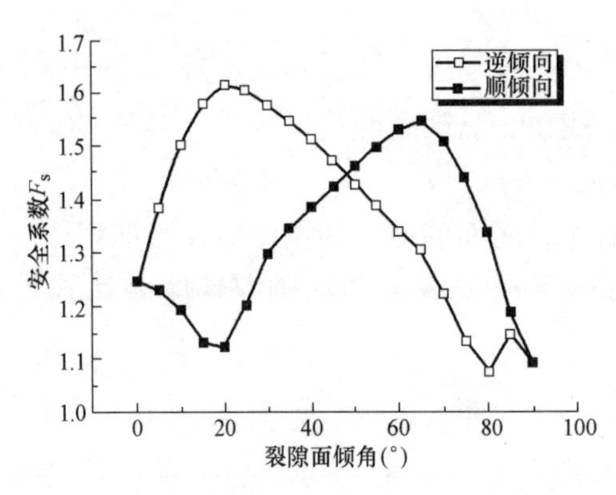

图 5-22　裂隙面倾角与安全系数关系（顺倾向和逆倾向）

此处两个裂隙面近似直立和与坡面平行，说明这两种裂隙面对边坡的稳定最为不利。这表明，裂隙面的存在会显著降低边坡的稳定性，而且裂隙面位置的不同对边坡稳定性亦有较大影响，与裂隙面属性和边坡形态密切相关。

为分析顺倾向和逆倾向条件下裂隙面倾角对边坡稳定性的影响，将裂隙面倾角与安全系数关系绘于图 5-22 中。图中可见：(1) 对于顺倾向边坡，安全系数随裂隙面倾角表现为“减—增—减”的形态，在倾角为 20°时安全系数最小，65°时安全系数最大，且倾角为 90°时的安全系数要小于倾角为 0°时的安全系数；倾角位于［0°，30°］时曲线基本呈现为对称分布；倾角位于［30°，65°］时，安全系数变化梯度较大，从 1.029 增大至 1.469；当倾角位于［65°，90°］时，曲线呈陡降态势，此时边坡破坏形式从滑移剪切破坏过渡为弯折崩塌破坏。(2) 对于逆倾向边坡，曲线形式与顺倾向边坡有较大不同，呈现出“增—减”的形态，在倾角为 20°时安全系数最大，80°时安全系数最小；倾角位于［0°，45°］时的安全系数要大于相应的顺倾向边坡，而［45°，90°］时的安全系数要小于相应的顺倾向边坡。这与实际情况较吻合。当倾角较大时，顺倾向边坡发生下部土层滑移剪切破坏，土层右侧有部分土体支挡，一定程度上提高了边坡稳定性；而逆倾向边坡发生上部土层弯折倾倒破坏，土层右侧为临空面无支挡体，故稳定性有所降低。

5.5 考虑膨胀土裂隙分布和应变软化的边坡稳定性分析

5.5.1 双线性应变硬化/软化遍布节理本构模型

采用 FLAC^{3D}中的双线性应变硬化/软化遍布节理模型进行分析。该模型综合了前述遍布节理本构模型和应变硬化/软化本构模型的特点，既能考虑裂隙面方位的影响，又能考虑单元体塑性屈服后软化的影响。模型中的硬化参数、流动法则、塑性势函数等与遍布节理本构模型和应变硬化/软化本构模型中的完全一致，区别在于破坏准则由单线性特征扩展为双线性特征，具体描述如下。

单元体破坏准则见图 5-23，其破坏包线由两个摩尔-库伦破坏准则 $f_s^1=0$（AB 段）、$f_s^2=0$（BC 段）和一个张拉破坏准则 $f^t=0$（CD 段）组成。其中 AB 和 BC 段可分别用黏聚力 c_2、c_1 和摩擦角 φ_2、φ_1 描述，CD 段用抗拉强度 σ^t 描述。具体表达式分别见式（5-40）和式（5-41）。

$$f^s=\sigma_1-\sigma_3 N_\varphi+2c\sqrt{N_\varphi} \tag{5-40}$$

$$f^t=\sigma_3-\sigma^t \tag{5-41}$$

式中：c 为黏聚力（Pa）；σ_3 为小主应力（Pa）；σ_1 为大主应力（Pa）；σ^t 为抗拉强度（Pa）；$N_\varphi=(1+\sin\varphi)/(1-\sin\varphi)$，$\varphi$ 为单元体内摩擦角（°）。

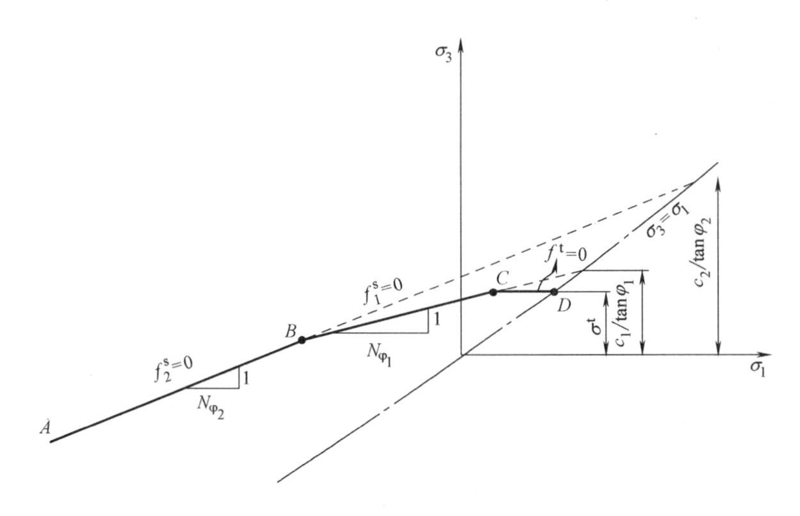

图 5-23 土体单元破坏准则

裂隙面破坏准则见图 5-24，其破坏包线也由两个摩尔库仑破坏准则 $f_j^{1s}=0$（BC 段）、$f_j^{2s}=0$（AB 段）和一个张拉破坏准则 $f_j^t=0$（CD 段）组成。其中 AB

和 BC 段可分别用黏聚力 c_{j2}、c_{j1} 和摩擦角 φ_{j2}、φ_{j1} 描述，CD 段用裂隙面抗拉强度 σ_{jt} 描述。具体表达式分别见式（5-42）和式（5-43）。

$$f_j^s = \tau + \sigma_{33}\tan\varphi_j - c_j \tag{5-42}$$

$$f_j^t = \sigma_{33} - \sigma_j^t \tag{5-43}$$

式中：τ 为裂隙面上的切应力（Pa）；σ_{33} 为裂隙面上的小主应力（Pa）；c_j 为裂隙面的黏聚力（Pa）；φ_j 为裂隙面的摩擦角（°）；σ_j^t 为裂隙面抗拉强度（Pa）。

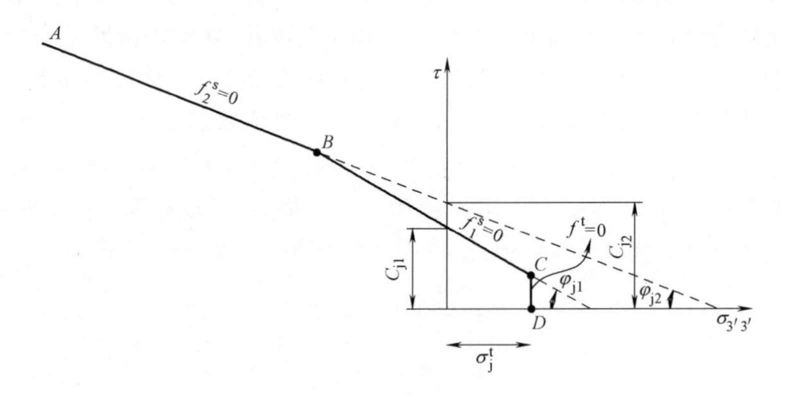

图 5-24　裂隙面破坏准则

5.5.2　计算方案与结果分析

计算模型尺寸仍见图 5-10。计算过程中同时考虑土体应变软化和不同裂隙面位置的影响。裂隙面的位置及意义与上节一致。

图 5-25 为同时考虑不同裂隙面位置和土体软化效应下，安全系数随裂隙面位置的变化规律。可以看出，与不考虑土体软化与裂隙面存在的结果相比，边坡稳定性进一步降低，降低幅度约为 12.3%～42.1%。随着裂隙面与 X 正向夹角的减小，安全系数亦呈现出“增—减—增—减—增”的波形关系，波峰出现在裂隙面与 X 正向夹角为 20°和 115°的位置，安全系数分别为 1.559 和 1.469，说明这两种裂隙面对边坡的稳定影响较小。波谷出现在裂隙面与 X 正向夹角为 80°和 160°的位置，安全系数分别为 1.031 和 1.029，此处两个裂隙面近似直立和与坡面平行，说明这两种裂隙面对边坡的稳定最为不利。与不考虑软化效应时的安全系数差别不大。这表明本例中土体软化效应对边坡稳定性的影响不如裂隙面位置的影响大。

同样，我们将裂隙面倾角与安全系数关系绘于图 5-26 中，可以看出，该图中的基本规律与图 5-22 基本相似。为了与前述研究成果进行比较，将所有稳定性计算结果一并绘于图 5-27 中。可以看出，裂隙对边坡稳定性的影响较大，主

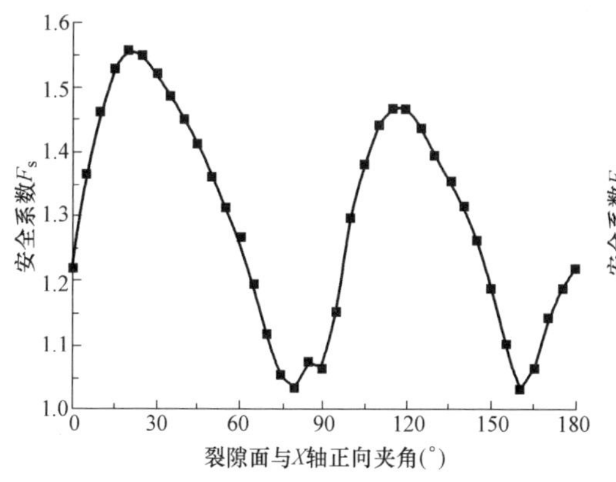

图 5-25　裂隙面与水平面夹角与安全系数关系（考虑土体软化）

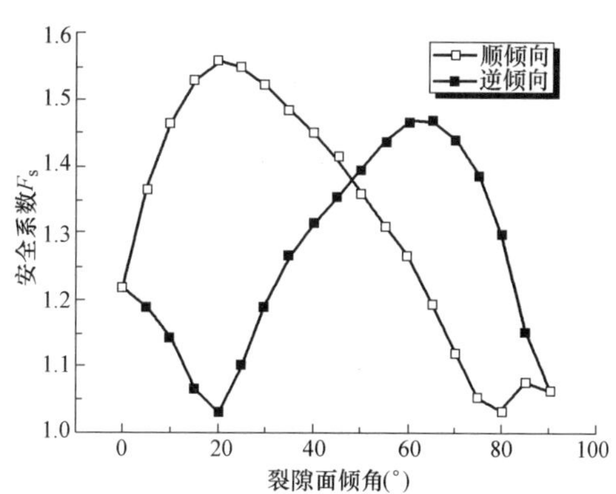

图 5-26　裂隙面倾角与安全系数关系（顺倾向和逆倾向）

要取决于裂隙面强度、方位、边坡坡比、土体软化程度等。此外我们发现，仅考虑裂隙和同时考虑裂隙与土体软化效应时的安全系数最大值比仅考虑土体软化效应时的安全系数还要大，主要发生在裂隙面与 X 正向夹角为 15°～25°之间，此范围内的裂隙面呈现为小倾角逆倾向特征。这表明，小倾角逆倾向的裂隙面有可能提高边坡的整体稳定性，其与裂隙面的强度参数及土体的软化程度密切相关。小倾角逆倾向的裂隙面相当于在坡体内插入一层板状加筋材料，起到加固土体的效果。前提是土体具有较明显的应变软化特征，同时裂隙面的强度值不会太小。若能有效提高裂隙面的强度，则可提高边坡稳定性。如果土体属于正常固结土，其不会出现应变软化特征，强度并不衰减，裂隙均会导致边坡稳定性的降低。

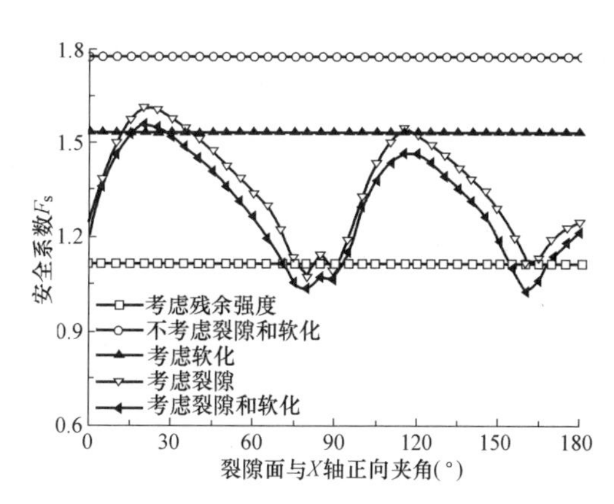

图 5-27　不同条件下安全系数变化规律

5.6　基于变形控制法的膨胀土边坡稳定性分析

前述章节计算求得的边坡变形量是基于强度折减法的计算结果，即此时的边坡变形量并非边坡的真实变形量，而是以抗剪强度折减后的参数值计算获得的，目的是获得边坡稳定安全系数。根据变形控制法的失稳评判标准，作者重新对边坡进行了数值计算。计算过程中不采用强度折减法计算稳定系数，而是直接计算边坡土体软化与否的应力变形关系。同时编制相应的 Fish 程序，读取了不同时步下坡面各点的水平和竖向位移，开展了基于变形控制法的边坡稳定性分析。

边坡计算模型仍为图 5-10，其中 $x=0\sim20$m 为坡顶范围，$x=20\sim40$m 为坡面范围。基本计算参数如下：$\gamma=18\text{kN/m}^3$，$\gamma_d=15\text{kN/m}^3$，$c=8$kPa，$c_{res}=3.8$kPa，$\varphi=15°$，$E=6$MPa，$\mu=0.33$。根据前述分析，土体软化效应对边坡稳定性的影响比裂隙面位置的影响要大，故此处主要分析考虑土体软化效应与否对边坡稳定性的影响。

5.6.1 不考虑应变软化

图 5-28 和图 5-29 分别为不考虑应变软化效应时，坡面水平和竖向位移随计算时步关系曲线。可以看出，不同计算时步条件下，坡顶的竖向位移表现为沉降，沉降量不断增大。坡面的竖向位移亦主要表现为沉降，沉降量随着水平距离的增加逐渐减小，超过某一水平位置后竖向位移表现为隆起，隆起量不断增大。计算时步约为 1000 步时，竖向位移趋于稳定，最大沉降量出现在坡顶后缘处，约为 0.21m；最大隆起量出现在坡脚处，约为 0.03m；不同计算时步条件下，坡顶的水平位移变化幅度较小，约 0.02m；坡面的水平位移不断增大，坡面土体朝着远离边坡的方向移动，快接近坡脚处时水平位移明显减小。计算时步约为 1000 步时，水平位移趋于稳定，最大水平位移出现在近坡脚处，约为 0.1m。采用极限平衡法对该边坡进行稳定性计算，可求得安全系数为 1.07，边坡处于稳定状态。然而根据位移建议预警值，不论是水平位移还是竖向位移，其最大值均超过预警值。从变形控制的角度上看，该边坡处于不稳定状态，需要采用工程防护措施进行加固。

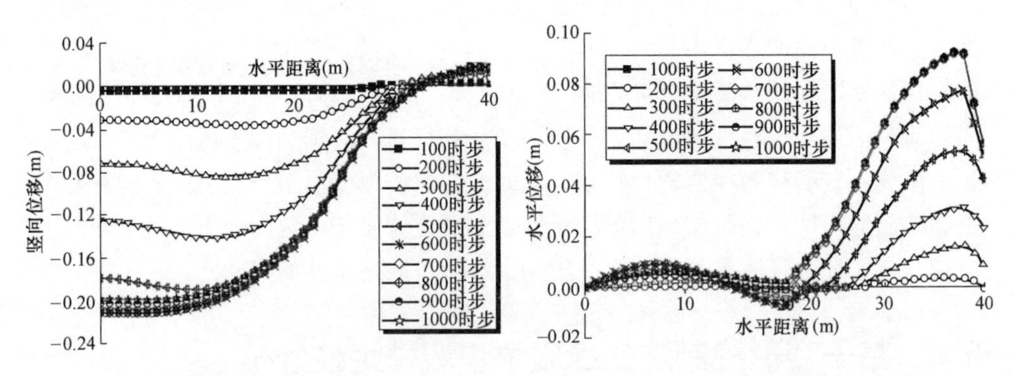

图 5-28　坡顶面竖向位移与计算时步关系　　图 5-29　坡顶面水平位移与计算时步关系

5.6.2 考虑应变软化

图 5-30 和图 5-31 分别为考虑应变软化效应时，坡面水平和竖向位移随计算

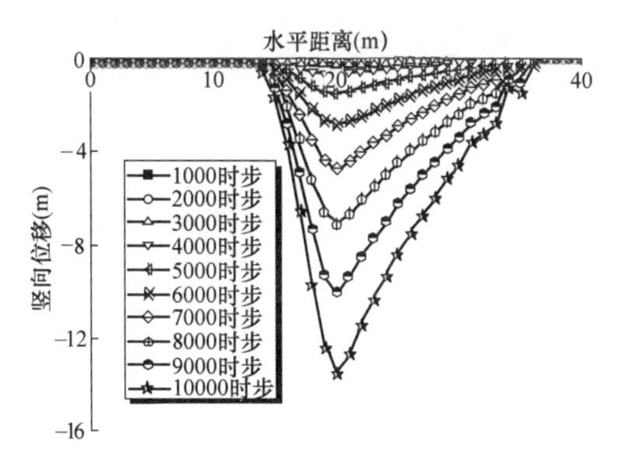

图 5-30　坡顶面竖向位移与计算时步关系

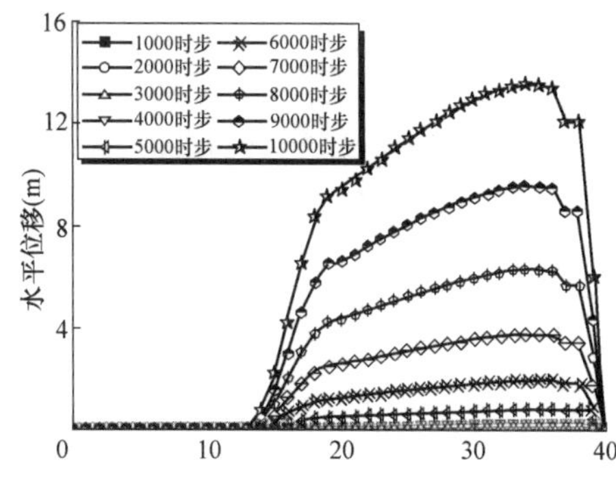

图 5-31　坡顶面水平位移与计算时步关系

时步关系曲线。可以看出，随时计算时步的增加，坡面的水平与竖向位移均不断增大，无收敛趋势，说明边坡的变形持续发展。计算时步为 10000 步时，最大沉降量出现在坡肩处，约为 15m；最大水平位移出现在近坡脚处，约为 14m，快接近坡脚处时水平位移急剧减小。与不考虑土体应变软化相比，坡面的水平位移和竖向位移均远超过预警值。当然在实际工程中，不允许边坡的变形如此持续发展，从变形控制的角度上看，该边坡早已处于不稳定状态，亟须采用工程防护措施进行重点加固。上述研究表明，若不考虑土体软化效应，其稳定性分析结果是偏不安全的，容易出现工程问题。因此在膨胀土工程设计中，宜考虑到土体软化效应对强度和变形的影响，确保工程质量。

参 考 文 献

[1] 姚海林，郑少河，陈守义. 考虑裂隙及雨水入渗影响的膨胀土边坡稳定性分析 [J]. 岩土工程学报，2001，23 (5)：606-609.

[2] 凌华，殷宗泽. 非饱和土强度随含水率的变化 [J]. 岩石力学与工程学报，2007，26 (7)：1499-1503.

[3] Zienkiewicz O C，Humpheson C，Lewis R W. Associated and non-associated visco-plasticity and plasticity in soil mechanics [J]. Geotechnique，1975，25 (4)：671-689.

[4] 刘欣，朱德懋. 基于单位分解的新型有限元方法研究 [J]. 计算力学学报，2000，17 (4)：423-434.

[5] 石根华. 数值流形方法与非连续性变形分析 [M]. 裴觉民译. 北京：清华大学出版社，1997.

[6] 包承纲. 岩土工程研究文集 [M]. 武汉：长江出版社，2007.

[7] 殷宗泽，徐彬. 反映裂隙影响的膨胀土边坡稳定性分析 [J]. 岩土工程学报，2011，33 (3)：454-459.

[8] 罗晓辉，叶火炎. 考虑基质吸力作用的土坡稳定性分析 [J]. 岩土力学，2007，28 (9)：1919-1922.

[9] 卢廷浩. 土力学 [M]. 北京：高等教育出版社，2010.

[10] 彭文斌. FLAC3D实用教程 [M]. 北京：机械工业出版社，2007.

[11] 郑颖人，沈珠江，龚晓南. 岩土塑性力学原理 [M]. 北京：中国建筑工业出版社，2002.

[12] 殷宗泽，徐彬. 反映裂隙影响的膨胀土边坡稳定性分析 [J]. 岩土工程学报，2011，33 (3)：454-459.

[13] Itasca Consulting Group. User’s Guide [Z]. Minnesota：itasce consulting group，2002.

第6章　膨胀土边坡加固技术与工程应用

边坡问题作为土力学三大经典问题之一，无论天然边坡还是人工边坡，在各种自然地质作用和人类活动等因素的影响下，边坡一直处于不断地发展和变化之中，常以发生滑坡为主要形式引发工程灾害。膨胀土受干湿循环、卸荷等因素影响，裂隙发育，导致膨胀土滑坡具有浅层性、牵引性、平缓性、长期性、季节性和方向性等特点。膨胀土边坡失稳有很重要的自然条件，多发生在四季分明、雨量集中、日照充分、温差大、植被遭受破坏的地区。处于膨胀土地区的边坡，无论是路堤、路堑边坡，还是渠道边坡、建筑物边坡等都易发生破坏。膨胀土属于特殊的黏性土，因此黏性土边坡的加固方法同样适用于膨胀土边坡。但是由于膨胀土具有特殊的矿物成分及膨胀土滑坡具有浅层性、牵引性、平缓性等特殊性，在加固方式上应与传统方法有所不同。针对膨胀土滑坡的特点，结合膨胀土边坡不同部位可能产生的变形和力的大小，应采取相应的预防和加固措施，主要是从防水、防裂隙、防风化和防强度衰减等多个角度出发，对膨胀土边坡进行治理。正确认识膨胀土边坡的特殊性，合理设计、有效治理、降低边坡失稳灾害，是岩土工程界的学者和工程设计人员必须考虑的问题。膨胀土边坡的治理是一项技术复杂、施工困难的灾害防治工程。近年来，随着各种工程项目不断增多，遇到的膨胀土边坡问题也越发普遍，相应的膨胀土边坡处治尤为重要。

6.1　常见膨胀土边坡破坏形式

常见的膨胀土边坡破坏形式有以下几种：

（1）剥落。路堑边坡表层因风化或土体超固结应力的释放，土块之间粘结力减弱或丧失，碎解成粒、片状，在重力作用下沿坡面滚落，坡面越陡，剥落越严重。

（2）冲蚀。坡面表层在水流的冲刷侵蚀下，产生的沟状冲蚀现象，坡面越陡，水的冲力越大，冲蚀现象越厉害。

（3）滑塌。膨胀土边坡表层吸水软化，抗剪强度降低，在重力和渗透压力的作用下，沿坡面局部下滑的现象。这是填方或挖方边坡常见的一种变形方式，被格式或拱式护坡分割成小块的边坡，常因坡面过陡，造成表面土体陷塌，土骨架露出，失去防护作用。

（4）坍塌。其危害仅次于滑坡，出现力量较大的坡体变形，可见半圆形或无规则的滑移面，滑移面土的含水率明显高于坍滑土体。坍滑体上可见密集分布的裂隙。坍塌多发生在坡体的下部，往往是产生牵引式滑坡的先兆。

（5）滑坡。分挖方边坡和填方边坡滑坡，二者产生滑动的机理有所不同。填方边坡滑动主要与填土性质有关；而挖方边坡滑动与坡率，特别是开挖过程中的坡比有密切关系。坡比越大，卸荷裂隙越易张开，雨水沿裂隙面渗透，使裂隙周边土体软化，强度降低，自重增加，层层牵引滑动，影响到整个开挖的变形与稳定。即使经过治理达到重新稳定，也常常留下隐患，所以应尽量避免滑坡的产生。

可以看出，膨胀土边坡的失稳破坏，大都与土体水分变化密切相关。干湿循环作用下，膨胀土反复胀缩变形，导致土体结构松散，裂隙发育。这会导致：①降雨入渗深度增加，深部土体黏聚力、内摩擦角和基质吸力都降低，从而导致土体抗剪强度的降低；②土体结构松散引起抗剪强度的衰减；③雨水顺着裂隙朝深部下渗，水压力的增大引起边坡稳定性降低；④在降雨入渗过程中，雨水入渗产生渗流力，边坡稳定性降低。不难看出，膨胀土边坡的失稳与土体水分变化有着密切联系。因此，通过避免土体含水率反复变化防止裂隙发生，保持土体原有良好性能是提高膨胀土边坡稳定性的有效方法。

6.2 常见膨胀土边坡加固技术

针对膨胀土边坡的不同破坏形式，目前膨胀土边坡加固处理技术可分为主动加固法和被动加固法。主动加固法是指采用一定的方法减小或避免土体性质变化带来的影响，避免膨胀土性质发生剧烈变化而达到加固边坡的目的，如坡面防护法、换填非膨胀性土法、化学改性法、土工膜覆盖法等；被动加固法是指采用一定的支挡措施（主要是抗力结构或压重等），使得膨胀土胀缩变形时受到约束，不致发生过大变形而破坏，如土袋压重法、挡土墙法、抗滑桩法、锚杆（索）法等。

6.2.1 主动加固技术

1. 坡面防护法

坡面防护主要包括植被防护和工程防护。即使边坡稳定性较好，也应进行坡面防护，避免坡面受雨水冲刷，减缓温、湿度的影响，防止进一步风化及雨水入渗，提高边坡稳定性；另一方面可防止水土流失，保护和美化环境。（1）植被防护。包括播草籽、铺草皮、种灌木等。播草籽适用于边坡基本稳定、坡面受雨水冲刷轻微，且易于草类生长的路堤与路堑边坡。播种方法有撒播法、喷播法等。铺草皮适用于需要迅速绿化的土质边坡，铺设形式有平铺式、叠铺式、方格式和片石方格式等。种灌木通常与播草籽、铺草皮联合使用，使坡面形成稳定良好的防护层，宜植于较缓的边坡上，适用于土质边坡。植被防护不仅可以绿化美观，而且可以通过植被来调节坡内土体的温湿度，减弱干湿循环效应，增强坡面的防冲刷和防变形能力。(2) 工程防护。包括框格防护、封面防护、护面墙防护等。框格防护适用于土质或强风化岩石边坡，框格采用混黏土、浆砌片（块）石、卵（砾）石等作骨架，框格内通常采用植被防护或其他辅助性防护措施。封面防护包括抹面、捶面、喷浆和喷混凝土等防护形式。抹面防护适用于易风化的软质岩石挖方边坡，岩石表面比较完整，尚无剥落；捶面防护适用于易受雨水冲刷的土质边坡和易风化的岩石边坡；喷浆和喷混凝土防护适用于易风化、裂隙和节理发育、坡面不平整的挖方边坡。护面墙防护适用于封闭各种软质岩层和较破碎的挖方边坡以及坡面易受侵蚀的土质边坡。护面墙分为实体、窗孔式、拱式等多种形式，应根据边坡地质条件合理选用。

2. 换填法

顾名思义，就是将表层一定厚度范围内的膨胀土用非膨胀性土来换填。换填土宜选用强度较高、粒径均匀的非膨胀性黏土。由于换填土不具有膨胀性，那么干湿循环作用下土体的胀缩变形很小，裂隙基本不发育，雨水无法快速入渗至边坡深处，边坡内部土体性质基本不变，土体强度亦能得到有效保证。换填后的土层相当于一层水稳性好、受水分变化影响小、强度高的材料，将原状膨胀土与外界隔离，起到保护下部膨胀土的作用。南水北调中线工程实施过程中，就采用换填非膨胀性土的方法来提高渠坡稳定性。

3. 化学改性法

化学改性法是利用有机或无机改性剂抑制膨胀土的强烈胀缩性，达到改善膨胀土工程性质的方法。化学改性法可以从根本上解决膨胀土的胀缩性，起到一劳永逸的效果。根据化学改性剂的成分可分为无机改性法和有机改性法两种。

无机改性剂主要包括石灰、生石灰、混合料、矿渣、沥青、NCS 等。(1) 石灰改性法。石灰可以改变黏土颗粒周围和内部的物理化学环境，改变水出入孔隙的自然状态，进而影响土体的基本性质。石灰改性膨胀土的作用机理是阳离子的交换、碳化作用与黏聚反应，使得土体的可塑性提高，黏土矿物电荷发生改变，土的水敏性降低，强度提高。(2) 生石灰改性法。生石灰与膨胀土搅拌后，迅速吸收土中水分并产生强烈的放热反应并生成氢氧化钙，导致土中含水率迅速降低，胶体颗粒的水膜厚度减小，分子间引力增大，土体强度提高。(3) 混合料改性法。将石灰、水泥、生石灰、粉煤灰等改性剂与膨胀土混合，其水稳性、改良性和强度方面都有较大优化，尤其是浸水后强度的衰减程度明显减小。(4) 矿渣改性法。矿渣复合料主要由矿渣、固化剂和激活剂组成。矿渣和固化剂水化后产生氢氧化钙，在黏土矿物表面形成固化层，提高了膨胀土的稳定性。矿渣复合膨胀土使原有膨胀土的胀缩特性基本丧失，而且几乎不透水。用矿渣复合土改良膨胀土效果显著，造价低廉，取材方便，施工简易，应用前景广阔。(5)沥青改性法。沥青与膨胀土混合时，沥青会增强土颗粒之间的粘结力，而且沥青的弱透水性能较好限制水分浸入膨胀土，土体强度得到保证。(6) NCS改性法。NCS是一种新型复合黏性土固化材料，由石灰、水泥等合成添加剂改性而成。NCS中的填料除具有石灰、水泥对土的改性作用外，还进一步使土粒发生一系列物理化学反应，使膨胀土颗粒间孔隙减小，紧密接触，形成团粒化和砂质化结构，增加了土体的压实性。同时水化作用形成的水化硅酸钙和水化铝酸钙，增强了土体的强度。

有机改性法是利用有机固化剂的聚合反应实现对土的固化增强。常用有机固化剂有丙烯酸盐系列、聚液态丁二烯等。丙烯酸盐是由丙烯酸和金属离子结合组成的有机电解质，在未聚合之前可溶于水，它是由丙烯酸与碱土金属的反应制得。当采用丙烯酸盐进行膨胀土固化时，丙烯酸盐单体与引发剂一起加入到土中，在土中进行聚合反应，使液状丙烯酸盐聚合成不溶于水的网状高分子黏胶体。这样土颗粒就被强度高、有塑性的黏胶体包围，形成土颗粒-丙烯酸盐黏胶-土颗粒的复合结构，有效提高了土颗粒间连结强度，使土体具有较高强度。同时，有机网状高分子黏胶体为斥水性材料，可延缓水的流动，加速膨胀土的固化。但是，由于聚合物与黏土矿物一般不发生化学反应，主要是通过包裹、机械咬合等物理作用来提高土颗粒间的粘结作用，因此在降低土的膨胀性和增加土的强度方面与无机改性剂相比要弱。其次，有机物聚合过程中并不吸收水分，土颗粒表面吸附水膜的存在会更影响聚合物网络对土颗粒间的粘结作用。再次，有机固化剂造价较高，而且大都具有毒性，易对环境造成污染。上述不利因素都限制了有机固化剂的应用。

6.2.2 被动加固技术

被动加固法中的大部分技术都是成熟的技术，在大量边坡加固工程得到广泛应用，加固效果良好。被动加固法的主要机理是采用各种类型的支挡结构来平衡剩余下滑力，控制坡体变形，提高边坡整体稳定性。关于支挡结构类型的选择，要根据边坡剩余下滑力、主动土压力的大小和滑动面的位置而定，即按照地形地貌、土层结构与性质、边坡高度、滑体规模，以及受力条件和危害程度而采取相应的结构形式进行支护。支挡结构主要包括抗滑挡土墙、抗滑桩、锚杆（索）、抗滑桩+锚杆（索）、格构梁+锚杆（索）、加筋挡墙等。支挡结构应保证边坡本身、坡上和坡下基础设施等的安全稳定，在设计中应做到技术明确、经济合理及方便施工。

1. 支挡结构设计基本原则

（1）为保证支挡结构安全正常使用，必须满足承载能力极限状态和正常使用极限状态的设计要求，针对不同的支护类型进行相应的计算和验算；

（2）应根据工程要求、地形及地质等条件，综合考虑以确定支挡结构的平面布置及纵深距离；

（3）应认真分析地形地貌、地质构造、荷载条件、地下水条件、材料供应及现场施工等条件，合理确定支挡结构类型及几何尺寸；

（4）应保证支挡结构设计符合相应规范、条例要求；

（5）设计过程中应使支挡结构与周边环境协调一致；

（6）设计时应给出质量安全监测及施工监控的要求；

（7）为保证支挡结构的使用寿命满足工程要求，在设计时应说明维修规定；

（8）设计时应考虑各种不利突发事件对支挡结构施工的影响，及时调整。

2. 抗滑挡土墙

选取何种类型的抗滑挡土墙，应根据滑体性质、滑坡类型（渐进式、连续式、推移式、牵引式等）、自然地质条件、当地的材料供应情况等条件，综合分析，合理确定，以期达到整治滑坡的同时，降低整治工程的建设费用。采用抗滑挡土墙整治滑坡，对于小型滑坡，可直接在滑坡下部或前缘修建抗滑挡土墙；对于中、大型滑坡，抗滑挡土墙常与排水工程、削方减载工程等整治措施联合使用。其优点是破坏范围少，加固效率高。尤其对于由于斜坡体因前缘崩塌而引起大规模滑坡，抗滑挡土墙会起到良好效果。但在修建抗滑挡土墙时，应尽量避免或减少对滑坡体前缘的开挖，因为滑坡体前缘属于阻滑段，是有利于滑坡稳定的。

抗滑挡土墙的布置应根据滑坡位置、类型、规模、滑坡推力大小、滑动面位置和形状，以及基础地质条件等因素综合分析，一般其布置原则如下：

（1）对于中、小型滑坡，一般将抗滑挡土墙布设在滑坡前缘；

（2）对于多级滑坡或滑坡推力较大时，可分级布设抗滑挡土墙；

（3）对于滑坡中、小部有稳定岩层锁口时，可将抗滑挡土墙布设在锁口处；

（4）当滑动面出口在构筑物（如公路、桥梁、房屋建筑）附近，且滑坡前缘距建筑物有一定距离时，为防止修建抗滑挡土墙所进行的基础开挖引起滑坡体活动，应尽可能将抗滑挡土墙靠近建筑物布置，以便墙后留有余地填土加载，增加抗滑力，减少下滑力；

（5）对于道路工程，当滑面出口在路堑边坡上时，可按滑床地质情况决定布设抗滑挡土墙的位置；若滑床为完整岩层，可采用上挡下护方法。若滑床为不宜设置基础的破碎岩层时，可将抗滑挡土墙设置于坡脚以下稳定的地层内；

（6）对于滑坡的前缘面向溪流或河岸或海岸时，抗滑挡土墙可设置于稳定的岸滩地，并在抗滑挡土墙与滑坡体前缘留有余地，填土压重，增加阻滑力，减少抗滑挡土墙的圬工数量，降低工程造价；或将抗滑挡土墙设置在坡脚，并在挡土墙外进行抛石加固，防止坡脚受水流或波浪的侵蚀和淘刷；

（7）对于地下水丰富的滑坡地段，在布设抗滑挡土墙前，应先进行辅助排水工程，并在抗滑挡土墙上设置好排水设施；

（8）对于水库沿岸，由于水库蓄水水位的上升和下降，使浸水斜坡发生崩塌，进而可能引起的大规模的滑坡，除在浸水斜坡可能崩塌处布设抗滑挡土墙外，在高水位附近还应设抗滑桩或二级抗滑挡土墙，稳定高水位以上的滑坡体。

3. 抗滑桩

抗滑桩是深入土层或岩层的柱形构件。与一般桩体不同，抗滑桩主要承担水平荷载。边坡工程中，抗滑桩是通过桩身将上部承受的坡体推力传给桩下部的侧向土体或岩体，依靠桩下部的侧向阻力来抵消边坡的下滑力，而使边坡保持稳定。抗滑桩设计一般应满足以下要求：

（1）抗滑桩提供的阻滑力要使整个滑坡体具有足够的稳定性，即滑坡体的稳定安全系数满足相应规范规定的安全系数或可靠指标，同时保证坡体不从桩顶滑出，不从桩间挤出；

（2）抗滑桩桩身要有足够的强度和稳定性，即桩的断面要有足够的刚度，桩的应力和变形满足规定要求；

（3）桩周土的地基抗力和滑体的变形在容许范围内；

（4）抗滑桩的埋深及锚固深度、桩间距、桩结构尺度和桩断面尺寸都比较适当，安全可靠，施工可行、方便，造价较经济。

抗滑桩设计内容主要为：

（1）进行桩群的平面布置，确定桩位、桩间距等平面尺度；

（2）拟定桩型、桩埋深、桩长、桩断面尺寸；

（3）根据拟定的结构确定作用于抗滑桩上的力系；

（4）确定桩的计算宽度，选定地基反力系数，进行桩的受力和变形计算；

（5）进行桩截面的配筋计算和一般的构造设计；

（6）提出施工技术要求，拟定施工方案，计算工程量，编制概预算等。

4. 锚杆（索）

岩土锚固技术是把一种受拉杆件埋入地层中，以提高岩土自身的强度和自稳能力的一门工程技术。由于其减轻结构物的自重、节约工程材料并确保工程安全，具有显著的经济效益，因此在边坡工程中得到广泛应用。岩土锚固的基本原理就是利用锚杆（索）周围地层岩土体的抗剪强度来传递结构物的拉力，以保持边坡体的自身稳定。锚杆（索）可以提供作用于结构物上的抗力，使锚固地层产生压应力区并对加固地层起到加筋作用；可以增强地层的强度，改善地层的力学性能；可以使结构与地层固定在一起形成复合体，使其能有效地承受拉力和剪力。在岩土锚固中通常将锚杆和锚索统称为锚杆。

在计划使用锚杆的边坡工程中，应充分研究锚固工程的安全性、经济性和施工的可行性。设计前认真调查边坡工程的地质条件，并进行工程地质勘察及有关的岩土物理力学性能试验，以提供锚固工程范围内的岩土性状、抗剪强度、地下水、地震等基本情况。设计锚杆的使用寿命应不小于设计对象的正常使用年限，一般使用期限在两年以内的锚杆应按临时锚杆设计，两年以上的锚杆应按永久性锚杆进行设计。对于永久性锚杆的锚固段不应设在有机质土和高液限土中。当对支护结构变形量容许值要求较高、或岩层边坡施工期稳定性较差、或土层锚固性能较差、或采用了钢绞线和精轧钢时，宜采用预应力锚杆。但预应力作用对支承结构的加载影响、对锚固地层的牵引作用以及相邻构筑物的不利影响应控制在安全范围之内。设计的锚杆必须达到设计要求，防止边坡滑动剪断锚杆，选用的钢筋或钢绞线必须满足有关国家标准，同时避免锈蚀导致强度降低。选用材料必须先进行材料性能试验，锚杆施工完毕后必须对锚杆进行抗拔试验，验证锚杆是否达到设计承载力的要求。

5. 加筋边坡与加筋挡土墙

加筋土是一种在土中加入加筋材料而形成的复合土。在土中加入加筋材料可以提高土的强度，增强土体的稳定性。凡在土中加入加筋材料而使整个系统的力学性能得到提高的土工加固方法均称为土工加筋技术，形成的结构亦称之为加筋土结构。土工增强技术常见有加筋土、纤维土、复合土、改性土等。加筋土技术应用于工程结构中形成加筋土结构，目前在边坡工程中应用较多的是加筋土挡墙和加筋土边坡。加筋土边坡一般由加筋材料和土体填料组成，坡面比较陡，根据实际情况可设面板。加筋土挡墙一般由基础、面板、加筋材料、土体填料、帽石等组成。与传统支挡结构相比，加筋土边坡和加筋土挡墙具有结构新颖、造型美观、技术简单、施工方便、要求较低、节省材料、施工速度快、工期较短、造价低廉等优点。经过若干年的完善和发展，加筋技术已在道路工程、市政建设、护岸工程、铁道工程、建筑工程中广泛应用，甚至还用于危险品和危险建筑的围堤设施等。

加筋技术的工作原理目前主要分为两类：摩擦加筋原理和准黏聚力原理。(1) 摩擦加筋原理认为，加筋土性能的提高来自于筋体材料与土体之间的摩擦力、筋体材料自身的受力和变形特性。筋体材料要满足两点：一是材料表面要粗糙，能使筋-土之间产生足够的摩擦力；二是要有足够的强度和弹性模量，前者保证在筋-土之间产生错动前拉筋不被拉断，后者保证筋体变形与土体变形大致相同，不发生筋体材料从土体中脱离的现象。摩擦加筋原理由于概念明确、简单，在加筋土挡墙现场试验中得到较好验证。但是摩擦加筋原理忽略了筋体在力作用下的变形，也未考虑土体具有非连续介质、各向异性的特征。因此对高弹性模量的加筋材料（金属）比较适用，对低弹性模量的合成材料（塑料带）不适用。(2) 准黏聚力原理认为，加筋土结构可看作是各向异性的复合材料，一般情况下筋体的弹性模量远大于土体的弹性模量，拉筋与填土共同工作，外测强度包括了土体的抗剪强度、填土与筋体的摩阻力和拉筋拉力的共同作用，使得加筋土强度明显提高，即土体的宏观黏聚力明显增大。

6.2.3 “土工膜覆盖＋非膨胀性土回填＋植草”加固机理

已有研究表明，新开挖的原状膨胀土强度很高，完整性好，如果能保护得当，避免外界因素对土体性能的改变，则膨胀土边坡的整体稳定性就能够得到有效保证。自然条件下，水分的变化是导致膨胀土性能改变的主要因素。如果能减弱这些因素对土体的影响，那么土体结构就不会被破坏，其性质也能得到有效保证。基于上述原理，笔者所在研究团队系统开展了“土工膜覆盖＋非膨胀性土回填＋植草”加固技术研究，从加固机理、室内试验、现场试验、数值模拟、设施和施工要点等多方面对该技术进行了深入研究，为膨胀土边坡的设计和加固提供新的思路。

复合土工膜是用土工布与土工膜复合而成的不透水材料，是在土工膜的一侧或两侧采用远红外加热的方法，把土工布和土工膜经导辊压形成。土工膜主要以塑料薄膜作为防渗基材，其化学成分主要有聚氯乙烯、聚乙烯、乙烯/醋酸乙烯共聚物等，是防渗的主要部分。土工布是由合成纤维通过针刺或编织形成的透水性土工合成材料，主要包括有纺土工布和无纺土工布，其具有良好的过滤、隔离、抗拉强度高、摩擦性强、渗透性好、耐高温、抗冷冻、耐老化、耐腐蚀等性能。

复合土工膜覆盖加固机理是：①利用土工膜的不透水性，将外界水分（如降雨、地下水、地表污水等）与被加固对象隔离，避免土体水分发生剧烈变化或有害物质渗漏；②土工布附着在土工膜的一侧或两侧，可有效保护土工膜不受破坏，能减少紫外线照射，增加抗老化性能，延长使用寿命；同时土工布具有较高的抗拉强度和延伸性，它与土工膜结合后，不仅增大了土工膜的抗拉强度和抗穿刺能力，而且由于土工布表面粗糙不平，增大了土工布与土体之间的摩擦能力，避免土工布与土体之间产生相对错动而降低效果。

常见的复合土工膜有“一布一膜”、“两布一膜”和“两膜一布”等多种形式，宽幅为4～6m，质量为200～1500g/m^2。此方案加固设计的结构层从里到外包括：复合土工膜（两布一膜）、50cm厚的压实非膨胀性土和坡面植被绿化。其中后两部分组成了复合土工膜的保护层，其目的是确保复合土工膜能长期、有效地发挥作用，防止复合土工膜老化和破损，延长使用寿命，同时绿化美观。

6.3 “土工膜覆盖+非膨胀性土回填+植草”加固技术试验

6.3.1 室内试验

避免水分反复剧烈变化，保证膨胀土性能基本不受外界因素的影响，是复合土工膜覆盖法加固机理的核心。为此，开展了有膜覆盖和无膜覆盖条件下的室内干湿循环模型试验，研究了膨胀土的渗透、强度等性质受干湿循环作用的影响程度和复合土工膜的保护程度。

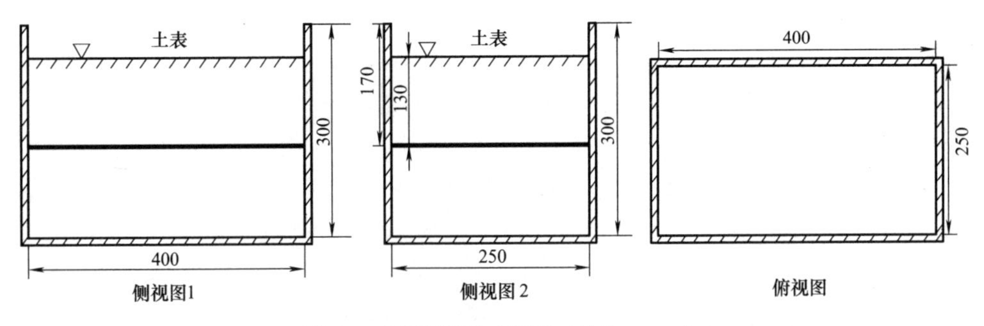

图 6-1 试验模型示意图（单位：mm）

试验设备为透明箱体，模型尺寸见图 6-1 和图 6-2，图中黑粗线表示复合土工膜的覆盖位置，膜下土体厚度与膜上土体厚度一致，各为 130mm。膜上土体顶面距模型箱顶面为 40mm。试验方案分别为有膜和无膜覆盖条件下，膨胀土抗剪强度性能受干湿循环作用的影响程度。为保证土工膜有效隔绝上下土体，采用玻璃胶将膜与仪器侧壁接触位置密封，并用透明胶带粘贴牢固。试验土料基本参数见表 6-1，室内模拟干湿循环效应方法见前述章节。本节共进行了三次干湿循环，循环完成后采用环刀切取膜上和膜下土样进行固结快剪强度试验，同时开展了初始状态相同的标准土体的固结快剪强度试验，以获得复合土工膜覆盖下土体强度性能的变化规律。

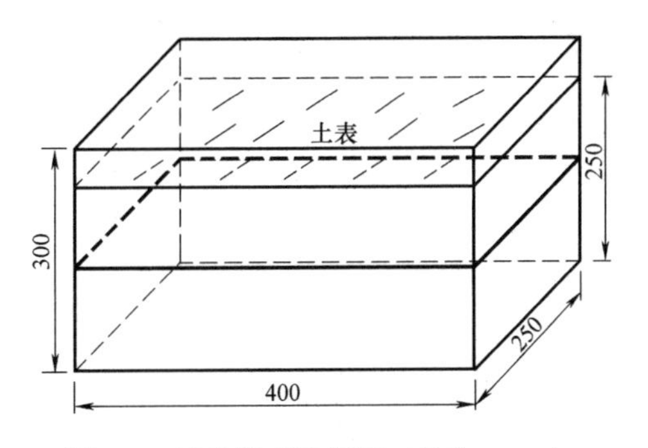

图 6-2 试验模型透视图（单位：mm）

图 6-3 为干湿循环作用下膜上和膜下土体表面最终形态。膜上土受干湿循环作用裂隙发育，结构松散；膜下土几乎没有变化，整体性好，裂隙不发育。这表

某工程膨胀土基本参数 **表 6-1**

液限	塑限	塑性指数	自由膨胀率	最大干密度	相对密度
w_L(%)	w_P(%)	I_P	δ_{ef}(%)	ρ_d(g/cm³)	d_s
42.7	19.2	24	56.8	1.81	2.74

明土工膜能有效地限制土体裂隙发育，减弱干湿循环对膜下土的影响。图 6-4 为标准土、膜上土和膜下土的剪应力-剪位移关系曲线。经历三次干湿循环的膜上土，不同围压下的剪应力比膜下土的明显要小。将不同围压下的峰值剪应力与上覆压力关系绘于图 6-5 中，并将抗剪强度参数一并列出。可以看出，经历三次干湿循环后，膜下土与标准土的抗剪强度参数基本一致，略有减小。而膜上土的抗剪强度衰减剧烈，约为标准土抗剪强度参数的一半。室内试验表明，土工膜能有

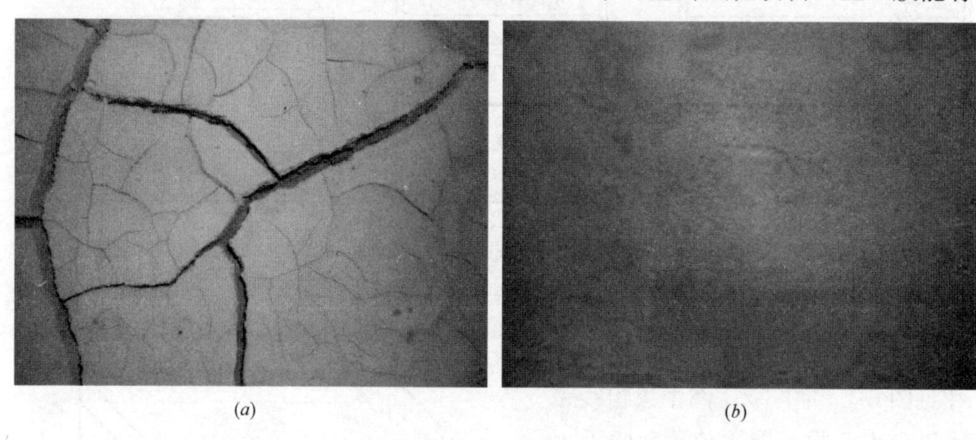

(a) (b)

图 6-3 干湿循环作用下膜上和膜下土体表面最终形态

(a) 膜上土；(b) 膜下土

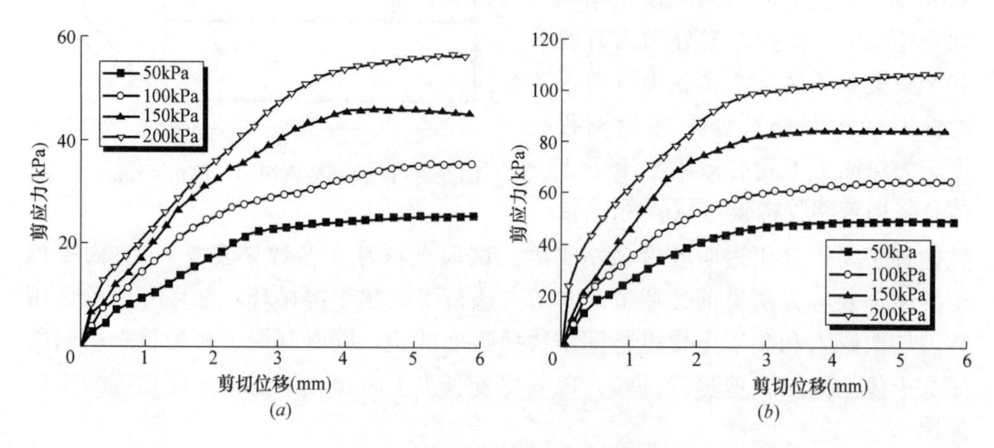

图 6-4 剪应力-剪位移关系曲线

(a) 膜上土；(b) 膜下土

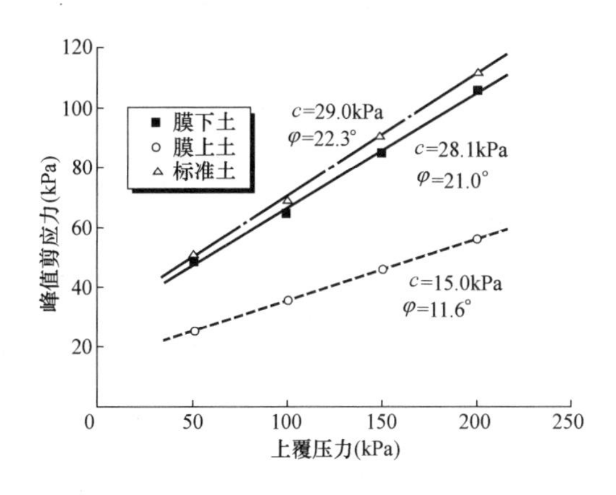

图 6-5 峰值剪应力-上覆压力关系曲线

效维持膜下土的初始性能，限制干湿循环对膜下土的影响，保证膜下土体强度的稳定性。

6.3.2 现场试验

1. 试验背景

基于复合土工膜加固机理，笔者所在课题组在江苏省镇江市南徐大道南侧膨胀土边坡分别进行了有膜和无膜覆盖下的现场试验。南徐大道是一条百米宽景观大道，大道南侧的黄山公园处于膨胀土边坡上。某次暴雨过后，形成了长约500m、宽约150m的膨胀土滑坡，坡比较缓，约为1∶3。图6-6为现场实拍膨胀土滑坡形态，实测发现边坡体3m深度范围内的土体结构松散，裂隙发育，滑坡有可能进一步发展的可能，亟需采取工程措施进行治理。土体基本参数见表6-2，为中膨胀性土。

(a)

(b)

图 6-6 南徐大道膨胀土滑坡现场

南徐大道膨胀土基本参数 **表 6-2**

天然含水率 w_0(%)	天然干密度 ρ_d(g/cm^{-3})	土粒密度 d_s	液限 w_L(%)	塑限 w_p(%)	渗透系数 k(cm/s)	自由膨胀率 δ_e(%)	无荷膨胀率 δ_u(%)	有效黏聚力 c'(kPa)	有效内摩擦角 φ'(°)
21.6	1.6	2.73	40.4	20.6	9e-5	75	4.6	14.1	12.2

2. 试验方案

根据现场地质条件、地形地貌及工程需要，采用人工开挖修筑的方式制作了两个尺寸相同的模型边坡，坡比为 1∶1.5，分别进行有膜覆盖和无膜覆盖的现场加固试验（以下无膜区称 A 区，有膜区称 B 区）。复合土工膜覆盖法设计详图见图 6-7。加固方案具体实施过程如下：（1）首先将边坡开挖成台阶状（图 6-8*a*），台阶高度和宽度根据边坡形态和设计要求确定，目的是增大复合土工膜与边坡的接触程度，避免膜与土体之间产生滑动而丧失加固效果；（2）其次，在边坡表面覆盖复合土工膜，膜与土尽量紧密贴合，以发挥最大摩擦效果（图 6-8*b*）；（3）再次，土工膜上再回填 50cm 非膨胀性土并压实整平（图 6-8*c*）；（4）最后，采用喷播方式在坡面植草并养护（图 6-8*d*）。至此，加固方案实施过程结束。A 区不进行任何处理，与 B 区试验效果进行对比。

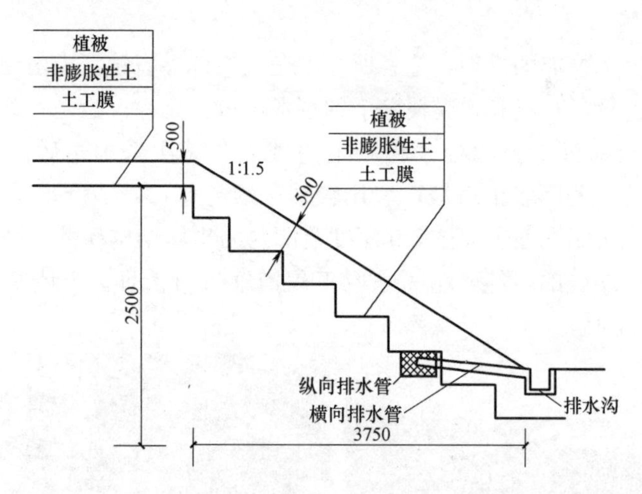

图 6-7 复合土工膜覆盖法施工大样图（单位：mm）

为了检验土工膜覆盖法加固膨胀土边坡的可行性，在 A 区和 B 区相对应的位置布置了若干监测仪器，包括吸力探头、含水率探头和测斜管，用来观测无膜和有膜覆盖时的边坡土体基质吸力、含水率和边坡深层水平位移随时间的变化关系，具体布置见图 6-9。含水率探头采用美国 Decagon 公司研制的 ECH_2O 型，具有测量精度高、性价比好等优点；吸力探头采用美国 Soilmoisture 公司研制的 G-BLOCK 型，具有抗干扰能力强、量程大、精度高等优点。

(a)　(b)　(c)　(d)

图 6-8　复合土工膜覆盖法现场施工工序

(a) 开挖成台阶形状；(b) 土工膜覆盖开挖面；(c) 回填非膨胀性土并压实整平；(d) 表面植草养护

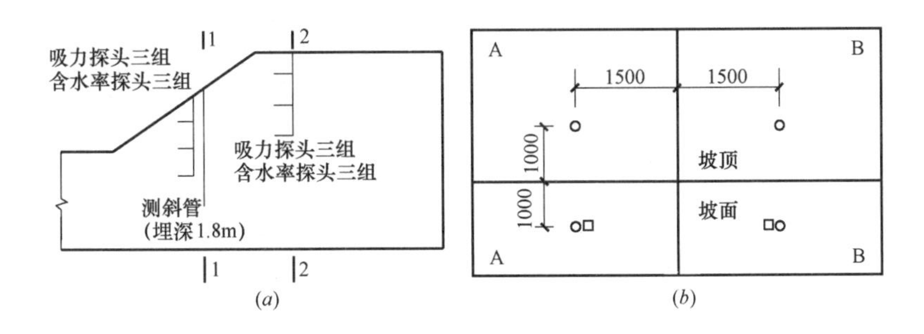

(a)　(b)

图 6-9　边坡形态及探头布置

(a) 边坡剖面图；(b) 边坡俯视图（单位：mm）

注：○＝含水率探头和吸力探头；□＝测斜管。

在 A 区和 B 区坡面中部（1-1 剖面）分别埋设测斜管 CX-A 和 CX-B，埋深均为 1.8m。含水率探头和吸力探头在 A、B 区做相同深度的埋设，而且在埋设含水率探头位置处附近同时埋设吸力探头。由于复合土工膜上覆土层厚度为0.5m，故在坡顶（2-2 剖面）的探头埋深为表面以下 1.0m、1.5m 和 3.0m；在坡面（1-1 剖面）埋设时考虑到坡面倾斜，可加深 0.2m 进行埋设，即探头埋深为 1.2m、1.7m 和 3.2m。

3. 试验结果与分析

根据上述试验方案和方法对试验场地进行了为期一年半的现场监测，分别获得了有膜和无膜覆盖条件下，膨胀土边坡土体含水率、吸力和深层水平位移的变化规律。

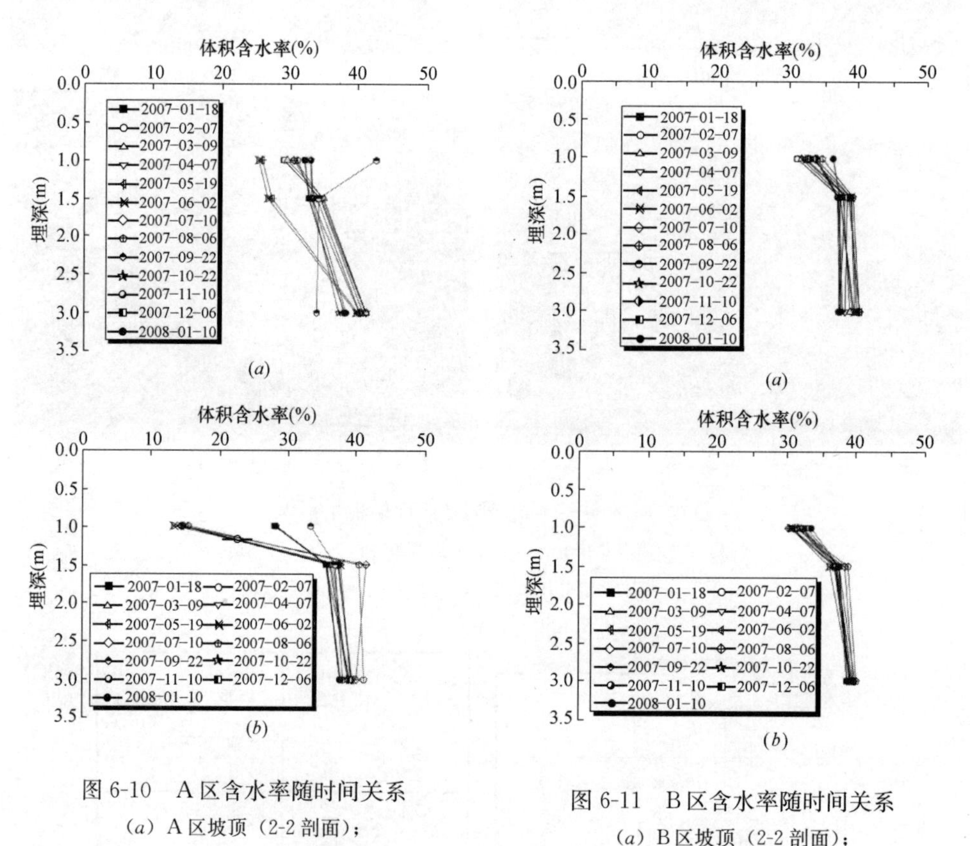

图 6-10　A 区含水率随时间关系

(*a*) A 区坡顶（2-2 剖面）；

(*b*) A 区坡面（1-1 剖面）

图 6-11　B 区含水率随时间关系

(*a*) B 区坡顶（2-2 剖面）；

(*b*) B 区坡面（1-1 剖面）

图 6-10 和图 6-11 分别为 A 区和 B 区土体体积含水率随深度时间关系图。可以看出，在 A 区，土体体积含水率受外界因素影响较大：天晴阶段，由于蒸发作用，土体水分不断丧失，含水率逐渐减小；降雨阶段，随着雨水入渗，土体水分不断增大，含水率逐渐增加。同一位置处的土体含水率变化最大值约为 20%，发生在坡面以下 1m 处。由此可以推断，坡面表层土体含水率的变化幅度更大，干湿循环作用效应越明显，浅层土体结构松散破碎程度加剧，裂隙发育。在 B

区，由于复合土工膜的覆盖隔水作用，外界因素影响明显减弱，雨水无法从边坡表面入渗，土体自身水分也无法从表面蒸发，因而土体不同位置处的含水率基本维持不变。这表明复合土工膜的覆盖能够很大程度上保护膜下土体水分不受外界因素影响，土体自身性质能得到有效保证。

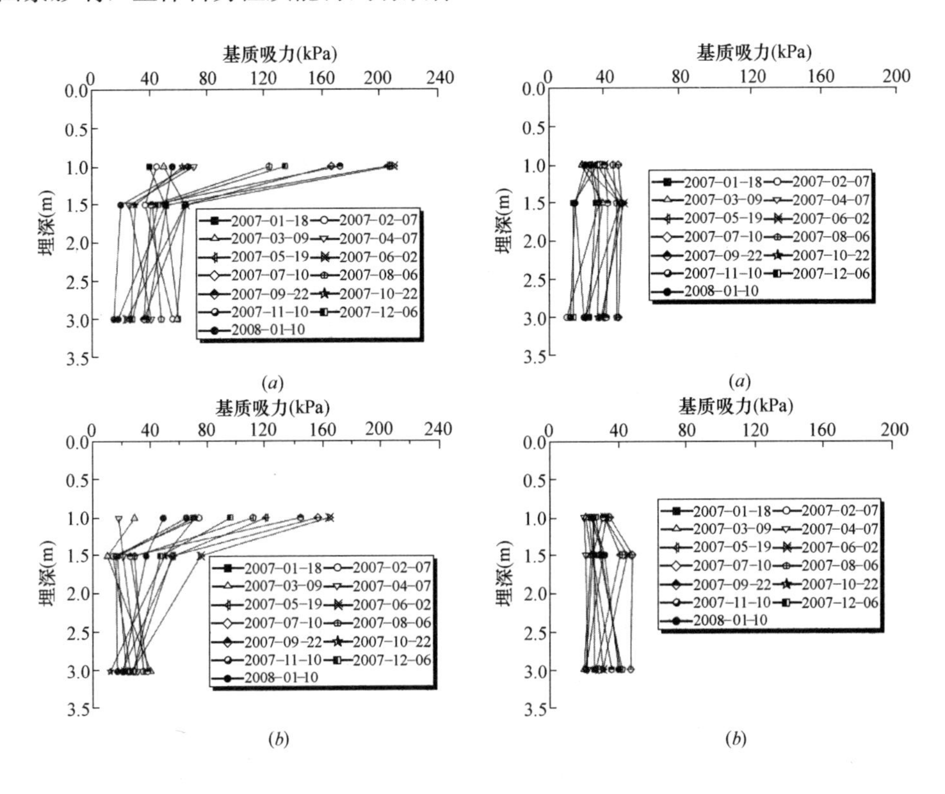

图 6-12　A 区基质吸力随时间关系

(a) A 区坡顶（2-2 剖面）；

(b) A 区坡面（1-1 剖面）

图 6-13　B 区基质吸力随时间关系

(a) B 区坡顶（2-2 剖面）；

(b) B 区坡面（1-1 剖面）

图 6-12 和图 6-13 分别为 A 区和 B 区土体基质吸力随深度时间关系图。和土体含水率变化规律相似，在 A 区，土体基质吸力受外界因素影响较大：天晴阶段，由于蒸发作用，土体水分不断丧失，基质吸力逐渐增大；降雨阶段，随着雨水入渗，土体水分不断增大，基质吸力逐渐减小。坡面处土体的基质吸力变化范围为 40～220kPa，坡顶处土体的基质吸力变化范围为 10～160kPa，坡面处土体的基质吸力变化幅度比坡顶处土体的要大。埋深越大，基质吸力变化幅度明显减小，表明干湿循环对表层土体的影响要大得多。在 B 区，由于复合土工膜的覆盖隔水作用，外界因素影响明显减弱，雨水无法从边坡表面入渗，土体自身水分也无法从表面蒸发，无论是坡顶还是坡面位置，土体不同位置处的基质吸力变化

幅度明显减小，最大变化量约为 30kPa。埋深越大，基质吸力变化幅度反而越大，这可能是由于深部土体水分通过其他途径补给或排泄而引起的，表明复合土工膜覆盖后的保护范围主要是土体表层，深层土体基本不受复合土工膜的覆盖保护。总体上看，采用复合土工膜覆盖后的边坡土体基质吸力变化幅度明显降低，能有效维持土体基质吸力的稳定性。

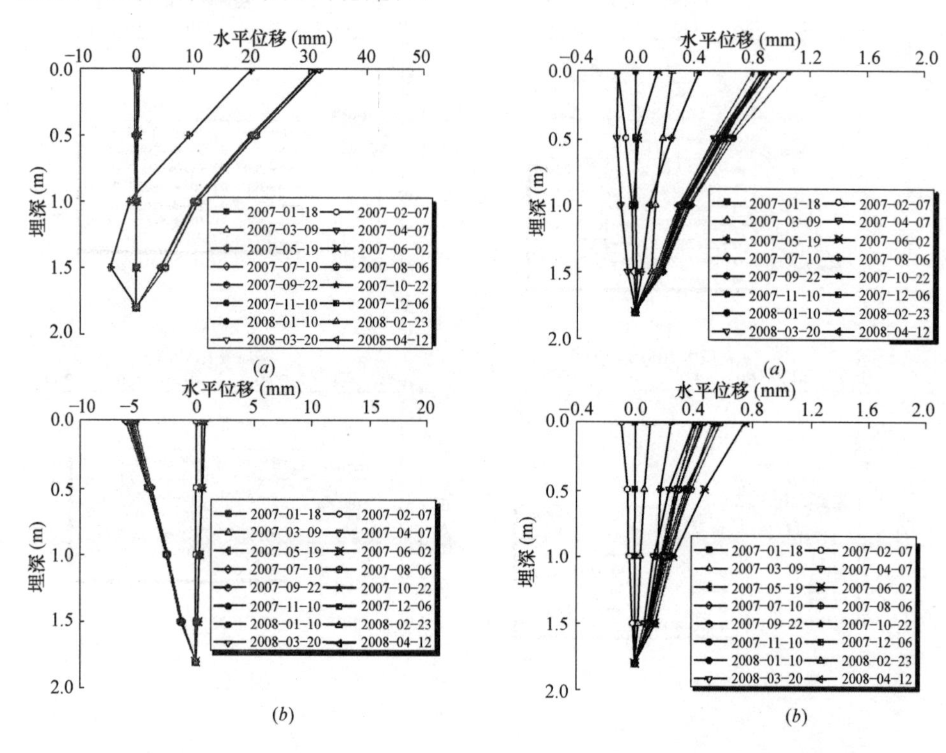

图 6-14　A 区深层水平位移随时间关系

（a）A 区坡顶（2-2 剖面）；

（b）A 区坡面（1-1 剖面）

图 6-15　B 区深层水平位移随时间关系

（a）B 区坡顶（2-2 剖面）；

（b）B 区坡面（1-1 剖面）

图 6-14 和图 6-15 分别为 A 区和 B 区土体深层水平位移随深度时间关系图。在 A 区，土体深层水平位移变化较大，坡顶位置的比坡面位置的要大得多，说明坡顶土体的深层水平位移值变化较大，位移值为正表明坡顶土体向坡面外侧产生水平位移，最大值约为 32mm；坡面位置处的深层水平位移值为正，表明坡面土体向坡面内侧产生水平位移，最大值约为 5.3mm；两处位移最大值均发生在坡体表层。在 B 区，无论是坡顶位置还是坡面位置，土体深层水平位移与无膜覆盖时相比大大减小，最大值分别为 1.1mm 和 0.8mm，几乎不产生水平位移。这表明采用复合土工膜覆盖后的边坡土体水平位移明显降低，边坡土体的变形能得到有效控制。

综上现场试验结果表明，采用复合土工膜覆盖膨胀土边坡表面，能有效控制边坡土体的含水率和基质吸力稳定在一定范围，大大减小了边坡土体的水平位移。同时采用“非膨胀性土回填＋植草”技术保护复合土工膜，避免土工膜老化和受损破坏，延长使用寿命，边坡整体稳定性大大提高。

6.4 “土工膜覆盖＋非膨胀性土回填＋植草”加固技术渗流分析

室内试验和现场试验结果初步验证了“土工膜覆盖＋非膨胀性土回填＋植草”加固技术的可行性及有效性。由于模型试验费时费力，很难全面考虑诸多因素对此加固技术的影响程度，其在实际工程中的推广应用受到限制。因此在模型试验结果的基础上，通过数值模拟来分析不同条件下该加固技术的加固效果及不同因素的影响程度，为“土工膜覆盖＋非膨胀性土回填＋植草”的设计和施工提供参考。

笔者采用 Geostudio 软件中的 VADOSE/W 软件开展数值模拟。VADOSE/W 软件可以模拟外部环境变化引起的地表水蒸发、入渗、径流等及地下水运移对研究区域温度、含水率、孔隙压力等的影响。此外，它还可以利用求得的渗流场来开展边坡稳定性、土体变形耦合、污染物运移等常见问题的分析，广泛应用于岩土工程、水利工程、环境工程等的设计和分析。

6.4.1 计算模型

模型尺寸和网格划分形式见图 6-16。地下水位线位于 $Y=2$m 处，最大负水头为 5m；右侧为潜在渗流边界（若有输出流量，则边界自动修改为水头边界，水头为该点处的 Y 值；若无输出流量，则为不透水边界）；右侧和底部为不透水边界；顶部为气候交换边界（土体与外界存在水气交换）。图 6-16 中内部粗黑线为复合土工膜的覆盖范围，覆盖边界为 $X=0\sim20$m。土工膜采用薄层单元来反映，通过设置薄层单元的渗透系数（取 10^{-20}cm/s）来实现不透水的目的。

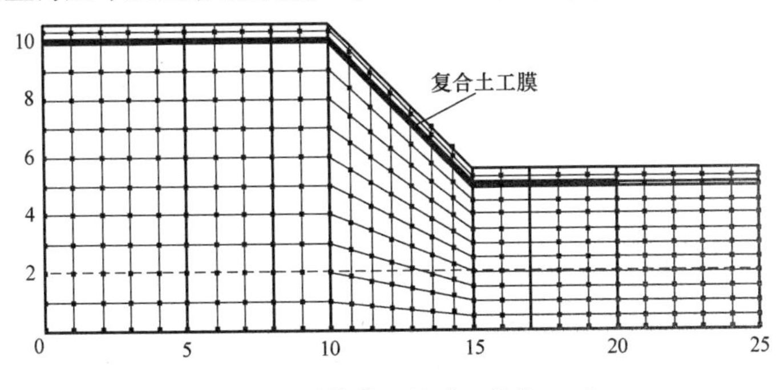

图 6-16　计算模型尺寸（单位：m）

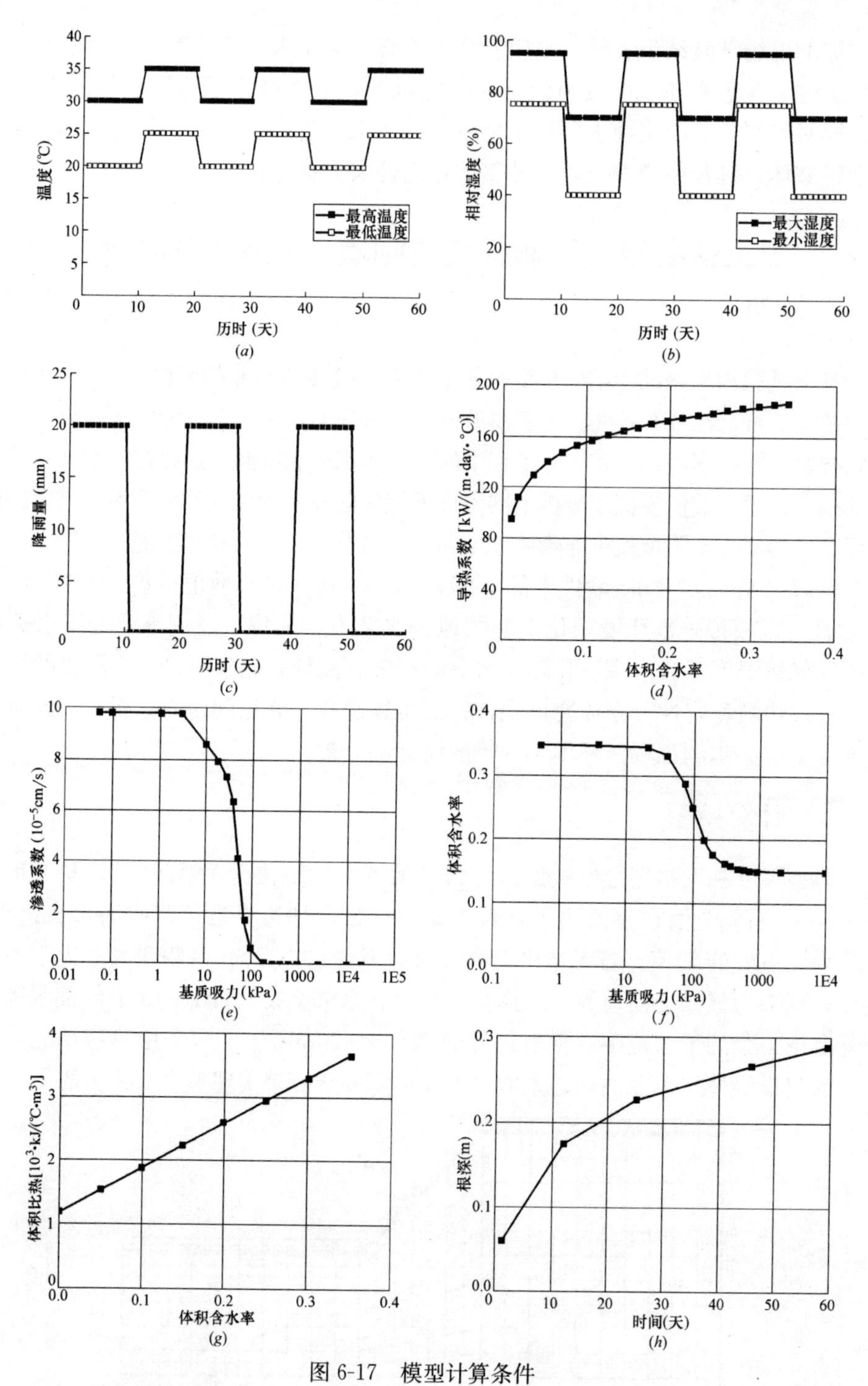

图 6-17 模型计算条件

(*a*) 温度；(*b*) 相对湿度；(*c*) 降雨量；(*d*) 土体导热系数；(*e*) 土体渗透系数曲线；(*f*) 土体土水特征曲线；(*g*) 土体体积比热；(*h*) 植被根深

模型计算采用的温度、相对湿度、降雨量及土体导热系数曲线、渗透系数曲线、土水特征曲线、体积比热曲线和植被根系发育曲线等分别见图 6-17（*a*）～（*h*）。植被叶面系数为 2，水分限制因子按如下取值：基质吸力≤100kPa 时取 1，≥1500kPa 时取 0，中间线性插值。为了考虑最不利气候因素的影响，降雨量、温度和相对湿度均采用假定值。其余参数均取自某工程现场实测值。

6.4.2 计算方案

以上节计算条件建立的模型称为基本模型。土工膜覆盖加固技术在施工过程中，内外各种因素均会影响加固效果，如土工膜有破损、膜之间的胶结不密实等，会导致雨水沿孔洞空隙入渗土体；考虑到施工条件、费用等因素，土工膜的覆盖范围并不会包括整个坡体。为比较不同条件下复合土工膜的加固效果，分别研究了不同坡比、膜覆盖范围、土体渗透系数、降雨强度和历时等因素对加固效果的影响程度。具体计算方案见表 6-3。除了方案③外，其余方案同时进行无膜时的计算。

计算方案 **表 6-3**

方案编号	坡比	覆盖范围	渗透系数	降雨强度和历时	备注
①	1∶1	$X=0\sim20$m	$k=10^{-4}$cm/s	$h=20$mm/d, $t=10$d	基本方案
②	*a* 1∶1.5	$X=0\sim20$m	$k=10^{-4}$cm/s	$h=20$mm/d, $t=10$d	不同坡比
	b 1∶1.25				
	c 1∶0.75				
	d 1∶0.5				
③	1∶1	*a* $X=5\sim17$m	$k=10^{-4}$cm/s	$h=20$mm/d, $t=10$d	不同膜覆盖范围
		b $X=8\sim17$m			
		c $X=5\sim20$m			
		d $X=8\sim20$m			
		e $X=5\sim25$m			
④	1∶1	$X=0\sim20$m	$k=10^{-2}$cm/s	$h=20$mm/d, $t=10$d	不同渗透系数
⑤	1∶1	$X=0\sim20$m	$k=10^{-4}$cm/s	*a* $h=20$mm/d, $t=25$d	不同降雨强度和历时
				b $h=50$mm/d, $t=10$d	
				c $h=50$mm/d, $t=25$d	

注：X 为水平坐标；h 为降雨强度；t 为历时，$t=10$d 表示降雨和雨停历时各为 10 天，总历时 100 天；k 为土体饱和渗透系数。

6.4.3 基本方案计算结果

图 6-18 为有膜和无膜覆盖下，10d、20d、50d、60d、90d 和 100d 时边坡土

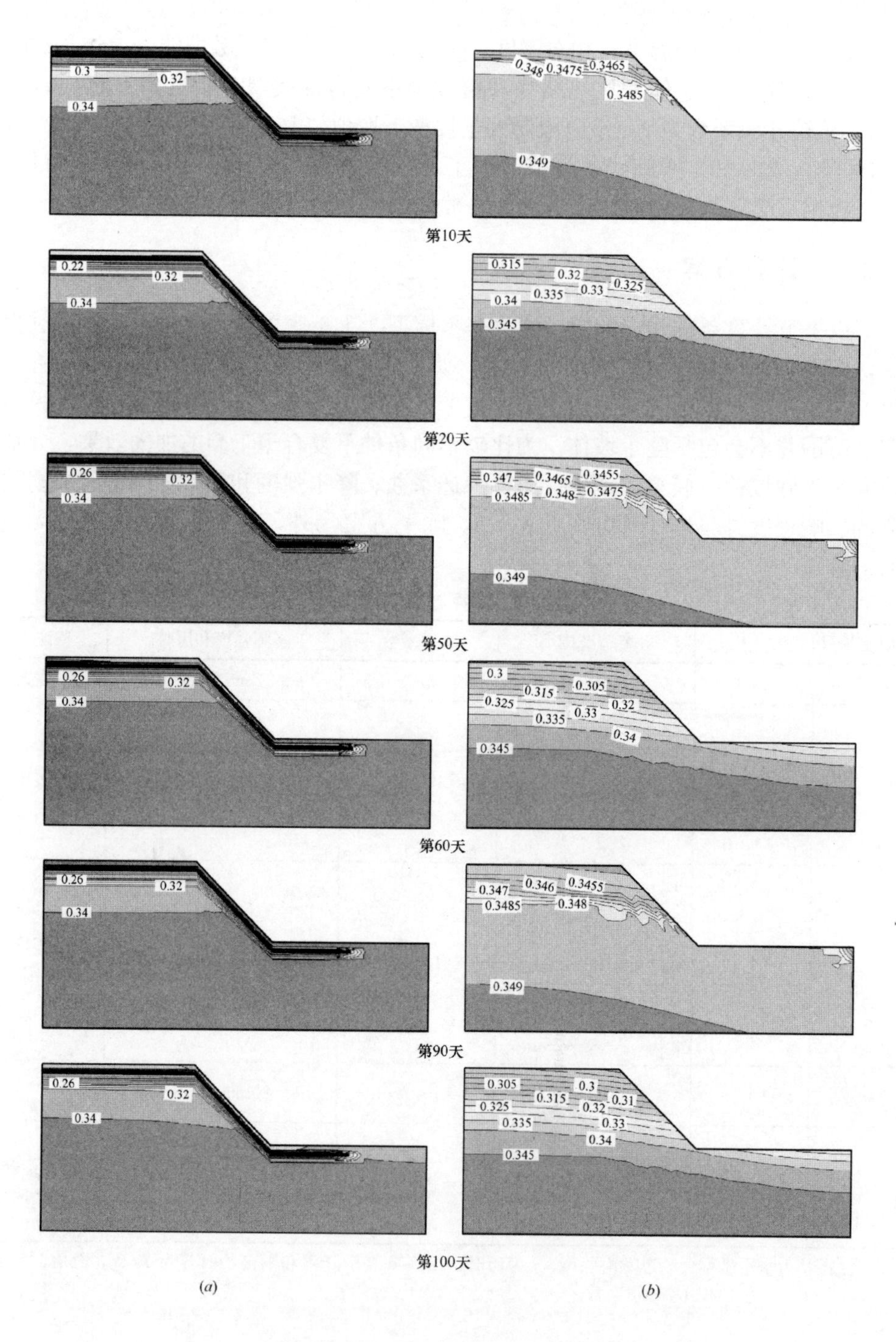

图 6-18 不同时刻下边坡土体体积含水率（基本方案）

（a）有膜；（b）无膜

体体积含水率的分布情况。可以看出，有膜覆盖时，外界气候的变化对边坡土体几乎不产生影响，土体体积含水率的分布能长期保持恒定。根据初始条件可知接近坡表的土体含水率较低，在膜的覆盖作用下，膜下土能长期保持低水分状态，这有利于维持土的强度。无膜覆盖时，外界气候的变化对边坡土体影响很大，随着降雨蒸发的反复进行，土体体积含水率分布呈周期性变化，这会引起土体产生

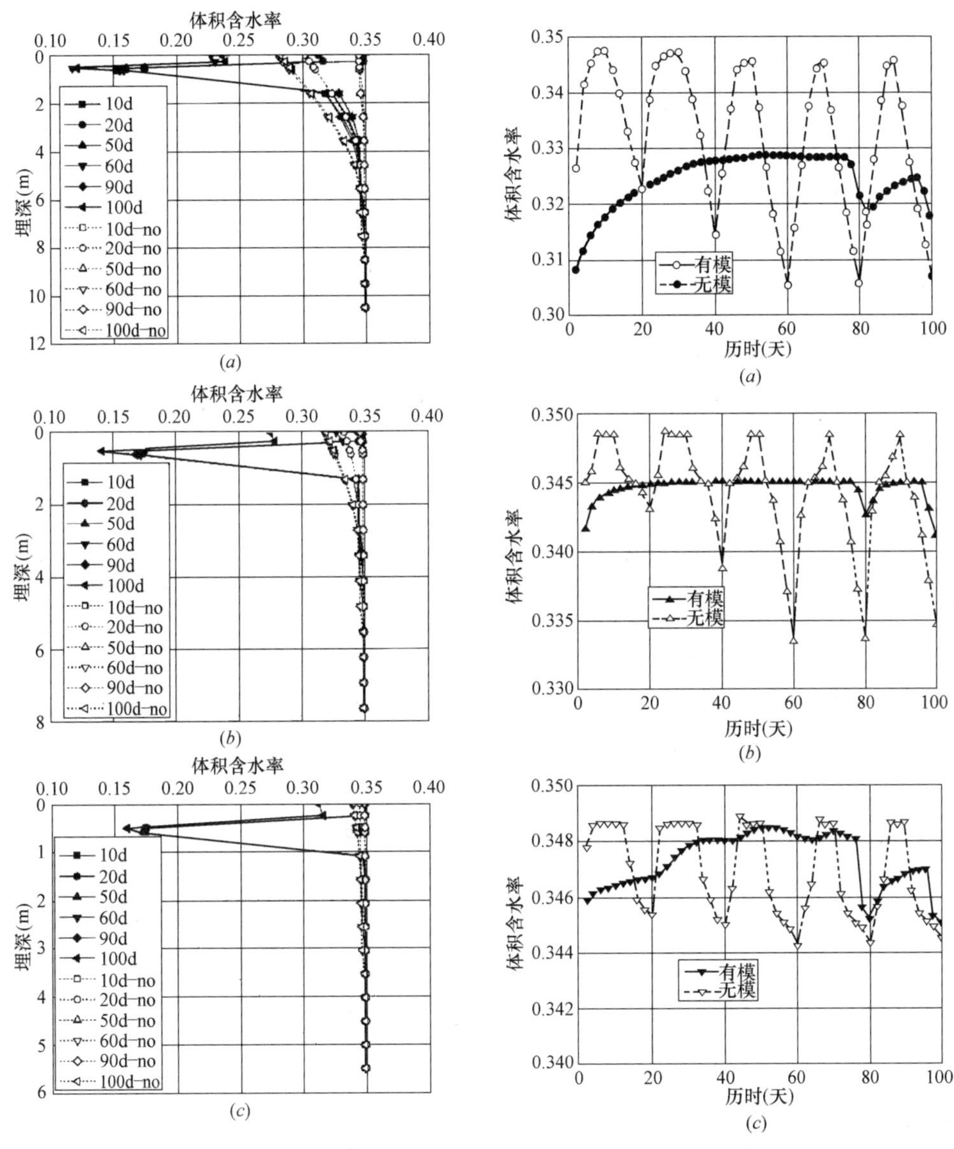

图 6-19 基本方案中土体体积含水率随埋深分布情况

(a) 坡顶处 (X=10m)；(b) 坡面中间处 (X=12.5m)；(c) 坡脚处 (X=15m)

图 6-20 基本方案中土体体积含水率随时间变化规律（膜下 1m 处）

(a) 坡顶处 (X=10m)；(b) 坡面中间处 (X=12.5m)；(c) 坡脚处 (X=15m)

反复胀缩变形，进而影响土体其他性质。

图 6-19 为方案①中，坡顶处、坡面中间处和坡脚处的土体体积含水率随埋深变化关系曲线，同时将无膜时的一并绘入进行对比。其中“10d-no”表示无膜时第 10 天的计算结果，以此类推。可以看出，有膜覆盖时，膜上土的体积含水率随气候变化非常明显，膜下土的体积含水率随埋深增大存在突变，变化幅度远小于膜上土的体积含水率。越往膜覆盖范围中心的，膜下土体积含水率的变化幅度迅速减小，这表明此时膜下土几乎不受外界气候变化的影响。无膜覆盖时，土体受外界气候变化影响较大，从表层至深处体积含水率逐渐减小，不存在突变。靠近坡顶处的土体体积含水率变化幅度较大，往坡面以下变化幅度逐渐减小，靠近坡脚处几乎保持不变。这表明膜覆盖的有效保护范围主要是从坡顶至坡面，而近坡脚处几乎没有影响。

图 6-20 为方案①中，不同水平位置处膜下 1m 处土体的体积含水率随时间变化关系曲线，同时将无膜时的一并绘入进行对比。可以看出，有膜覆盖时，膜下土的体积含水率随时间均缓慢增大，但变化幅度很小，表明膜下土几乎不受外界气候变化的影响。从坡顶顺沿至坡脚处，土体体积含水率逐渐增大，这是由于坡脚附近并未被土工膜完全覆盖，外界气候变化对膜下部分范围内的土体有影响，越靠近土工膜的边界，影响程度越大。当降雨蒸发循环 4 次时，三处的土体体积含水率开始受外界气候的影响而变化，蒸发作用下土体水分迅速减小，降雨时迅速增大。这表明，当干湿循环次数达到一定时，土工膜的覆盖效果逐渐减弱，膜下土体逐渐受到外界气候影响。无膜覆盖时，土体体积含水率的变化随降雨蒸发的往复进行而循环变化，总体呈现“M”型。降雨时体积含水率迅速增大，蒸发时体积含水率迅速降低。随着干湿循环次数的增加，土体水分变化幅度越大。从坡顶顺沿至坡脚处，干湿循环作用下土体体积含水率达到平衡的时候愈短。坡顶处土体水分变化幅度最大，坡脚处的变化幅度最小，这是由于坡脚处的土体离地下水位和地表均较近，土体水分达到平衡的时间越短。

总体而言，无膜覆盖时土体水分变化幅度比有膜覆盖时的要大得多。对于膨胀土而言，土体水分反复变化意味着胀缩变形反复出现，会引起土体结构松散破碎，裂隙发育，导致土体强度迅速衰减，从而诱发一系列工程问题。有膜覆盖时，膜下土体水分基本保持不变，不受外界气候因素的影响，因此土体性质能够长期保持稳定，有利于工程的长期稳定性。

6.4.4 不同方案计算对比

1. 坡比的影响

图 6-21 为不同坡比方案中，不同位置膜下 1m 处土体体积含水率随时间变化曲线。有膜覆盖下，随着时间的推移，不同坡比条件下坡顶位置膜下 1m 处土

体的含水率一开始逐渐增大，外界气候变化对其影响不大；当干湿循环达 3 次时，其含水率逐渐受外界气候影响而变化，呈现波段起伏状，且干湿循环次数越多，影响程度越明显；不同坡比下的含水率变化幅度约 0.033。坡面中间位置膜下 1m 处土体的含水率变化规律与坡顶处的基本一致，只是变化幅度较小，约 0.015。坡脚位置膜下 1m 处土体的含水率变化受气候影响较为明显，这是因为该处更靠近膜边界，更易受外界气候条件的影响。由于膜的覆盖作用减弱了外界气候对膜下土的影响，同时地下水位亦在不断改变，导致坡比的不同对该处土体含水率的变化规律影响并不明显。

无膜覆盖下，随着时间的推移，不同坡比条件下土体的含水率易受外界气候条件的影响而出现周期性的变化。在坡顶和坡面中间处，坡比越小，蒸发作用导致的土体含水率越小，降雨作用导致的土体含水率越大，总体变化幅度约 0.055；在坡脚处，坡比对土体含水率的影响并不明显，这是由于降雨入渗、径流入渗、蒸发和地下水位变化等在此区域作用强烈，土体含水率变化呈现出无规律的现象。这表明，不同坡比对土体含水率的影响主要发生在坡面中上部及坡顶区域，坡脚处的影响并不明显。

总体上看，膜的覆盖能有效减弱外界气候对离膜边界较远的内部土体含水率的变化，而对于靠近膜边界的内部土体影响并不明显，即存在一过渡区域。膜的覆盖对不同坡比的边坡均能起到限制土体含水率变化的作用。随着干湿循环次数的增加，膜的覆盖效果逐渐减弱，从靠近膜边界的土体逐渐扩散至更深部的土体，但比无膜覆盖时仍具备一定的限制土体水分变化功能。

2. 膜覆盖范围的影响

图 6-22 为不同膜覆盖范围方案中，不同位置膜下 1m 处土体体积含水率随时间变化曲线。可以看出，坡顶后缘被膜完全覆盖时（0～20m），不同位置处的体积含水率一开始保持小幅度增长，并不出现受外界气候影响而出现周期性的变化；干湿循环次数增大到一定时，土体体积含水率出现波动，波动幅度较小。坡脚前缘被膜完全覆盖时（5～25m），不同位置处的体积含水率受外界气候影响而出现周期性的变化，不同位置的含水率变化规律与无膜覆盖时的相似，变化幅度较小，含水率相对较低。

坡顶后缘范围未能全被膜覆盖时（5～17m，5～20m，8～17m，8～20m），随着时间的推移，不同膜覆盖范围下土体的含水率易受外界气候条件影响而出现周期性的变化，不同位置的含水率变化规律与无膜覆盖时的相似，变化幅度差异较小，蒸发效应结束时有膜覆盖时的土体含水率较高，而降雨效应对土体含水率变化规律影响不大。坡脚前缘范围未能全被膜覆盖时，不同膜覆盖范围对土体含水率变化规律与无膜覆盖时的相似，变化幅度相对较小。无论膜是否覆盖以及覆盖范围大小的不同，坡顶处土体的含水率变化幅度较大，坡脚处土体的含水率变

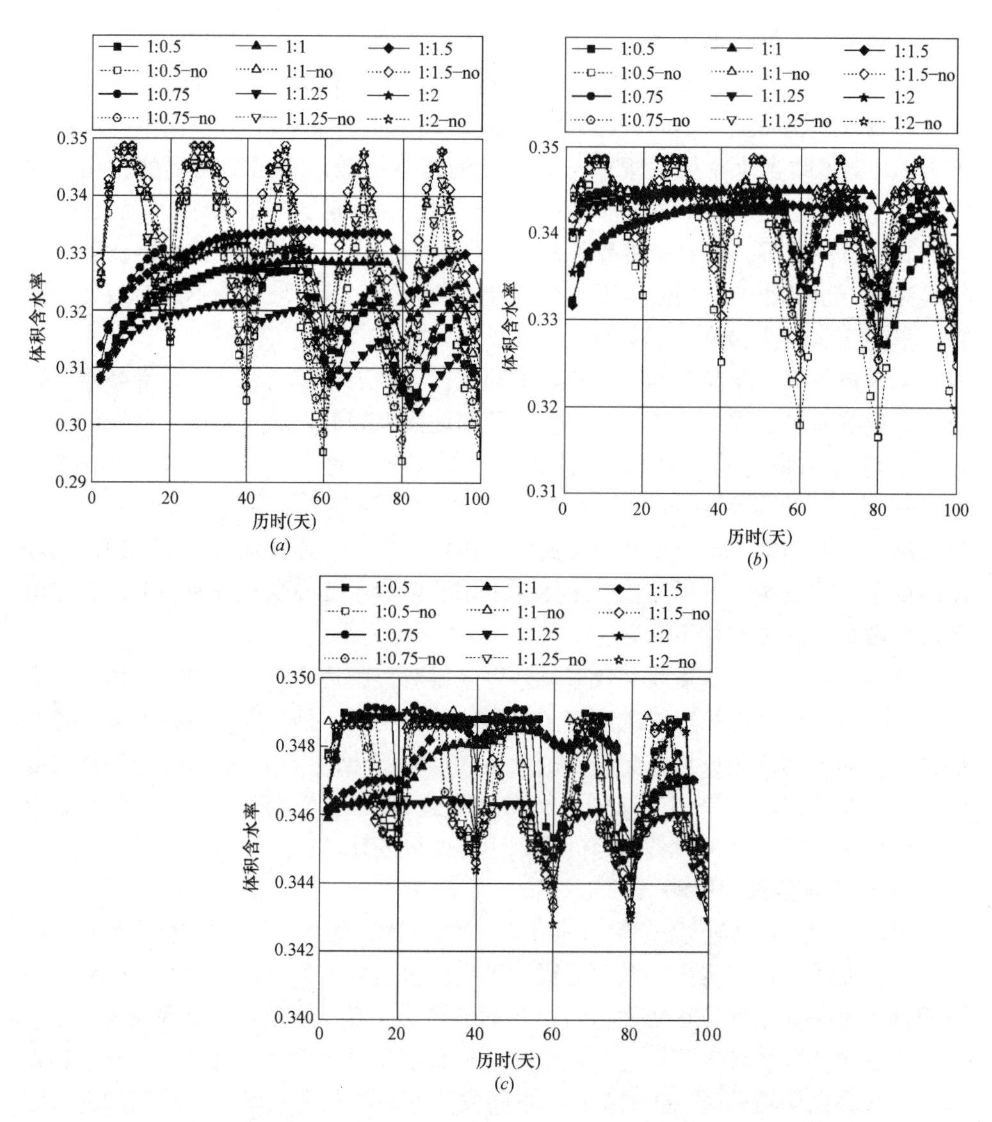

图 6-21　不同坡比方案中土体体积含水率随时间变化（膜下 1m 处）

（a）坡顶处；（b）坡面中间处；（c）坡脚处

化幅度较小。这表明，坡顶后缘范围膜的完全覆盖至关重要，只要坡顶往后存在雨水入渗和蒸发通道，边坡土体水分易受到外界气候因素的影响。一旦坡顶往后被膜全部覆盖，则不同位置边坡土体的含水率基本不受外界气候因素的影响。另外，坡脚前缘膜的完全覆盖导致边坡土体含水率维持在较低值，这对边坡整体稳定是有利的，因此在实际应用时，应重点关注坡顶后缘和坡脚前缘膜的覆盖情况，尽量避免雨水从入渗至边坡内部，使边坡土体含水率尽可能维持在较小范围内波动，有利于边坡的整体稳定性。

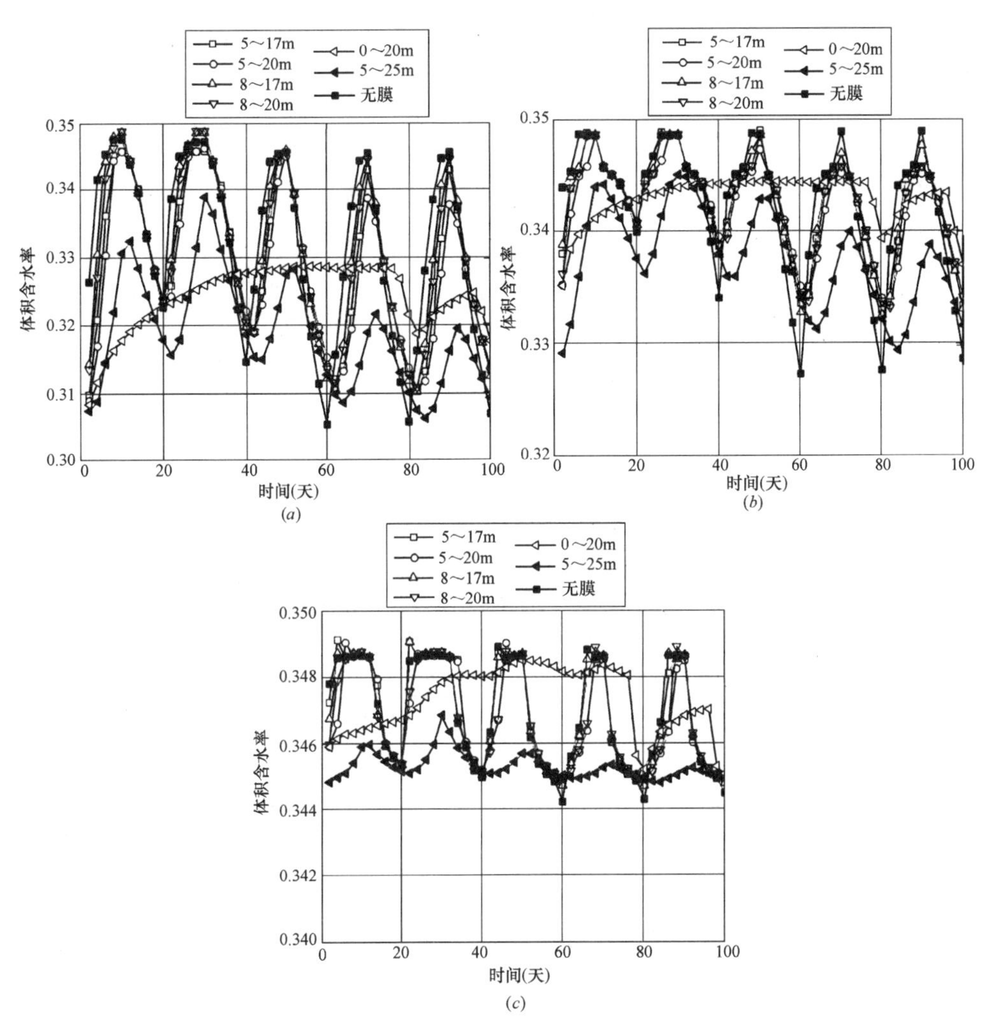

图 6-22　不同膜覆盖范围方案中土体体积含水率随时间变化（膜下 1m 处）

（a）坡顶处；（b）坡面中间处；（c）坡脚处

3. 渗透系数的影响

渗透系数的不同，本质上反映是水通过土体孔隙快慢的程度。渗透系数越大，水通过土体孔隙的速率越快，水的流通性越好，其持水性能和孔隙水压力的变化亦受到较大影响。基本方案中的土体为黏性土，砂性土在土工膜覆盖下的效果如何亦需研究。砂性土的土水特征曲线和渗透系数曲线分别见图 6-23 和图 6-24。

图 6-25 为不同渗透系数方案中，不同位置膜下 1m 处土体体积含水率随时间变化曲线。有膜覆盖下，不同位置处土体的体积含水率逐渐减小，变化幅度较小，说明外界气候变化对其影响不大。坡顶位置土体的体积含水率较低，维持在

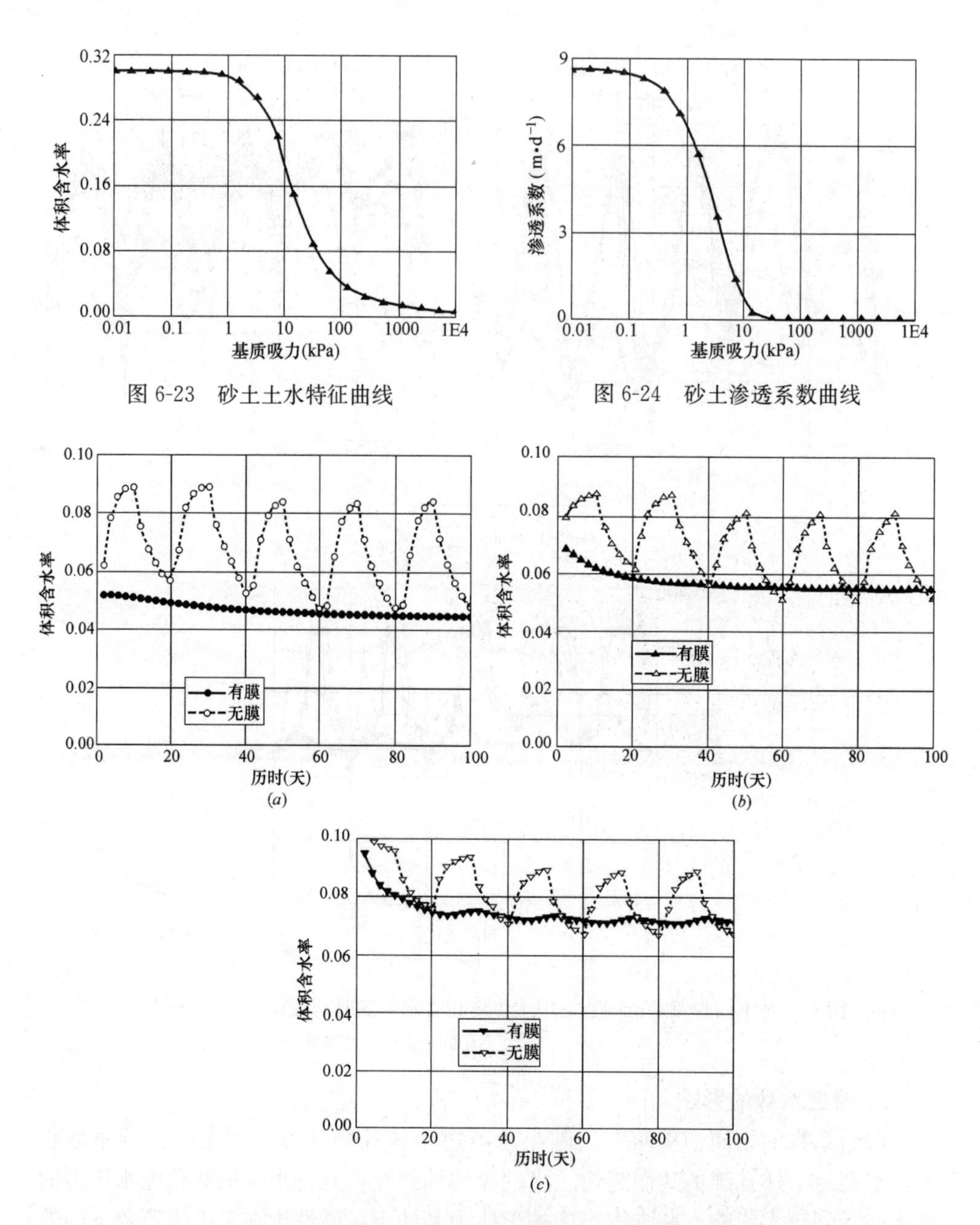

图 6-23　砂土土水特征曲线

图 6-24　砂土渗透系数曲线

(*a*)

(*b*)

(*c*)

图 6-25　不同渗透系数方案中土体体积含水率随时间变化（膜下 1m 处）
（*a*）坡顶处；（*b*）坡面中间处；（*c*）坡脚处

0.04～0.05 之间，此时的基质吸力约为 100kPa。坡脚位置土体的体积含水率较高，维持在 0.07～0.1 之间，此时的基质吸力约为 50kPa。无膜覆盖下，随着时间的推移，砂性土的体积含水率也出现随气候变化而周期性变化的规律，但变化幅度与黏性土相比偏小。随着降雨蒸发次数的增加，每次降雨结束和蒸发结束时土体的体积含水率均逐渐减小，经历 3 次循环后趋于稳定。此外，砂性土的体积含水率随时间变化曲线并不呈现滞后效应，而黏性土在经历 3 次以上干湿循环后土工膜的覆盖效果逐渐减弱，膜下土体逐渐受到外界气候影响。这表明土工膜对砂性土的覆盖效果要优于黏性土。

4. 降雨强度和历时的影响

图 6-26 为不同降雨强度和历时方案中，不同位置膜下 1m 处土体体积含水率随时间变化曲线。有膜覆盖下，不同位置处土体的体积含水率逐渐增大。降雨历时相同时，降雨强度越大，土体体积含水率增幅越大；降雨强度较小时，在经历 3 次以上干湿循环后膜下土体体积含水率逐渐受外界气候影响而变化，而降雨强度较大时，需要经历更多次数的干湿循环方才表现出上述变化特征。降雨强度相同时，历时越短，土体体积含水率受外界气候影响越明显，但总体变化幅度不大。无膜覆盖下，降雨历时相同时，降雨强度越小，土体体积含水率受外界气候

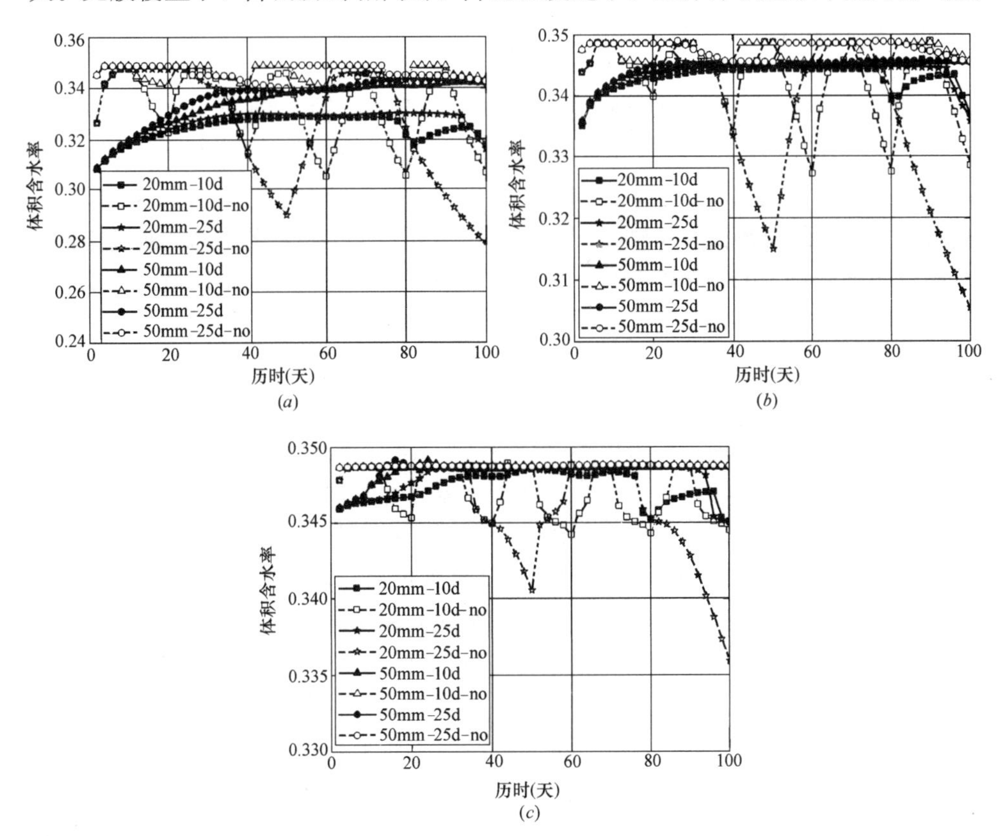

图 6-26 不同降雨强度和历时方案中土体体积含水率随时间变化（膜下 1m 处）

(*a*) 坡顶处；(*b*) 坡面中间处；(*c*) 坡脚处

影响越明显，蒸发结束时体积含水率明显降低。降雨强度越大时，短时间内雨水迅速集中而来不及排泄，土体长期处于雨水浸泡过程，因此其体积含水率变化幅度越小；降雨强度相同时，降雨历时越大，土体体积含水率受外界气候影响越明显，蒸发结束时的体积含水率明显降低。从坡顶顺沿至坡脚处，干湿循环作用下土体体积含水率达到平衡的时候愈短。坡顶处土体水分变化幅度最大，坡脚处的变化幅度最小，这是由于坡脚处的土体离地下水位和地表均较近，土体水分达到平衡的时间越短。总体而言，降雨强度越小，降雨历时越大，土体受干湿循环作用的影响越明显，水分变化幅度越大，土体性质越易受影响，易导致工程事故的发生。此外，降雨强度较大时，土体含水率长期处于高值状态，此时土体饱和度较高，其强度较弱，同时水压力会急剧增大，也易诱发工程事故。土工膜的覆盖能有效控制膜下土体水分的变化幅度，保证土体性质尽可能不发生改变。

6.5 “土工膜覆盖+非膨胀性土回填+植草”加固技术稳定性分析

前述章节系统地开展了不同条件下“土工膜覆盖＋非膨胀性土回填＋植草”加固技术应用于边坡的渗流分析，获得了边坡土体体积含水率随外界气候的变化规律，验证了该技术应用于边坡加固中的可行性。本节在此基础上，基于极限平衡分析方法，结合渗流分析结果，进行了相应的“土工膜覆盖＋非膨胀性土回填＋植草”加固技术的稳定性分析，为“土工膜覆盖＋非膨胀性土回填＋植草”的设计和施工进一步提供参考。

6.5.1 计算模型

稳定分析模型与前述渗流模型完全一致，计算过程中将渗流分析结果引入至稳定分析中，同时考虑土体的非饱和性、渗流力等因素。根据前述强度试验和大量工程实践结果，稳定分析模型中作了一系列简化和假定，主要包括：(1) 干湿循环影响深度设置为2.5m。这与目前大部分现场监测的影响深度一致；(2) 膜的有效保护范围为膜两端边界内的土体。实际上在膜边界附近的一定范围内，外界条件对该范围内的土体性质仍有影响，在此简化忽略；(3) 对于无膜情况，干湿循环下土体结构松散，裂隙发育，此处不考虑裂隙对边坡稳定性的影响，仅由土体抗剪强度变化来反映干湿循环的影响；(4) 对于有膜情况，膜下土的抗剪强度视为常数。这与实际情况稍有差异，但根据前面章节强度试验结果来看影响不大。需要说明的是，虽然这与实际工程遇到的情况并不完全符合，所求得的计算结果与实际情况有所差异，但由于稳定分析的目的是获得不同内外界条件下边坡稳定性的变化规律，所有的计算模型采用相同的简化和假定，这些简化和假定对计算结果的影响可认为是同时存在的，因此可认为其对计算结果规律性的分析影响较小。

6.5.2 计算方案

稳定分析中的计算方案与表 6-3 中的计算方案相对应。对于经历不同干湿循环次数的土体，其饱和抗剪强度参数也不一致。黏性土、砂性土的饱和抗剪强度参数与干湿循环次数的关系见表 6-4，均由室内试验实测获得。这里需要说明几点：(1) 一次完整的降雨蒸发过程视为一次干湿循环，同一干湿循环过程中的土体抗剪强度参数为常数；(2) 土体基质吸力对抗剪强度的贡献是基于土体土水特征曲线换算求得，不需要相应的 φ^b 值；(3) 极限平衡计算方法采用简化毕肖普法，同时考虑静水压力、基质吸力以及存在地下水位等多种情况。

土体饱和抗剪强度与干湿循环次数关系 **表 6-4**

	抗剪强度参数	循环 0 次	循环 1 次	循环 2 次	循环 3 次	循环 4 次
黏土	c' (kPa)	16.1	13.2	11.9	10.0	9.0
	φ'(°)	10.5	8.5	8.0	7.9	7.8
砂土	φ'(°)	25.0	24.8	24.8	24.7	24.7

6.5.3 不同方案计算对比

1. 坡比的影响

图 6-27 为不同坡比方案中边坡安全系数随时间变化关系曲线。可以看出，无膜覆盖时，坡比越小，边坡安全系数越大。降雨时边坡安全系数逐渐降低，蒸发时安全系数又逐渐增大，不存在滞后效应。随着干湿循环次数的增加，同一过

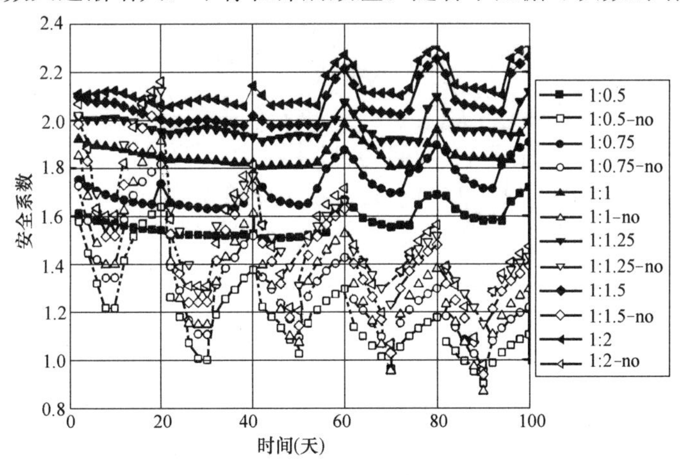

图 6-27　不同坡比方案中边坡安全系数随时间变化关系

程（如：降雨历时 3 天、蒸发历时 5 天）中的安全系数逐渐降低。未经历干湿循环时，不同坡比下的安全系数均大于 1.6，最大值为 2.16（坡比 1∶2）；而当干湿循环 4 次时，不同坡比下的安全系数均小于 1.0，最小值为 0.84（坡比 1∶0.5）。这表明干湿循环对膨胀土边坡的稳定性影响甚大，土体含水率较低时，由于基质吸力的存在，边坡能保持较高稳定性，而当土体含水率增大时，基质吸力减小或消失，边坡稳定性迅速降低，甚至出现失稳。

有膜覆盖时，随着干湿循环次数的增加，不同坡比下的边坡安全系数一开始基本维持稳定，变化幅度不大；当干湿循环 3 次时，安全系数逐渐受到外界气候的影响，降雨时有所降低，存在一较小稳定值，最小值为 1.58（坡比 1∶0.5），而蒸发时有所增大，最大值为 2.31（坡比 1∶2）。由于土工膜并未完全覆盖整个边坡，随着干湿循环次数的增加，降雨入渗和蒸发效应逐渐对膜下土体产生影响。总体上看，不同坡比下的边坡安全系数变化幅度与无膜覆盖时相比较小。

由于土工膜的覆盖，膜下土体不受外界气候的影响，土体结构基本不发生改变，其强度、渗流等性质维持稳定，因而整体边坡的稳定性能长期保持。不同坡比方案的计算结果表明，土工膜覆盖法对不同坡比下的边坡均有良好的加固效果。

2. 膜覆盖范围的影响

图 6-28 为不同膜覆盖范围方案中边坡安全系数随时间变化关系曲线。可以看出，坡顶后缘被膜完全覆盖而坡脚前缘未被膜完全覆盖时（0～20m），边坡安全系数维持在较小范围内波动，最大值为 1.79（第 100 天），最小值为 1.64（第 64 天）。随着干湿循环次数的增加，外界气候逐渐对边坡稳定性产生影响，但影响程度较小。坡脚前缘被膜完全覆盖而坡顶后缘未被膜完全覆盖时（5～25m），边坡安全系数变化幅度较大，最大值为 2.01（第 82 天），最小值为 1.71（第 30 天）。

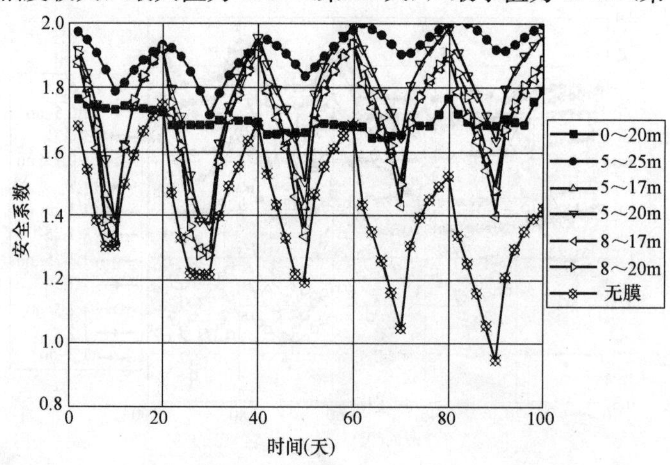

图 6-28　不同膜覆盖范围方案中边坡安全系数随时间变化关系

坡面被膜不完全覆盖时，边坡安全系数受外界气候影响较大，变化规律与无膜覆盖时的安全系数变化规律相似，只是数值上有较大提高。同一过程中的边坡安全系数先增大后减小，波动范围较大。膜的覆盖范围越大，同一时刻的安全系数越大；膜的覆盖范围为5～20m时，安全系数最大值为1.99（第60天），最小值为1.37（第30天）；膜的覆盖范围为8～17m时，安全系数最大值为1.93（第60天），最小值为1.29（第30天）。这表明，膜不完全覆盖时，外界气候对边坡土体会产生一定影响，随着干湿循环次数的增加，影响程度逐渐增大，主要原因是坡顶后缘及坡脚前缘未被膜完全覆盖，部分雨水仍可入渗和排出，进而影响到整个边坡内部土体的水分分布和运移情况，对边坡整体稳定性造成一定负面影响。

不同膜覆盖范围方案的计算结果表明，坡顶后缘被膜完全覆盖时，边坡安全系数并不处于最大，但其变化幅度最小，边坡整体处于较稳定状态；坡脚前缘被膜完全覆盖时，边坡安全系数远大于其他计算情况，虽然随时间的推移存在一定幅度的波动，但整体上仍处于稳定状态。坡顶后缘和坡脚前缘膜的完全覆盖与否对边坡整体稳定性有重要影响。膜的覆盖范围越大，越有利于提高边坡稳定性。实际工程中坡顶后缘范围较大，无法完全采用土工膜进行覆盖，建议坡顶后缘可采用“土工膜覆盖＋防渗帷幕”等综合阻水措施避免雨水入渗坡体，避免反复胀缩变形对膨胀土性质的影响。坡脚前缘土工膜的覆盖范围建议铺展至排水沟或边沟处，使膜上水快速排泄至排水廊道中，同时避免坡脚处积水入渗坡体，进而提高边坡的整体稳定性。

3. 渗透系数的影响

图6-29为不同渗透系数方案中边坡安全系数随时间变化关系曲线。对砂土边坡而言，有膜覆盖时的边坡安全系数较高，最大值为2.63（第80天），最小

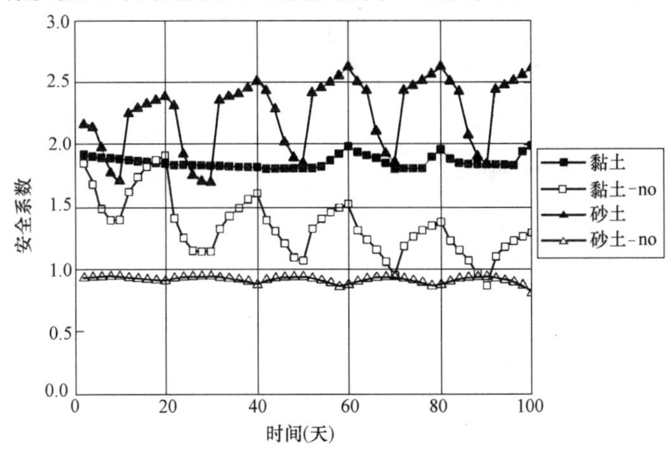

图6-29　不同渗透系数方案中边坡安全系数随时间变化关系

值为 1.70（第 30 天），变化幅度较大。降雨产生时，安全系数会迅速降低并趋于稳定；降雨停止后，安全系数又会迅速增大并小幅增长。无膜覆盖时的边坡安全系数均小于 1.0，最大值为 0.95（第 10 天），最小值为 0.81（第 100 天）。干湿循环次数的增加对边坡安全系数变化幅度的影响并不明显。对黏土边坡而言，有膜覆盖时的边坡安全系数变化幅度较小，基本保持恒定；无膜覆盖时的边坡安全系数受外界气候影响而周期性的变化，安全系数变化呈现逐渐减小的趋势。这表明，土工膜的覆盖与否对砂土边坡的影响程度要远大于黏土边坡。砂土渗透系数大，几乎不存在黏聚力，自身抗剪强度偏低；降雨入渗时间较短，入渗范围较广，基质吸力作用弱，加上渗流力的作用使得边坡稳定性迅速降低。土工膜的覆盖限制了坡内的渗流作用，边坡稳定性得到有效提高。黏土渗透系数小，自身抗剪强度较高；降雨入渗和蒸发存在滞后效应，渗流作用较弱，加上非饱和时基质吸力对土体抗剪强度贡献较大，边坡稳定性相对较好。土工膜的覆盖无异于锦上添花，更有助于提高边坡的稳定性。需要注意的是，干湿循环次数的增加导致黏土的抗剪强度不断降低，一定条件下黏土边坡也易失稳，对膨胀土尤其如此，需重点关注。

4. 降雨强度和历时的影响

图 6-30 为不同降雨强度和历时方案中边坡安全系数随时间变化关系曲线。可以看出，有膜覆盖条件下，降雨强度为 50mm/d 时，不论历时长短，随着降雨的进行边坡安全系数逐渐增大，随着蒸发的进行边坡安全系数逐渐减小，即存在严重的滞后效应；降雨强度为 20mm/d 时安全系数的变化规律正好相反，而且变化幅度很小。无膜覆盖条件下，无论降雨强度大小和历时长短，随着降雨的进行边坡安全系数迅速减小，随着蒸发的进行边坡安全系数逐渐增大。降雨强度相同时，历时越长，边坡安全系数不会随着降雨的持续一直降低，而且随着蒸发

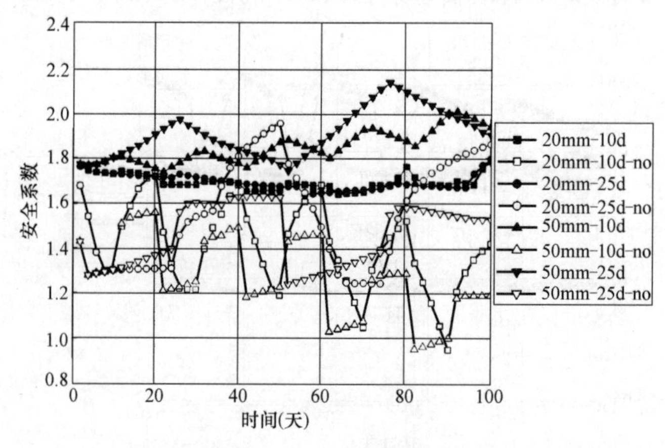

图 6-30　不同降雨强度和历时方案中边坡安全系数随时间变化关系

的进行安全系数有较大提高，甚至大于相同条件下有膜覆盖时的边坡。历时相同时，降雨强度越大，边坡安全系数的最大值越小，但最小值基本相同。这表明，土工膜覆盖对降雨强度较大、历时较长条件下的边坡加固效果最好，使边坡稳定性大大提高。

6.6 “土工膜覆盖＋非膨胀性土回填＋植草”加固技术设计与施工

前面章节通过室内外试验和数值模拟系统研究了“土工膜覆盖＋非膨胀性土回填＋植草”加固技术在膨胀土边坡中的加固效果。该技术不仅可应用于边坡工程，而且对基础工程、基坑工程、港航工程等涉水工程提供参考。该加固技术的关键是“土工膜覆盖”，覆盖范围和覆盖密封程度是决定加固效果的主要因素，“非膨胀性土回填＋植草”主要起保护土工膜、环境美观、提高使用效率等辅助作用。实际应用中，土工膜的设计和施工是关键，非膨胀性土回填和植草也不可忽视，三者相辅相成，以期加固效果最大化。

6.6.1 设计要点

“土工膜覆盖＋非膨胀性土回填＋植草”加固技术设计时应做到如下几点：

（1）土工膜坡顶后缘的宽度是根据不产生浅层滑动的范围确定的，并留有富余。回填非膨胀性土时，坡顶土工膜应铺设延伸到坡顶后缘至少1m的回填沟中，回填沟剖面呈正方形，宽度和深度宜大于0.4m；坡顶土工膜宜铺设延伸到回填土中，插入回填土中宽度＞1m（图6-31）。

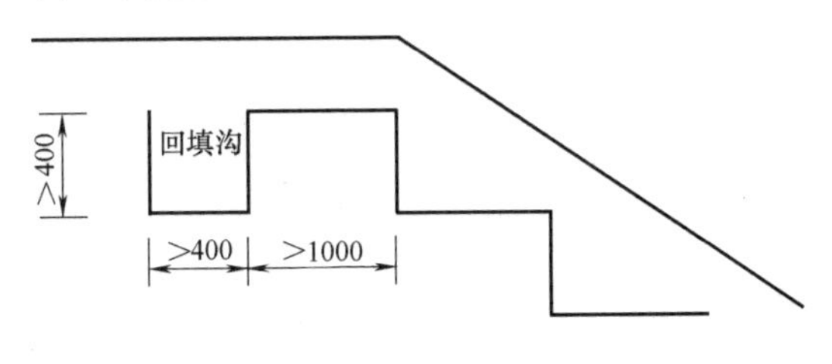

图6-31　回填沟示意图（单位：mm）

（2）土工膜的选型：应采用“布＋膜＋布”型，单位重量大于200g/m²（即100g/m²＋0.3mm膜＋100g/m²）。

（3）土工膜的保护层结构一般为50cm厚的非膨胀性土。由于表面还需种植各类植被，故宜选用颗粒较小的非膨胀性土，土体具体技术指标可参用公路路基填筑土料设计要求。由于非膨胀性土并不是用来提高整个边坡的稳定性，因此不需采用重型机械碾压，一般轻型密实即可。

(4) 土工膜与边坡土体的连接形式，可用台阶形连接，也可设计其他非台阶形式，但要保证保护层结构的稳定性。

(5) 土工膜的拼接：两幅土工膜两侧边各留 20cm 的土工布不胶结（处于分离状态），而两块土工膜使用热熔法搭接，搭接宽度不宜少于 10cm（图 6-32）。土工膜接头处必须进行密封性检测。采用充气法对全部焊缝进行检测：将待测段两段封死，插入气针并加气压至 50kPa，在 30s 内压力表能维持读数的表明搭接合格，否则需查找漏气点并重新搭接；焊边方向与边坡走向垂直。

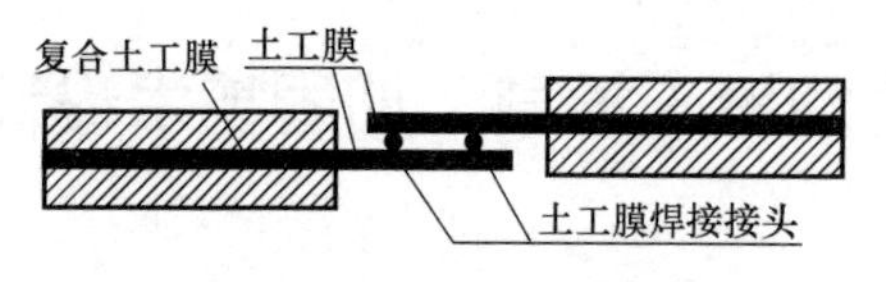

图 6-32　土工膜焊接示意图

(6) 根据边坡场地的水文地质条件等对边坡坡顶、坡脚等排水设施进行设计。

6.6.2　施工要点

“土工膜覆盖＋非膨胀性土回填＋植草”加固技术的施工工序主要如下：铺膜范围内的土体表面开挖、整平→铺土工膜→坡顶回填（压住膜）→坡面回填（膜与土体紧密贴合）→坡脚回填（膜延伸至排水通道）→植草并养护。施工方法是：分层填筑土料（每层 40cm），采用轻型机械碾压，压实度＞85％。填土质量检测回填非膨胀性土的质量主要控制填筑含水率、最大粒径以及填筑密度、压实度等。此外，施工过程中除要遵循设计要点外，还应根据现场具体情况灵活处理，做到如下几点：

(1) 坡面整平：挖除膜表面保护层 50cm，将坡面开挖至坡面和坡顶的铺膜面，整平坡面，清除表面尖角杂物。需要说明的是，这里只需坡面平整，保证土工膜铺设时不会被尖角刺破即可，无需特别设置找平层。如有尖角，可铺设薄层非膨胀性土或砂土并压实，以整平坡面。由于此时土工膜尚未铺设，应及时用塑料膜覆盖，以防止土体水分蒸发或降雨渗入。

(2) 土工膜铺设：将成卷的土工膜沿坡顶向坡脚方向展开铺设。在坡顶处将土工膜埋入固定沟内。铺放时需预留约 1％的篇幅，以便后续搭接和热胀冷缩效应。铺放时应随铺随压。若发现膜有损伤，应立即修补。施工过程中严禁烟火，施工人员应穿无钉鞋或胶底鞋，避免人为破坏土工膜的完整性。

(3) 仪器埋设处理：部分工程开展相关测量工作，需埋设测试探头，不可避免地要破坏土工膜。此时在铺设土工膜时，应在仪器设备埋设处小心剪开土工膜，让测试仪器或探头接线穿过后，然后用专用胶水粘结密封，并在穿孔处做好标记。后期同样要进行密封性测试，保证膜的密封性。

参 考 文 献

[1] 陈善雄. 膨胀土工程特性与处治技术研究 [D]. 武汉：华中科技大学，2006.

[2] Kate J M, Katti, R K. Lateral pressures at rest in expansive soil covered with cohesive non-swelling soil [J]. Soils and Foundations, 1983, 23 (2): 58-68.

[3] 王保田，张福海. 膨胀土的改良技术与工程应用 [M]. 北京：科学出版社，2008.

[4] 吴珺华，袁俊平，卢廷浩. 非饱和膨胀土边坡的稳定性分析 [J]. 岩土力学，2008，29 (S): 363-367.

[5] 袁从华，周健. 高速公路膨胀土边坡整治 [J]. 岩力学工程与学报，2007，26 (S1): 3073-3038.

[6] 刘斯宏，汪易森. 土工袋技术及其应用前景 [J]. 水利学报，2007，10 (S): 644-648.